Grundlagen Investition und Finanzierung

Lehr- und Arbeitsbuch

Von
Prof. Dr. Christian Bleis

R. Oldenbourg Verlag München Wien

Bibliografische Information Der Deutschen Bibliothek

Die Deutsche Bibliothek verzeichnet diese Publikation in der Deutschen
Nationalbibliografie; detaillierte bibliografische Daten sind im Internet
über <http://dnb.ddb.de> abrufbar.

© 2006 Oldenbourg Wissenschaftsverlag GmbH
Rosenheimer Straße 145, D-81671 München
Telefon: (089) 45051-0
www.oldenbourg.de

Gedruckt auf säure- und chlorfreiem Papier
Druck: Grafik + Druck, München
Bindung: R. Oldenbourg Graphische Betriebe Binderei GmbH

ISBN   3-486-57931-2
ISBN 978-3-486-57931-4

Vorwort

„Alles sollte so einfach wie möglich gemacht werden, aber nicht einfacher."
Albert Einstein

Unternehmen sind mit zwei grundsätzlichen finanziellen Fragen konfrontiert: Worin sollen wir investieren? und: Wie sollen diese Investitionen bezahlt werden? Die erste Frage betrifft die Ausgabe von Geld, die zweite beinhaltet dessen Beschaffung. Das Geheimnis erfolgreichen Finanzmanagements liegt im Erhöhen des (Unternehmens)-Wertes. Dies ist eine einfache Aussage, aber nicht wirklich hilfreich. Es ist ähnlich einer Empfehlung hinsichtlich des Verhaltens an der Aktienbörse „Kaufe niedrig, verkaufe teuer!" Das Problem besteht darin, wie man es bewerkstelligt.

Dieses Buch behandelt die Grundlagen, wie finanzielle Entscheidungen von Unternehmen getroffen werden. Ziel ist, auf eine einfache, verständliche Weise die wichtigsten Zusammenhänge darzustellen. Um dies zu erreichen habe ich mir immer wieder einfache Fragen gestellt und diese möglichst einfach und verständlich zu beantworten versucht. Dementsprechend sind die Kapitelüberschriften häufig in Frageform formuliert. Sicherlich leidet hierunter die Übersichtlichkeit der Inhalte etwas. Diesen kleinen Nachteil sollen sowohl die jeweiligen Kapitelübersichten „Worum geht's?" als auch das Stichwortverzeichnis, das eher ein Glossar mit zusätzlichen Seitenbezügen darstellt, auffangen. Da finanzielle Entscheidungen eng mit mathematischen Berechnungen verknüpft sind, finden sich viele Beispiel- und Übungsaufgaben in diesem Buch mit ausführlichen Lösungen. Insgesamt ist es deshalb auch eher ein Arbeits- und Übungsbuch denn ein Nachschlagewerk.

Bedanken möchte ich mich bei all den Personen, die an diesem Buch mitgewirkt haben. Vor allem sende ich hiermit ein ganz liebes Dankeschön an alle meine Studenten, die durch ihre vielen Hinweise das Gesicht dieses Buches stark prägten und die mich überhaupt erst dazu brachten, es einer breiteren Öffentlichkeit zu präsentieren. Herzlichen Dank auch an Carola Kaufholz, Kaja Kroll, Annegrete Bleis und Inken Peters, die sich auf die sehr ergiebige Suche nach Rechtschreib- und Interpunktionsfehler machten.

Widmen möchte ich dieses Buch meiner Mutter Annegrete Bleis, die mich unter anderem lehrte, mich von der Tyrannei des Augenblicks zu befreien.

Und Ihnen, die Sie gerade dieses Buch in Händen halten, wünsche ich viel Spaß beim Durchlesen und -arbeiten.

Christian Bleis   Berlin, im August 2005

Inhaltsverzeichnis

Abkürzungsverzeichnis

a	Annuität	kalk.	kalkulatorisch
A_0	Anschaffungsausgabe	KBG	Kapitalbeteiligungsgesellschaften
ABS	Asset Backed Securities	k_v	variable Kosten
Abs.	Absatz	KfW	Kreditanstalt für Wiederaufbau
Afa	Absetzung für Abnutzung	KG	Kommanditgesellschaft
AG	Aktiengesellschaft	KI	Kreditinstitut
AGB	Allg. Geschäftsbedingungen	KK(K)	Kontokorrent(kredit)
AKA	Ausfuhrkreditanstalt	KN	Kreditnehmer
ASZ	Auszahlung	KöSt	Körperschaftssteuer
AV	Anlagevermögen	KW	Kapitalwert
AW	Abschreibungswert	KWG	Kreditwesengesetz
BAK	Bundesaufsichtsamt für Kreditwe-	LZB	Landeszentralbank(en)
	sen	Lfz.	Laufzeit
BGB	Bürgerliches Gesetzbuch	lt.	laut
BR	Bezugsrecht	LQ	Liquidationserlös
bspw.	beispielsweise	M.a.W.	Mit anderen Worten
bzw.	beziehungsweise	MEK	Materialeinzelkosten
CAPM	Capital Asset Prizing Model	MGK	Materialgemeinkosten
CF	Cash Flow	n	Jahre
CI	Cooperate Identity	ND	Nutzungsdauer
CP	Commercial Papers	NW	Nennwert
D	Duration	NWA	Nutzwertanalyse
DAX	Deutscher Aktien Index	o.ä.	oder ähnliches
DB	Deckungsbeitrag	OTC	over the counter
d.h.	das heißt	p	Preis
DV	Datenverarbeitung	p.a.	per anno
EK	Eigenkapital	q	$(1 + i)$
ENZ(Ü)	Einzahlung(süberschuss)	r	interner Zinsfuß
Est.	Einkommenssteuer	RBW(F)	Rentenbarwert(faktor)
ESZB	Europ. System der Zentralbanken	r_{EK}	Eigenkapitalrentabilität
Euribor	European interbank offered rate	r_{GK}	Gesamtkapitalrentabilität
EW	Endwert	ROI	Return on Investment
EWS	Europäisches Währungssystem	RW	Restwert
EVA	Economic Value Added	s	Steuersatz
EZB	Europäische Zentralbank	SA	Sicherungsabtretung
FAZ	Frankfurter Allg. Zeitung	SMAX	Small cap Exchange
F&E	Forschung + Entwicklung	sog.	sogenannt(e)
FEK	Fertigungseinzelkosten	SV	Schuldverschreibung
FGK	Fertigungsgemeinkosten	SÜ	Sicherungsübereignung
FK	Fremdkapital	t	Zeit
FRA	Forward Rate Agreement	U	Umsatz
FW	Fremdwährung	UV	Umlaufvermögen
G	Gesetz	V	Verschuldungsgrad
gem.	gemäß	VC	Venture Capital
GewSt	Gewerbesteuer	v. U.	vom Umsatz
GK	Gesamtkapital	WACC	weighted average cost of capital
GmbH	Gesellschaft mit beschränkter Haftung	WBP	Wiederbeschaffungspreis
HV	Hauptversammlung	WP	Wertpapier
i	Kalkulationszinssatz	Z	Zahlung(en)
i.d.R.	in der Regel	z. B.	Zum Beispiel
IO	Investitionsobjekt	z. T.	Zum Teil
IRR	Internal Rate of Return		
JÜ	Jahresüberschuss		

Kleine Formelsammlung

Kapitalwert	Rentenbarwert
$KW = A_0 + \sum_{t=1}^{n} \dfrac{ENZÜ_n}{(1*i)^n}$	$RBW = ENZÜ * \dfrac{q^n - 1}{i * q^n}$
Annuitäten	**„Interne Zinsfuß" – Interpolation**
$a = KW * \dfrac{i*q^n}{q^n - 1}$	$r = i_1 + KW * \dfrac{(i_2 - i_1)}{(KW_{i1} - KW_{i2})}$
Ewige Rente	**Relativer unterjähriger Zinssatz**
$r = \dfrac{ENZ}{A_o}$	$i_{rel} = \dfrac{i}{m}$
Effektive Jahresverzinsung *(unterjähr.)*	**Stetige Verzinsung**
$i_{eff.} = \left(1 + \dfrac{i}{m}\right)^m - 1$	$i_{eff.} = e^i - 1$
Zwei-Punkte-Formel	**p/q-Formel**
$(1+i) = \sqrt[n]{\dfrac{ENZÜ_n}{A_o}}$	$p_{1,2} = -\dfrac{p}{2} \pm \sqrt{\dfrac{p^2}{4} - q}$

Bezugsrecht

$$BR = \dfrac{Kurs_{alteAktie} - Kurs_{jungeAktie}}{\dfrac{altesKapital}{neugeschaffenesKapital} + 1}$$

Steuersatzberechnungen

$$s = \frac{s^{K\ddot{o}} + S^{GE}}{1 + S^{GE}} \qquad s^{K\ddot{o}(eff.)} = (s^{K\ddot{o}} - s^{K\ddot{o}} * s^{GE})$$

$$s^{GE(eff.)} = Steuermess\,zahl * Hebelsatz\,(1 - s^{GE})$$

Praktikerformeln der Rendite

$$\mathrm{Re}\,ndite_{p.a.} = \left(\frac{No\min alzinssatz\,(\%)}{Kaufkurs\,(\%)+Sz\ddot{u}ckzinsen} + \frac{\frac{Tilgungsbetrag\,(\%)-Kaufkurs\,(\%)}{\mathrm{Re}\,stlaufzeit\,(Jahren)}}{Kaufkurs\,(\%)+St\ddot{u}ckzinsen} \right) * 100$$

$$Rendite_{netto} = \mathrm{lfd.\,Verz.} * \left(1 - \frac{Steuersatz}{100} \right) \pm Tilgungsgewinn/\text{-}verlust$$

Zerobondabzinsungsfaktoren

$$ZAF_t = \frac{1}{(1+r_t)^t} \qquad r_t = \sqrt[t]{\frac{1}{ZAF_t}} - 1$$

Duration	Modified Duration
$$D = \frac{\sum_{t=1}^{n} \frac{t*Z_t}{(1+r)^t}}{\sum_{t=1}^{n} \frac{Z_t}{(1+r)^t}}$$	$$\mathrm{modified\,Duration} = \frac{\mathrm{Duration}}{1+i}$$

A. Investitionsrechnerische Grundlagen

Einführung in die Investitionsrechnung

„Es ging ihm durch den Sinn, dass sein Erwarten stets freundlicher mit ihm umgegangen war als sein Erleben.[1]

Worum geht's?

1. Versuchen Sie den Begriff Investition zu definieren!
2. Welche Bestimmungsfaktoren würden Sie für die Investitionsentscheidung zugrunde legen?
3. Welche Merkmale charakterisieren eine Investition?
4. Was ist der Unterschied zwischen einer Investition und einer Finanzierung?
5. Warum sind Investitionen so bedeutend?
6. Welche Investitionsarten können unterschieden werden?
7. Wie gelangt man zur Investitionsentscheidung?
8. Welche Investitionsentscheidungsprobleme sind zu differenzieren.

1. Versuchen Sie den Begriff Investition zu definieren!

Unter einer **Investition** versteht man i.d.R. eine längerfristige, die Dauer eines Jahres deutlich überschreitende Anlage von Geldmitteln zu wirtschaftlichen Zwecken.

Oben stehende Definition[2] ist einfach und relativ kurz gehalten. Das ist gut! Meines Erachtens kann es kürzer formuliert werden, wenn man sagt: Investition ist Kapitalverwendung!

Die Kapitalverwendung findet sich auf der Aktivseite der Bilanz. Zunächst einmal stehen in der Bilanz Werte wie Grundstücke, Gebäude, Maschinen und Fuhrpark. Dieses als Anlagevermögen gekennzeichnete Vermögen können wir eindeutig als Investitionen bezeichnen.

Interessant wird es beim Umlaufvermögen, also bei Gegenständen, die i.d.R. weniger als ein Jahr im Unternehmen verweilen. Mit obiger „gerahmter" Definition gehen diese Vermögensgegenstände in Bezug auf die Laufzeit nicht mehr ganz konform. Trotzdem möchte ich auch diese Vermögenswerte in einer allgemeinen Form als Investitionen begreifen. Die Lagerbestände sind beispielsweise eine *Investition in die Lieferfähigkeit* eines Unternehmens. Auch die Forderungen aus Lieferungen und Leistungen sind Investitionen, *Finanzinvestitionen*. Man investiert in eine spätere Bezahlung bereits gelieferten Ware, um einerseits den

---

[1] Patricia Highsmith, Der talentierte Mr. Ripley, S. 204.

[2] Definieren: von definire lat. „abgrenzen, bestimmen", de = „ab, weg" und finis = „Grenze"; Definition: Festlegung des Inhalts oder der Bedingungen von Worten, Begriffen und Zeichen; auch: genaue Bestimmung (des Gegenstandes) eines Begriffes durch Auseinanderlegung und Erklärung seines Inhaltes oder aber auch ☺ als unfehlbar geltende Entscheidung des Papstes oder eines Konzils über ein Dogma.

Absatz zu steigern, andererseits verdient man mit dem nicht in Anspruch genommenen Skonto eine Art Zins.

Schwierig und dementsprechend kontrovers wird bei den Positionen Bankguthaben, Schecks oder gar der Kasse argumentiert. Letztere wird häufig als totes Kapital angesehen. Wieso sollte dies dann eine Investition sein? Richtig, unter gewinnorientiertem Blick ist die Investition in die Kasse natürlich keine gute. Allerdings dient sie der Aufrechterhaltung der Liquidität, eine der wichtigen Voraussetzungen für das Fortbestehen eines Unternehmens. Und in diesem Sinne möchte ich auch die Kasse verstehen. Es ist eine *Liquiditätsinvestition*.

Dementsprechend wird hier die gesamte Aktivseite der Bilanz als Investition betrachtet.

Investition = Kapitalverwendung

Diese Definition ist unabhängig von der zeitlichen Dauer der Kapitalverwendung.[3]

2. Welche Bestimmungsfaktoren würden Sie für die Investitionsentscheidung zugrunde legen?

Ökonomisch ist die Investition durch eine Anschaffungsauszahlung (Investitionsbetrag) sowie durch die mit ihr verbundenen *Ein- und Auszahlungen* gekennzeichnet. Die Ein- und Auszahlungen können aus der produktiven Verwendung, aus Vermietung und Verpachtung sowie aus dem Wiederverkauf resultieren.[4] Schafft es eine Investition gar, Auszahlungen, die bisher angefallen sind, einzusparen, so können diese eingesparten Auszahlungen dem Investitionsobjekt als Einzahlung (!) zugerechnet werden.

Ein Teil der Investitionsbeurteilungsverfahren berücksichtigt den *zeitlichen Anfall* der Zahlungen.[5] Da die Zahlungen i.d.R. in der Zukunft stattfinden, müssen sie geplant werden und sind somit nur unter Unsicherheit anzunehmen.

Aus dem bisher Gesagten zur Beurteilung einer Investition können folgende Eingangsdaten für das Investitionskalkül[6] festgehalten werden:

---

[3]   Im weiteren Verlauf werden wir uns vorwiegend mit der Investitionsbeurteilung beschäftigen. Hierbei konzentrieren wir uns vorwiegend auf Investitionen, die länger und umfangreicher Kapital binden. Dies vor allem, weil bei Investitionen natürlich auch dem Kosten-Nutzen-Verhältnis entsprochen werden muss und eine detaillierte Investitionsbeurteilung nur bei größeren Investitionen Sinn macht.

[4]   *Beispiele für Einzahlungen/Einnahmen* sind (1.) Nettoeinnahmen aus dem Verkauf der Produkte und Abfälle bzw. Kuppelprodukte (abzüglich Skonto und Rabatt). (2.) Nettoeinnahmen aus dem Verkauf der Anlage und der Vorräte am Ende der Nutzungszeit (abzüglich Ausgaben für Abbruch und Verkauf); (3.) bei Ersatzinvestitionen Einsparungen an Betriebsausgaben, insbesondere für Material, Personal, Energie und Raumnutzung.

       Beispiele für Auszahlungen/Ausgaben: (1.) Anschaffungs- oder Herstellungsausgaben, ggf. auch für Folgeinvestitionen; Anschaffungsnebenausgaben (u. a. Transport, Installation, Einkaufsprovision), Ausgaben für die Erhöhung des Umlaufvermögens (Lager, Vorräte etc.). (2.) Verbrauchsfaktoren (Fertigungsmaterial, Betriebsstoffe), Personal, Dienstleistungen, Gewährleistungen, Abgaben, Absatzaktivitäten. (3.) wegfallende Erlöse für nicht mehr entstehende Abfälle und Nebenprodukte; Verringerung von Resterlösen beim Aufschub von Ersatzinvestitionen.

[5]   Zur Vereinfachung wird meistens mit einer aus gleich langen Abschnitten (i.d.R. ein Jahr) bestehenden Zeitskala gerechnet, wobei die Zahlungen, die innerhalb dieser Periode stattfinden, dem Perioden-/Abschnittsende zugerechnet werden. Hieraus resultiert natürlich eine gewisse Ungenauigkeit, die in Kauf genommen wird. Falls die Beträge zu hoch und die Ungenauigkeit zu groß erscheint, können die Zeitabschnitte dementsprechend auch verkleinert werden (z. B. Monate, Wochen etc.). Hierzu aber später mehr.

[6]   Investitionskalkül nennt man die Beurteilung einer Investition unter Beachtung des ökonomischen Prinzips. Die Investitionskalküle sollen also die Vorteilhaftigkeit eines Investitionsobjektes erkennbar machen und somit die Investitionsentscheidung vorbereiten und wirtschaftlich fundieren.

1. Sämtliche mit dem Investitionsobjekt verbundene *Ein- und Auszahlungen*,
2. die *Zahlungszeitpunkte* sowie
3. der *Ungewissheitsgrad* für die Zahlungen.

Was sagen Sie? Ihnen fehlt hierbei noch etwas? Sie möchten sich zum Beispiel auch wohl fühlen in einem Auto, das sie kaufen wollen. Ein Computer sollte nicht gar so strahlungsintensiv sein und ein Schreibtisch sollte auch vom Design her in den Kundenraum passen?

Ok, Sie haben Recht. Geld ist nicht alles. Es gibt neben den rein quantitativen Größen auch die qualitative bzw. *nicht-monetäre* Dimension. Technologische, organisatorische, soziale, ökologische und rechtliche Aspekte werden explizit nicht in das Investitionskalkül einbezogen. Da sie jedoch auch von entscheidender Bedeutung sein können, werden sie entweder bei der Auswahl der zu vergleichenden Investitionen zusätzlich mit einbezogen, oder/und mit einem ergänzenden Betrachtungsverfahren (qualitative Verfahren z. B. *Nutzwertanalyse*) in die Entscheidungsvorbereitung eingebracht.

3. Welche Merkmale charakterisieren eine Investition?

Aus der Beantwortung der vorstehenden Frage ergeben sich die folgenden Merkmale einer Investition. Sie sind hier in einem „magischen" Dreieck angeordnet, da sich die drei Ziele zum Teil gegenseitig ausschließen, da sie eine konfliktäre Beziehung zueinander haben. So nimmt die Rendite i.d.R. ab, je kürzer z. B. Geld fest angelegt wird. Andererseits steigt (hoffentlich) die Rendite, wenn das Risiko einer Investition groß ist. Dementsprechend besitzen sehr sichere Investitionen häufig eine eher geringe Rendite.

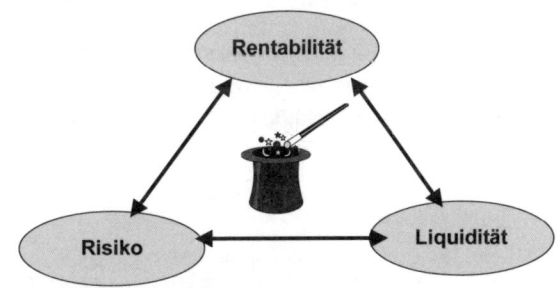

Die Erfolgs-, die Liquiditäts- und die Risikokomponente, mit den entsprechenden Auswirkungen und einzubeziehenden Beurteilungskriterien zeigt die nachstehende Übersicht.

Merkmale	Fragestellung/Gebiet	Mit einzubeziehende Beurteilungskriterien
Erfolg	Wie hoch ist der zu erwartende Erfolg? → *Investitionsrechnung*	Kosten/Erträge; ASZ/ENZ; Gewinn; Rentabilität; zeitlicher Anfall
Liquidität	In wieweit belastet die Investition heute die Liquidität? Inwieweit wird die Liquidität zukünftig entlastet ? → *Finanzplanung*	Ein- und Auszahlungsströme, zeitlicher Anfall, Kreditspielraum
Risiko	Aus der Gefahr, dass der Erfolg nicht in der Höhe und in der geplanten Zeit eintritt, ergibt sich ein weiteres Risiko, das betragsmäßige + zeitmäßige Liquiditätsrisiko. → *Risikoanalyse*	Zukünftige Entwicklung aller als unsicher einzustufender Bestimmungsfaktoren der Investitionsentscheidung

4. Was ist der Unterschied zwischen einer Investition und einer Finanzierung?

Überspitzt ausgedrückt unterscheiden sich Investition und Finanzierung nur durch das Vorzeichen der ersten Zahlung. D.h., die Investition ist eine Zahlungsreihe, die mit einer Auszahlung beginnt, die Finanzierung eine Zahlungsreihe, die mit einer Einzahlung beginnt.[7] Einfacher und ohne in der Fußnote angedeutete zusätzliche Überlegungen können wir folgende Unterscheidung verwenden.

Investition   =   Kapitalverwendung (betrifft die Aktivseite der Bilanz)
Finanzierung =   Kapitalbeschaffung (betrifft die Passivseite der Bilanz)

5. Warum sind Investitionen so bedeutend?

Investitionen besitzen eine *strategische Bedeutung*, weil sie:
- a.   langfristig Kapital binden[8],
- b.   i.d.R. schwer reversibel sind,
- c.   die Kostenstruktur langfristig festlegen (besonders die fixen Kosten).
- d.   Träger des technischen Fortschritts sind.

6. Welche Investitionsarten können unterschieden werden?

Natürlich gibt es viele Möglichkeiten Investitionen zu kategorisieren. Ohne viele Worte präsentiere ich Ihnen überblicksartig die wichtigsten in der nachfolgenden Abb. und Tabelle.

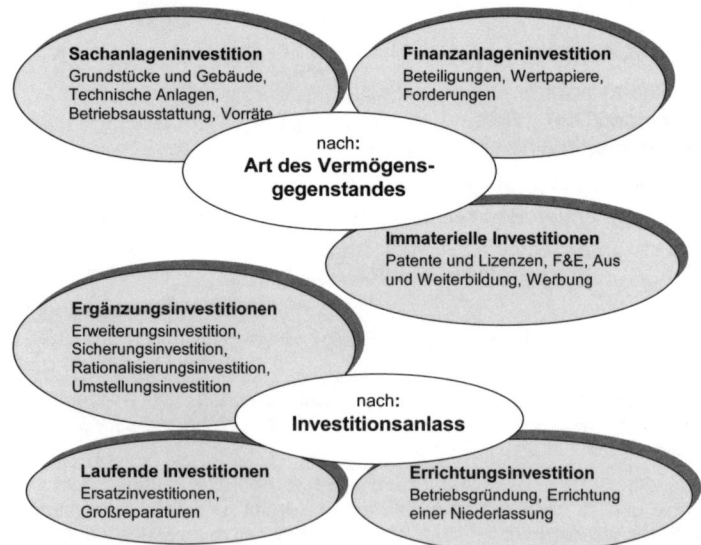

---

[7]   Diese Definition bzw. Unterscheidung ist etwas irreführend, da einige Investitionen keine Anschaffungsausgabe haben (z. B. Leasing). Andererseits haben einige Finanzierungsformen zu Beginn eine Bearbeitungsgebühr oder ein Disagio, das belastet wird, die Kreditauszahlung kann sukzessive anfallen.

[8]   Investitionen binden meist langfristig Finanzmittel, die i.d.R. knapp sind. Mit der zeitlichen Dauer nehmen die Unsicherheiten in Bezug auf die Investition zu.

objektbezogene Investitionen	wirkungsbezogene Investitionen	Sonstige Investitionen
1. *Sachinvestitionen:* ermöglichen den Leistungsprozess oder sind daran beteiligt (gesamtes AV + UV sowie Dienstleistungen zur Erfüllung des Betriebszweckes.	4. *Nettoinvestition :* Investitionen, die erstmals in einem Unternehmen vorgenommen werden wie z. B. die Gründungsinvestition oder die Erweiterungsinvestition	8. *Investorbezogene Investition* - Unternehmen - Öffentliche Hand - private Haushalte
2. *Finanzinvestition :* Dies sind entweder (1) Finanzanlagevermögen, (2) Forderungsrechte wie Bankguthaben, festverzinsliche WP, gewährte Darlehen oder (3) Beteiligungsrechte wie Aktien und sonstige Beteiligungen an Unternehmen	5. *Reinvestitionen :* Wiederauffüllen eines durch Verbrauch oder Gebrauch geminderten Bestandes. Zu nennen sind hier die Ersatz-, die Umstellungs-, die Diversifizierungs- oder die Sicherungsinvestition.	9. *Umschlagbezogene Investition* Unterscheidung nach schnell, mittelfristig oder langsam umschlagender Investition
3. *Immaterielle Investition :* Dienen zur Stärkung der Wettbewerbsfähigkeit. Dazu gehören auch Investitionen in (1) Personal: gute Mitarbeiter, (2) Bildung, Sozialinvestition; (3) F&E oder (4) Marketing	6. *Bruttoinvestition :* Gesamtheit der Netto- und Reinvestitionen. 7. *Hierarchiebezogene Investition* - strategisch: langfristig - taktisch : mittelfristig - operativ : kurzfristig	10. *Häufigkeitsbezogene* - Einzelinvestition - Investitionsfolgen oder ~ketten 11. *Abhängigkeitsbezogene Investition* - isolierte Investition - interdependente Investition

7. Wie gelangt man zu einer Investitionsentscheidung?

Die vernetzte Abbildung zeigt u.a. eine mögliche Phaseneinteilung des Weges hin zu einer Investitionsentscheidung. Anschließend werden die wichtigsten Aspekte der einzelnen Phasen noch einmal kurz erläutert.

❶ *Anregungsphase*
Die Anregungen können sowohl aus dem Unternehmen bzw. deren Unternehmensbereichen stammen, aber auch unternehmensexterner Natur sein. So kann z. B. ein Abnehmer bestimmte Produktänderungen wünschen, der Gesetzgeber verlangt die Einhaltung von schärferen Gesetzen oder aber Unternehmensberater empfehlen aufgrund von Marktanalysen, Produktanalysen, Umwelttrends o.ä. bestimmte Investitionen.

Das Investitionsproblem wird durch die Beantwortung von diesbezüglichen Fragen hinsichtlich seiner exakter Darstellung, seiner Begründung, der Dringlichkeit sowie der daraus entstehenden Vor- und Nachteile konkretisiert.

❷ *Suchphase*
In dieser Phase müssen zunächst die Investitionsalternativen ermittelt werden. Dies geschieht einerseits - für „herkömmliche" Lösungsvarianten - durch Sammeln und Jagen nach entsprechenden Informationen, aber auch - für „kreative" Möglichkeiten - durch das eigene Schaffen von Investitionsalternativen. Hier kommen u.a. auch Kreativitätstechniken wie das Brainstorming, die 6-3-5 Methode oder der Morphologische Kasten etc. zur Anwendung. (*Ermittlung der Investitionsalternativen*)

Des Weiteren werden Bewertungskriterien festgelegt. Hierzu zählen einerseits Grenzen der Bewertungskriterien, sowie die Definition von Knock-out-Kriterien (*Festlegung der Begrenzungskriterien*).

Vernetzte Darstellung der typische Phasen

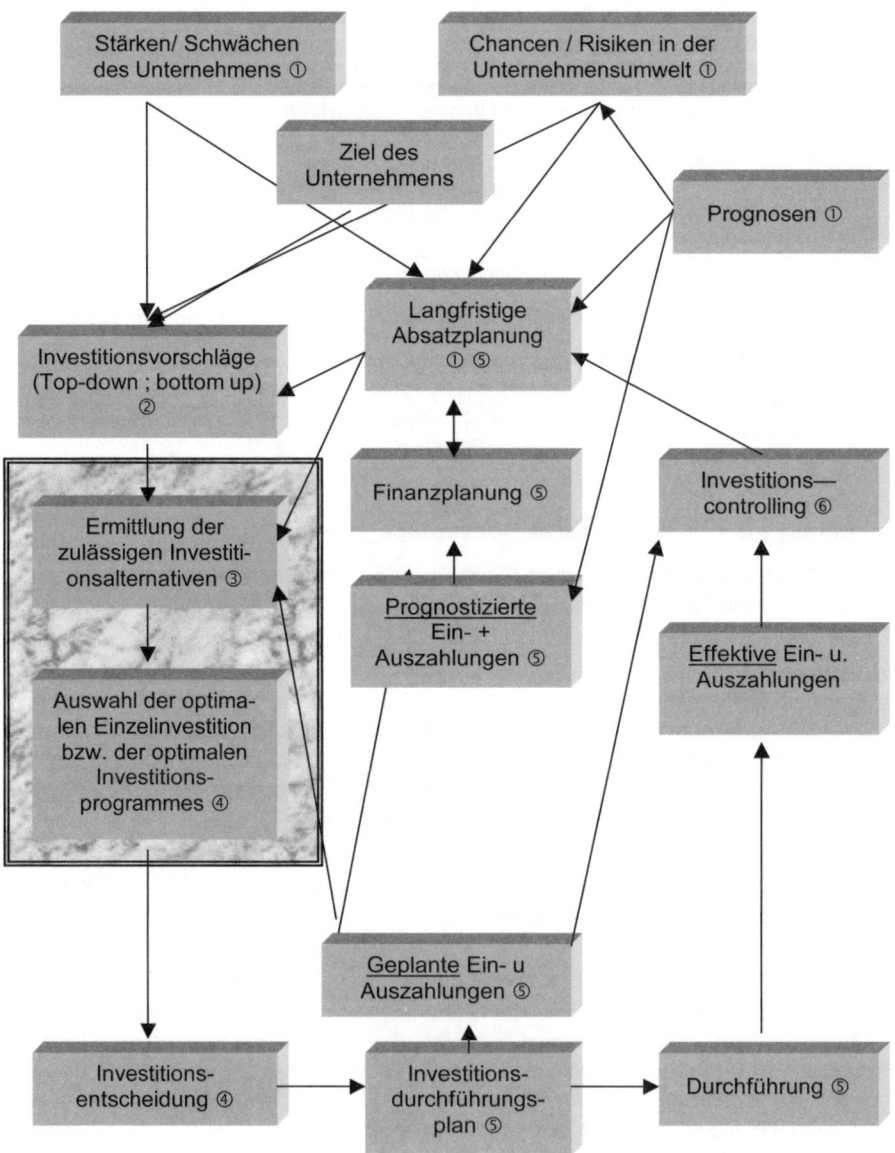

❸ und ❹ _Planungs- und Entscheidungsphase_
Bei der _Vorauswahl der Investitionsalternativen_ erfolgt ein Durchstreichen der Investitionsalternativen, die den KO-Kriterien nicht genügen bzw. die offensichtlich außerhalb zumindest eines Beurteilungskriteriums liegen. Die _Bewertung der Investitionsalternativen_ erfolgt
durch Anwendung und Gewichtung der zugrunde gelegten Bewertungskriterien. Dies mün-
det in der _Bestimmung der vorteilhaftesten Investitionsalternative_.

Hinsichtlich der Beurteilungskriterien lassen sich quantitative und qualitative unterscheiden.
Quantitative Beurteilungskriterien sind häufig Kosten (25 %), Gewinn (9 %), Rendite (29
%), Amortisationszeit (77 %), Kapitalwert (20 %) und der interne Zinsfuß (40 %).[9] Bei den
qualitativen Beurteilungsverfahren dominiert die Nutzwertanalyse. Qualitative Beurteilungs-
kriterien können _wirtschaftliche_ (Kundendienst, Zuverlässigkeit etc.), _technische_ (Kapazität,
Leistung, Genauigkeit etc.), _soziale_ (bedienungsfreundlich etc.), _ökologische_ oder _rechtliche_
Aspekte abbilden.

Die Entscheidungsphase ist schließlich durch die Festlegung auf die für optimale Alternati-
ve(n) gekennzeichnet, wobei hierbei auch eine Abstimmung mit den Finanzierungsmöglichkeiten erfolgt.

❺ und ❻ _Realisierungs- und Controllingphase_
Diese bilden den Abschluss der Investitionsentscheidung. Die Realisierungsphase wird be-
gleitet durch die Erstellung von exakten Zeit- und Kostenplänen. Beide Phasen sind aufgrund ihres Kontroll- und Feedbackcharakters wichtig für eine ständige Verbesserung des
Investitionsentscheidungsprozesses.

8. Welche Investitionsentscheidungsprobleme sind zu differenzieren?

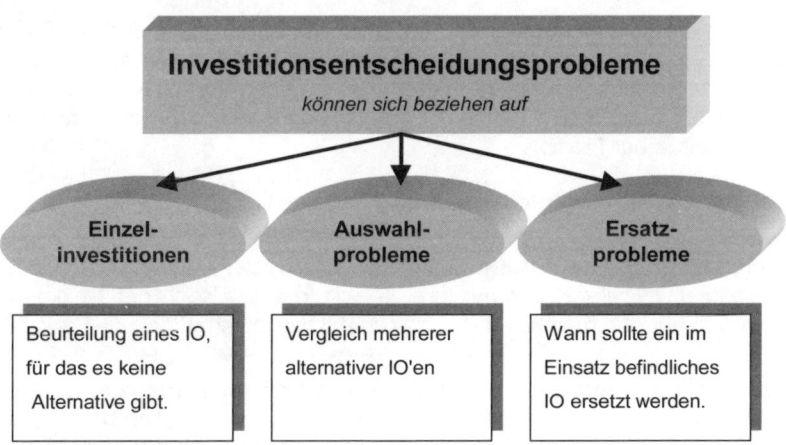

---

[9]   In Klammern sind die %-ualen Gewichte angegeben, in welcher relativen Häufigkeit die einzelnen Verfahren in der Praxis Anwendung finden. Hierbei ist zu berücksichtigen, dass es bei der Wahl der Beurteilungskriterien u. a. auf die Größe der zu tätigenden Investition, aber auch auf das Unternehmen selbst an-
kommt. So sind z. B. die auf Größen der Kostenrechnung basierenden statischen Verfahren, sehr stark bei
Klein- und Mittelstandunternehmen anzutreffen. Buckley, Ross, Westerfield, Jaffe (2000, S. 171) sehen die
Kapitalwertmethode in Westeuropa und den USA, nicht jedoch in Japan, am häufigsten angewandt. Die
Rentabilitäts- und Amortisationsvergleichsrechnung finden häufig ihre Anwendung.

Statische Verfahren der Investitionsrechnung

„Ein Verfahren ist gut, wenn es dem Anwender eine gute entscheidungsrelevante Informationsbasis liefert."

Worum geht's?

1. Wie rechnen die statischen Verfahren?
2. Welche gemeinsamen Charakteristika haben die statischen Verfahren?
3. Wie kann man die statischen verfahren kritisch würdigen?
4. Was sind kalkulatorische Kosten? Warum und wie berechnet man sie?

1. Wie rechnen die statischen Verfahren?

Die Rechenweise aller statischen Verfahren ist ausgesprochen einfach. Einzige Klippe sind die „kalkulatorischen" Kosten. Allen statischen Verfahren gemein ist, dass sie sich der Daten der Kosten- und Leistungsrechnung bedienen. Ihre Berechnungen basieren also auf den Kosten und Leistungen eines Investitionsobjektes. Da das Verständnis der kalkulatorischen Kosten nicht jedem gleich auf Anhieb eingängig ist, habe ich am Ende dieses Kapitels einen Exkurs hinsichtlich dieser kalkulatorischen Kosten angehängt.

Wer noch nicht in die höheren Weihen der Kostenrechnung eingeführt wurde, empfehle ich vor der Berechnung der „einführenden Aufgabe", diesen wichtigen und entsprechend ausführlich geratenen Exkurs durchzulesen.

Mit Hilfe der an die Kurzvorstellung der einzelnen Verfahren folgenden „Einführenden Aufgabe" können Sie selbst erfahren, wie einfach diese Verfahren vorgehen. Die Lösungen unterstreichen die spezifischen Eigenschaften der einzelnen Verfahren, die dann in Vor- und Nachteilen exakter beschrieben werden. Dadurch ergibt sich dann auch fast zwangsläufig ihre Einsetzbarkeit in der Praxis.

Steckbrief der Kostenvergleichsrechnung

Die **Kostenvergleichsrechnung** addiert die Kosten der unterschiedlichen Investitionsalternativen jeweils zusammen und entscheidet sich nach der Maxime: Wähle die Investition mit den minimalen (durchschnittlichen) Kosten!

Die Kostenvergleichsrechnung ist ein einperiodiges Verfahren, das auf die Erfassung der positiven Erfolgskomponenten (Erlöse) verzichtet. Die Erlöse bei allen betrachteten Investitionsalternativen werden als gleich hoch angenommen. Das Verfahren berücksichtigt alle, durch das geplante Projekt verursachten Kosten: Material/Personal, Instandhaltung/Reparatur, Energie, Miete, kalk. Abschreibungen (linear), kalk. Zinsen auf das durchschnittlich gebundene Kapital.

Kurzbeurteilung

Kritisch zu sehen ist das Rechnen mit Durchschnittswerten, wobei hierbei oft die erwarteten Kosten des ersten Jahres als Durchschnittskosten genommen werden. Darüber hinaus beruht das verwendete Konzept der kalk. Zinsen auf groben Annahmen. Durch die Fokussierung auf die Kostenseite, führt eine Auswahlentscheidung zwischen zwei Investitionsobjekten nur dann zum richtigen Ergebnis, wenn gleiche Erlöse gegeben sind. Insgesamt ergibt die Methode nur Aussagen zur relativen Vorteilhaftigkeit von Alternativen. Sie ist allerdings relativ einfach anzuwenden.

Steckbrief der Gewinnvergleichsrechnung

> Die **Gewinnvergleichsrechnung** ordnet den unterschiedlichen Investitionsalternativen nicht nur die jeweils entsprechenden Kosten zu, sondern auch die damit verbundenen Leistungen und entscheidet nach der Maxime: Realisiere die Investition, wenn Sie Gewinn verspricht! (bei Einzelinvestitionen) bzw.: Wähle die Investition mit dem maximalen (durchschn.) Gewinn! (bei mehreren Investitionsalternativen).

Kurzbeurteilung

Die GVR ist ebenfalls ein einperiodiges System, das nunmehr aber auch die positiven Erfolgskomponenten berücksichtigt. Gewinndefinition: Durchschnittlicher Gewinn = durchschnittlicher Erlös minus durchschnittliche Kosten. Durch die Durchschnittsbetrachtung werden Schwankungen von Erträgen nicht berücksichtigt. Beim Vergleich von Investitionen mit unterschiedlichem Kapitaleinsatz und unterschiedlicher Nutzungsdauer drohen Fehlentscheidungen, da nicht hinterfragt wird, was mit dem Differenzbetrag geschieht. Letztendlich ist auch dieses Verfahren relativ einfach anzuwenden.

Steckbrief der Rentabilitätsvergleichsrechnung

> Die **Rentabilitätsvergleichsrechnung** geht noch einen Schritt weiter. Die den jeweiligen Investitionsalternativen zugeordneten Gewinne werden über das jeweils eingesetzte Kapital gewichtet. Bei diesem Vergleich wird also nach der Maxime entschieden: Führe die Investition durch, wenn ihre Rendite höher ist, als die geforderte Mindestverzinsung! (bei Einzelinvestitionen) bzw.: Wähle die Investition mit der max. (durchschn.) Rentabilität! (bei mehreren Investitionsalternativen).

Kurzbeurteilung

Dieses einperiodige Verfahren, welches erneut mit Durchschnittswerten arbeitet, ermöglicht den Vergleich der projektindividuellen Rentabilität (r) mit der vom Investor gewünschten Mindestverzinsung (i). Realisierung wenn r > i. Es ist ein weit verbreitetes Praktikerverfahren, allerdings nur uneingeschränkt brauchbar, wenn Nutzungsdauer und Kapitaleinsatz der miteinander zu vergleichenden Investitionen identisch sind.

Steckbrief der Amortisationsvergleichsrechnung

Kurzbeurteilung

Dieses einperiodiges Verfahren – welches auch Pay-off- oder Pay-back- Methode; Kapitalrückflussrechnung; Kapitalwiedergewinnungsrechnung genannte wird – stellt fest, wie viel

Perioden es dauert, bis sich die Anschaffungsauszahlung A_0 durch Kapitalrückflüsse amortisiert hat. Die Amortisationsdauer ist die kritische Nutzungsdauer eines Investitionsobjekts, die mindestens erreicht werden muss, damit ein Überschuss erzielt wird.

Hierbei finden jedoch zeitliche Unterschiede beim Anfall der Rückflüsse keine Berücksichtigung. Dem Verfahren haftet das Sicherheitsstreben an, d.h. wie schnell habe ich mein investiertes Kapital zurück? Manche Autoren zählen dieses Verfahren nicht zu den Investitionsbewertungsverfahren; u.a. weil die Zahlungen nach der Armotisationsdauer überhaupt nicht berücksichtigt werden.

> Die **Amortisationsvergleichsrechnung** betrachtet die Schnelligkeit, mit der das eingesetzte Kapital wieder von der Investition erwirtschaftet wird. Hierbei gilt die „Angst"-Maxime: Realisiere die Investition, wenn ihre Amortisationsdauer kürzer ist, als die vom Entscheidungsträger als maximal zulässig angesehene Soll-Amortisationsdauer! (bei Einzelinvestitionen) bzw.: Wähle die Investition mit der relativ kürzesten Amortisationsdauer! (bei mehreren Investitionsalternativen).

Demo-Aufgabe (Statische Verfahren)

Der Vorstand der Blech AG möchte zur Forcierung des Absatzes seines neuen hochwertigen Stanzteils „Machtloch" für die Servolenkung in der Kfz-Industrie einen neuen CNC-gesteuerten Stanzautomaten erwerben. Zur Auswahl stehen 2 Maschinentypen, und zwar der Quickstanz und das Konkurrenzprodukt, der Stanzavanti. Beide weisen dieselbe maximale Leistungsfähigkeit (Kapazität) von 200.000 Stanzteilen pro Jahr auf.

Die Anschaffungskosten des Quickstanz betragen 150.000 €, die des Stanzavanti 200.000 €. Die Nutzungsdauer wird bei voller Kapazitätsauslastung gemäß Herstellerangaben mit 10 Jahren, die des Stanzavanti mit 8 Jahren prognostiziert. Es soll eine lineare Abschreibung des angeschafften Stanzomaten erfolgen, wobei die Blech AG am Ende der Nutzungszeit den Resterlös für den Quickstanz auf 20.000 € und für den Stanzavanti auf 40.000 € schätzt. Die Wiederbeschaffungspreise am Ende der Nutzungszeit erwartet der Vorstand für den Quickstanz in Höhe von 200.000 € und für den Stanzavanti in Höhe von 280.000 €.

Weiterhin rechnet man in der Blech AG pro Jahr mit kalk. Zinsen auf der Basis eines Zinssatzes von 10 % auf das durchschnittlich gebundene Kapital. Der Vorstand strebt für den Stanzautomaten eine Finanzierung im gleichen Verhältnis des bisher eingesetzten Eigenkapitals zu Fremdkapital in Höhe von jeweils 50 % an.

An Materialkosten entstehen pro Stanzvorgang für ein Stück des Stanzteils „Machtloch" 0,25 €; diese sind für beide Maschinen gleich hoch. Für den Betrieb des Stanzautomaten fallen als variable Energiekosten 0,07 €/Stück für den Quickstanz und 0,03 € /Stück für den Stanzavanti an. Die durchschnittlichen fixen Wartungskosten pro Jahr können aufgrund der Angaben des Herstellers für den Quickstanz mit 4.000 € und für den Stanzavanti mit 7.000 € veranschlagt werden. Darüber hinaus belaufen sich die variablen Reparaturkosten für den Quickstanz auf 0,02 € /Stück, für den Stanzavanti auf 0,03 € /Stück. Die Personalkosten sind vollständig variabel, weil freie Zeiten für andere Anlagen genutzt werden können und lassen sich für den Quickstanz mit 0,15 € /Stück und für den Stanzavanti mit 0,17 € /Stück kalkulieren.

Der Vorstand der Blech AG erwartet, dass für die Nutzungsdauer des neuen Stanzautomaten pro Jahr 200.000 Stück des Stanzteils „Machtloch" abgesetzt werden können. Der Absatzpreis von „Machtloch" soll sich aufgrund der unterschiedlichen Ausnutzung des Produktionsfaktors Material hinsichtlich der Qualität auf dem Quickstanz aller Voraussicht nach auf 0,75 € /Stück und bei der Produktion auf dem Stanzavanti auf 0,86 € /Stück belaufen.

Fällen Sie eine Entscheidung nach der a.) *Kosten-,* b.) *Gewinn-,* c.) *Rentabilitäts-* (auf das *Gesamtkapital*) sowie nach der d.) *Amortisationsvergleichsrechnung* (Cash Flow). Anschließend betrachten Sie die jeweiligen Verfahren kritisch, d.h., Vor- und Nachteile sowie mögliche Einsetzbarkeit bei Investitionsentscheidungen.

Lösung:
Kostenvergleichsrechnung (KVR)

Die nachfolgend dargestellten Ergebnisse sind doppelt. In Klammern und fett sind die Ergebnisse der Aufgabe, die sich ergeben, wenn die kalk. Zinsen auf die Anschaffungskosten gerechnet werden. In normaler Schreibweise sind die Ergebnisse, die sich ergeben, wenn bei der Berechnung der kalk. Zinsen der Wiederbeschaffungswert zugrunde gelegt wird.

Kostenbestandteile	Quickstanz	Stanzavanti
Kalk. AfA (WBP-RW)/n	(200.000-20.000)/10 = 18.000	(280.000-40.000)/8 = 30.000
Kalk. Zinsen (10 %) auf das durchschn. gebundene Kapital (WBP+RW)/2*0,1 [(AK +RW)/2*0,1	(200.000 + 20.000)/2 = 110.000 * 0.1 = 11.000 **[8.500]**	(280.000 + 40.000)/2 = 160.000 * 0.1 = 16.000 **[12.000]**
Materialkosten	0.25 * 200.000 = 50.000	0.25 * 200.000 = 50.000
Energiekosten	0.07 * 200.000 = 14.000	0.03 * 200.000 = 6.000
Fixe Wartungskosten	4.000	7.000
Variable Reparaturkosten	0,02 * 200.000 = 4.000	0,03 * 200.000 = 6.000
Variable Personalkosten	0.15 * 200.000 = 30.000	0.17 * 200.000 = 34.000
Gesamtkosten pro Jahr	131.000 **[128.500]**	149.000 **[145.000]**

Kritik
1. Annahme, dass die Umsatzerlöse aus den Investitionsobjekten identisch sind. Dies ist hier aufgrund der unterschiedlichen Absatzpreise offensichtlich nicht der Fall.
2. Ob die Investitionsobjekte überhaupt Gewinn abwerfen, ist fraglich.
3. Bei unterschiedlichen Kapazitäten der Investitionsobjekte ist der Vergleich der Gesamtkosten um den Stückkostenvergleich zu erweitern. ➔ 1. Übungsaufgabe

Anwendungsmöglichkeiten
Immer dann anwendbar, wenn die Erträge irrelevant sind , z. B. Kauf eines Laptops, oder für die betrachteten Investitionsalternativen als gleich - hoffentlich aber höher als die Kosten - anzusetzen sind. Dies trifft gem. OLFERT auf Rationalisierungsinvestitionen zu, wobei aber der Rationalisierungsgrad beachtet werden muss. Es gilt nur bei gleichem Rationalisierungsumfang. Darüber hinaus ist die Methode auch anwendbar bei jeder Ersatzinvestition, die die Leistungsfähigkeit der zu ersetzenden Maschine annimmt.

Gewinnvergleichsrechnung (GVR)

	Quickstanz	Stanzavanti
Umsatzerlöse	o,75 * 200.000 = 150.000	0,86 * 200.000 =172.000
- Gesamtkosten	131.000 **[128.500]**	149.000 **[145.000]**
= Gewinn pro Jahr	19.000 **[21.500]**	23.000 **[27.000]**

Kritik

1. Die Durchschnittsgewinnermittlung erscheint problematisch. Z.B. steigen höchstwahrscheinlich die Reparaturkosten mit dem Alter der Maschine. So ist beispielsweise nicht gesichert, dass in den letzten Jahren der Nutzungsdauer überhaupt noch Gewinn erwirtschaftet wird. Ein früherer Verkauf böte sich dann an.
2. Die Vergleichbarkeit ist nur gewährleistet, wenn die Investitionsobjekte (a) die gleiche Nutzungsdauer und (b) den gleichen Kapitaleinsatz aufweisen.

Anwendungsmöglichkeiten

Die GVR ist immer dann anwendbar, wenn der Kapitaleinsatz + die Nutzungsdauer der Investitionsalternativen gleich hoch sind. Andernfalls sind Fehlentscheidungen sehr wahrscheinlich. Sind die vorstehenden Bedingung nicht gegeben, wäre nicht klar, wie hoch die Rendite tatsächlich ist, da hierzu noch das überschüssige Kapital betrachtet werden muss.

Rentabilitätsvergleichsrechnung (RVR)

	Quickstanz	Stanzavanti
Gewinn	19.000 **[21.500]**	23.000 **[27.000]**
+ kalk. Zinsen	11.000 **[8.500]**	16.000 **[12.000]**
Gewinn + kalk. Zinsen	*30.000 [30.000]*	*39.000 [39.000]*
/ durchschnittl. gebundenes Kapital	110.000 **[85.000]**	160.000 **[120.000]**
* 100 = ROI bzw. GK-Rentabilität	27,27 **[35,29]**	24,375 **[32,5]**

Kritik

1. Unterschiedliche Gewinnverteilungen während der ND werden nicht berücksichtigt!
2. Der Vergleich von Investitionsobjekten und nicht von vollständigen Investitionsalternativen ist im Rahmen der Rentabilitätsrechnung recht problematisch, da weder (a) die Verzinsung der nicht investierten 50.000 € des Quickstanz noch (b) die Verzinsung des frei werdenden Kapitals des Stanzavantis im 9. und 10. Jahr geklärt ist. (Kalk. Zinsen werden hierfür angesetzt und beziehen sich auf das gebundene Kapital, aber wie wird der Gewinnerlös verzinst?

Anwendungsmöglichkeiten

Immer dann anwendbar, wenn Kapitaleinsatz und Nutzungsdauer der Investitionsalternativen gleich hoch sind. Andernfalls sind Fehlentscheidungen sehr wahrscheinlich.

Amortisationsvergleichsrechnung (AVR) (Durchschnittsmethode)

	Quickstanz	Stanzavanti
Gewinn	19.000 **[21.500]**	23.000 **[27.000]**
+ kalk. Abschreibungen	18.000	30.000
+ kalk. Zinsen (50 % auf das EK)	5.500 **[4.250]**	8.000 **[6.000]**
/ durchschnittl. Cash Flow	42.500 **[43.750]**	61.000 **[63.000]**
Ursprünglicher Kapitaleinsatz / Durchschn. Cash Flow	150.000 42.500 **[43.750]**	200.000 61.000 **[63.000]**
= Amortisationsdauer	3,53 Jahre **[3,43]**	3,28 Jahre **[3,17]**

Kritik

1. Dem Verfahren haftet das Sicherheitsstreben an, d.h., wie schnell habe ich mein investiertes Geld zurück? In der Praxis geht man gerne von 3 Jahren Amortisationszeit aus.

Dies würde zur Ablehnung beider Alternativen führen. Man verzichtet dabei allerdings auf eine hohe Rendite.

2. Was ist mit Verlusten nach der Amortisationsdauer?

3. Relativ einfache Anwendung

4. Die Amortisationszeit[10] ist die kritische Nutzungsdauer (Break-Even-Time), welche mindestens erreicht werden muss, damit zumindest +/- Null gewirtschaftet wurde.

Anwendungsmöglichkeiten

1. Als spezielle Variante der Sensitivitätsanalyse kann die Amortisationsrechnung - allerdings nur ergänzend - nützliche Informationen liefern.

2. Für sich allein stehend ist die Amortisationsrechnung völlig ungeeignet für die Investitionsbeurteilung.

2. Welche gemeinsamen Charakteristika haben die statischen Verfahren?

1. Die *zeitliche Struktur* der Zahlungsströme bleibt *unberücksichtigt*, da nur mit durchschnittlichen Erfolgsgrößen gerechnet wird..

2. Es wird nur *eine Periode* betrachtet (Ausnahme ist die kumulative[11] AVR).

3. Die statischen Verfahren arbeiten mit periodisierten Größen (*Kosten und Leistungen*).

4. Es können *keine vollständigen Handlungsalternativen* miteinander verglichen werden, da bei unterschiedlichem Kapitaleinsatz und/oder einer abweichenden Nutzungsdauer keine Aussage darüber getroffen werden kann, wie mit dem *Differenzbetrag* bzw. der Differenzzeit zu verfahren ist.

5. Die statischen Verfahren erfreuen sich *großer Beliebtheit in der Praxis*, was allerdings wenig über ihre Qualität aussagt.

3. Wie kann man die statischen Verfahren kritisch würdigen?

Positiv ist festzuhalten, dass die Methoden leicht handhabbar sind, keine hohen mathematischen Anforderungen verlangen und der Beschaffungsaufwand der relevanten Daten gering ist.

Einschränkend ist festzuhalten, dass der Bezug auf eine Periode die Einsetzbarkeit beschränkt, je nachdem, welche Periode herangezogen wird.[12] Außerdem kann die Durchschnittsbildung zu starken Verzerrungen führen. Die unterschiedliche Nutzungsdauer und unterschiedliche Kapitalwerte führen i.d.R. zu Verzerrungen. Als Basis der Berechnungen dienen Kosten und Erträge. Einnahmen und Ausgaben wären jedoch sinnvoller, da Kosten nicht immer auszahlungsgleich, Erträge nicht immer einzahlungsgleich sind. Letztendlich wird die Zeit bzw. der zeitliche Anfall und damit der Zinseffekt nicht berücksichtigt.

---

[10] Amortisationsdauer in Jahren = ursprünglicher Kapitaleinsatz/ durchschnittlicher Rückfluss pro Jahr

[11] Während man beim Durchschnittsverfahren die Anschaffungsausgabe durch die durchschnittlichen ENZÜ teilt, berechnet man beim Kumulationsverfahren die kumulierten Rückflüsse und schaut wann der Kapitalbetrag erreicht ist.

[12] Anfangsperiode (erstes Nutzungsjahr): Sie ist als Grundlage sehr zweifelhaft, da sie nicht repräsentativ für die Gesamtheit der Nutzungsperioden ist. Repräsentativperiode: Sie enthält die typischen Daten eines Investitionsobjektes, abhängig vom jeweiligen Objekt und seiner Nutzung. Sie führt zu einer Verbesserung der Methode, ist aber schwieriger zu ermitteln. Durchschnittsperiode: Sie wird gebildet durch das arithmetische Mittel der Daten aller Nutzungsperioden. Sie ist gut einsetzbar, wenn es keine zu großen Schwankungen gibt.

4. Was sind kalkulatorische Kosten? Warum und wie berechnet man sie?

Folgender Exkurs dient der Klärung der Bedeutung der kalkulatorischen Kosten, deren Verständnis essentiell für die richtige Berechnung der statischen Verfahren ist.

Kalkulatorische Kosten

Die kalkulatorischen Kosten sind m. E. die interessanteste Kostenart der Kostenrechnung. Aber Achtung! Es bedarf schon ein wenig an gedanklicher Vorstellungskraft, um das Wesen dieser wichtigen, in der Praxis immer wieder gern vernachlässigten Kosten richtig und vollständig zu erfassen. Die Finanzbuchführung kennt diese Kosten nicht. Kalkulatorische Kosten entstehen, wenn statt der Aufwendungen Kosten in anderer Höhe (Anderskosten) oder zusätzlich (Zusatzkosten) angesetzt werden. *Ja, warum macht man denn sowas?*

Die Finanzbuchhaltung ist geprägt durch gesetzliche Normen, die man befolgen muss, Freiräume, die der Unternehmer möglichst in seinem Sinne ausnutzt und Regeln (z. B. „Keine Buchung ohne Beleg"), die ihr ihre Struktur verleihen.

Die Kostenrechnung geht unbeschwerter an die Abbildung der gleichen Vorgänge heran, denn sie ist freiwillig. Man muss sie noch nicht einmal durchführen. Wenn man sie aber schon durchführt, so sollte man sich um die tatsächliche, verursachungsgerechte Abbildung der Vorgänge in seinem Unternehmen bemühen. Ist man ungenau oder „beschummelt" sich selber bei der Erstellung, ist man der einzige Leidtragende, da man sich selber um die Klarheit der Ergebnisse gebracht hat. Dann könnte man sich die ganze Mühe auch sparen. Einzige Maxime ist also: So realistisch wie möglich sein, unter Beachtung des Kosten-Nutzen-Verhältnisses. Im Folgenden werden folgende kalkulatorische Kosten behandelt:

Anderskosten: kalkulatorische Abschreibungen, kalkulatorische Zinsen, kalkulatorische Wagnisse, Verrechnungspreise für Werkstoffe [siehe hier die Ausführungen unter Materialkosten]

Zusatzkosten: kalkulatorischer Unternehmerlohn, kalkulatorische Miete

Was sind Opportunitätskosten? – Ein bisschen Gehirnakrobatik vorweg

Für das bessere Verständnis ist zunächst auf den Begriff der Opportunitätskosten einzugehen. Abgeleitet aus dem Wort „opportunity" (= Möglichkeit) wird der Verbrauch bei den Opportunitätskosten mit dem entgangenen Nutzen bei (bester) anderer Verwendung bewertet. Diese Bewertungsform findet vor allem bei der Ermittlung der Zusatzkosten seine Verwendung. Das Prinzip der Opportunitätskosten möchte ich mit folgenden Beispielen erläutern.

kalkulatorische Kosten	Ich könnte ja stattdessen ...	Opportunitätskosten (=*entgangenes Geld*)
Meine eigene Unternehmenstätigkeit	... mich als Geschäftsführer anstellen lassen.	6.000,-- €/Monat Managergehalt
Nutzung eines Zimmers im eigenen Wohnhaus als Verkaufsraum	... den Raum als Ladengeschäft vermieten.	entgangene Miete
Eigenkapital	... das Geld an der Börse anlegen.	entgangene Zinsen/ Dividende
Kostenlose Arbeit eines Freundes	(müsste) ... einen Verkäufer einstellen.	2.000,-- €/ Monat Verkäufergehalt

Der Sinn liegt darin, bestimmte Kostengrößen, z.B. die eigene Unternehmertätigkeit, nicht zu vergessen. Durch die Berücksichtigung des kalkulatorischen Unternehmerlohns stellt man seine eigene Arbeitskraft auch in Rechnung.[13] Ein weiterer wichtiger Aspekt kann mit dem Beispiel der *kostenlosen Arbeit eines Freundes* angesprochen werden.

„Warum soll ich die Arbeit, die ein Freund für mich kostenlos verrichtet, als Kostengröße ansetzen? Sie kostet doch gerade nichts!"

Das ist richtig: Vom *momentanen* Blickwinkel aus betrachtet, muss ich für die Arbeit des Freundes nichts zahlen. Was ist aber, wenn der Freund diese Gefälligkeit nicht mehr machen möchte? Dann muss ich entweder einen weiteren Freund finden, der kostenlos für mich arbeitet oder aber jemanden einstellen, der diese Arbeit verrichtet.

Anders argumentiert: Ein Hauptziel der Kostenrechnung ist die Ermittlung der Herstellkosten der produzierten Produkte. Diese kann man nicht unbedingt deshalb niedriger ansetzen, weil man einen Freund überredet hat, ohne Gehalt zu helfen bzw. dann im nächsten Monat heraufsetzen, weil er nun studiert und nicht mehr helfen kann. *Die Kostenrechnung geht von „normalen" Verhältnissen aus.* Für die Berechnung der Herstellkosten ist es irrelevant, ob man ihm etwas bezahlt oder nicht, da für die Arbeit unter „normalen" Umständen etwas bezahlt werden müsste.

Dieses „Mehr" für den Unternehmer, was dadurch erwirtschaftet wird, dass der Freund als Kostenfaktor gerechnet und über die Herstellkosten und den Preis der verkauften Produkte wieder herein geholt wird, erhöht letztendlich den Gewinn. Dies ist aber auch verständlich, ist es doch die Leistung des Unternehmers, wenn die zu verrichtende Arbeit billiger als „normal" eingekauft wurde.

Genau hier liegt die Besonderheit der kalkulatorischen Kosten. Die Kostenrechnung rechnet auf der Basis des „Normalen" bzw. „Vergleichbaren", da auch die Preise auf der Basis von „normalen" Kosten kalkuliert bzw. die Produkte unter „normalen" Umständen hergestellt werden. Jede Abweichung in positiver wie in negativer Sicht geht zu Gunsten bzw. zu Lasten des tatsächlichen Gewinns.

Kalkulatorische Abschreibungen

Während die bilanziellen Abschreibungen nach handels- und steuerrechtlichen Vorschriften sowie zulässigen bilanzpolitischen Ermessensspielräumen berechnet werden, versuchen die kalkulatorischen Abschreibungen für jede Abrechnungsperiode die leistungsbezogene wertmäßige Minderung der Anlagegüter wiederzugeben. Dabei erfassen kalkulatorische Abschreibungen nur den Werteverzehr betriebsnotwendiger Anlagegüter. Betriebsnotwendig sind alle Anlagen, die laufend dem Betriebszweck dienen.

Für die Höhe der Abschreibung sind

      der *Wert*, der abgeschrieben wird (Abschreibungssumme)

      der *Zeitraum* der Nutzung (Abschreibungszeitraum) und

      das *Verfahren*, mit dem abgeschrieben werden soll

maßgebend. Auf diese Punkte möchte ich nun detaillierter eingehen.

---

[13] Das Beispiel des kalkulatorischen Unternehmerlohnes möchte ich nutzen, um auf einen weiteren wichtigen Unterschied hinzuweisen ➜ Der in der Kostenrechnung verwendete Gewinnbegriff unterscheidet sich grundlegend von dem Gewinn, der in der Finanzbuchhaltung berechnet wird. In der Kostenrechnung dient der Gewinn einzig und allein der Abdeckung des allgemeinen Unternehmerrisikos (also des Risikos, dass man etwas unternommen hat, dessen Auswirkungen aufgrund der Zukünftigkeit ungewiss ist). Vom Gewinn wird nicht noch irgendetwas abgezogen, um beispielsweise sein Leben zu fristen. Der gesamte von einem selber eingebrachte Input, wie Arbeit, Kapital etc. ist kostenrechnerisch bereits erfasst – mit oder ohne Beleg. Der Gewinn in der Kostenrechnung ist also der Betrag, der wirklich „über" ist.

Welcher Wert soll abgeschrieben werden?

Grundsätzlich kommen hierfür drei Ansätze in Betracht! Folgende Demo-Aufgabe soll Sie den dahinter stehenden Überlegungen näher bringen. Versuchen Sie die Aufgabe bitte zunächst selber zu lösen, bevor Sie die ausführlichen Erläuterungen durchlesen.

Ein Unternehmen plant Anfang 2003 eine DV-Anlage anzuschaffen, um die Einführung eines Warenwirtschaftssystems zu ermöglichen. Der Wert der Anlage wird mit 300.000 € angegeben. Die handels- und steuerrechtlichen Vorschriften geben vor, dass die Anlage in einem Zeitraum von 6 Jahren abgeschrieben werden kann. Jährlich würde - bei linearer Abschreibung - ein Abschreibungsbetrag von 50.000 € anfallen, der in der G.u.V. zu erfassen ist.

1. Das Unternehmen weiß aber aus Erfahrung, dass die jetzt neue Anlage in spätestens 5 Jahren technisch überholt sein wird und dann voraussichtlich auch ersetzt werden muss.

2. Im April 2005 zeichnet sich ab, dass auf der nächsten Cebit in Hannover eine neue DV-Anlage auf den Markt kommt, so dass das Unternehmen die bestehende Anlage nur noch ein Jahr (bis Ende 2006) nutzen kann. Danach soll eine neue Anlage erworben werden. Wie hoch ist die kalk. Abschreibung ab diesem Jahr anzusetzen? Welche (drei oder mehr) Möglichkeiten haben Sie und für welche entscheiden Sie sich?

3. Wie hoch würden Sie die kalkulatorischen Abschreibungen ansetzen, wenn Sie gleichzeitig wissen, dass die neue DV-Anlage 400.000 € kosten wird und Sie für die alte Anlage voraussichtlich einen Verkaufserlös von 20.000 € erzielen können?

Lösung der Demo-Aufgabe zum „richtigen" Abschreibungswert

Die grundsätzliche Frage dieser Aufgabe rankt sich um den anzusetzenden Wert, der abgeschrieben werden soll. Hier bieten sich auf den ersten Blick drei Möglichkeiten an:

Der *Anschaffungswert (Herstellungskosten)*, der in der Finanzbuchhaltung vorgeschrieben ist, weist den Nachteil auf, dass er Preissteigerungen nicht mit berücksichtigt, was letztendlich gegen die substantielle Kapitalerhaltung verstößt. So kann das Unternehmen mit den über die Nutzungsdauer angesammelten Abschreibungen keine gleichwertige neue Maschine erwerben, wenn diese im Preis über die Jahre gestiegen ist.[14]

Der *Wiederbeschaffungswert* ist der Wert, den ein Gut zum Ersatzzeitpunkt haben wird. Um ihn zu berechnen, müssten Preissteigerungen, Inflationsraten etc. berücksichtigt werden. Der Gedanke, der dahinter steckt, ist der der substantiellen Kapitalerhaltung.[15] Da die Wiederbeschaffungskosten zum jetzigen Zeitpunkt nicht bekannt sind und sich i.d.R. auch nicht sicher prognostizieren lassen, verwendet die *Praxis* die Wiederbeschaffungskosten zum jeweiligen Abschreibungszeitpunkt (z. B. bei 10-jähriger Nutzungsdauer wird als Basis für die Abschreibung im 4. Jahr der Wiederbeschaffungspreis genommen, der im 4. Jahr vorhergesehen wird).

Im Folgenden werden die einzelnen Fragen der Demo-Aufgabe gelöst, wobei dies auf der Basis der gerade gewonnenen Erkenntnisse geschieht.

---

[14]   Die substantielle Kapitalerhaltung der Kostenrechnung (DV-Anlage ist DV-Anlage unabhängig vom Geldwert) steht im Gegensatz zu der mit Anschaffungswert korrespondierenden nominalen Kapitalerhaltung (1.000 € sind 1.000 €) der Finanzbuchhaltung.

[15]   Würden z. B. in Zeiten steigender Preise die Abschreibungen nicht von den Wiederbeschaffungswerten berechnet, sondern von den niedrigeren Anschaffungskosten, dann würden zum Ersatztermin die über die Verkaufspreise wieder verdienten Abschreibungen nicht ausreichen, um die ausfallende Maschine zu ersetzen. Die Substanz (!) des Betriebes würde aufgezehrt, die zukünftige Fortführung nicht mehr gewährleistet.

Antwort der Frage 1:

Die erste Frage zielt auf die zeitliche Abschreibungsdauer. Aufgrund der oben dargestellten Ausführungen (substantielle Kapitalerhaltung) ist die Abschreibungsdauer zu verkürzen. Anderenfalls würde man nicht genug Abschreibungsbeträge zusammen bekommen, um schon nach 5 Jahren die neue Anlage zu kaufen. Aufgrund der Kenntnis, dass die Anlage bereits nach 5 Jahren ersetzt werden muss, muss innerhalb dieser 5 Jahre der verzehrte Wert verdient werden. ➔ 300.000/5 = 60.000 € Abschreibung

Antwort der Frage 2:

Das ist interessant! Aufgrund der oben beschrieben Denkweise ist klar, dass die Abschreibungsdauer sich auf 4 Jahre verkürzt. ➔ Ja, was nun?

Es ergeben sich wieder drei Möglichkeiten:

1. Augen zu und durch! Es wird einfach weiter so abgeschrieben, wie bisher, d.h., weiter 60.000 € abschreiben. Dies ergibt einen Minusbetrag von 60.000 € am Ersatzzeitpunkt.

2. Mist, ich hätte von vornherein mehr abschreiben müssen. Bisher habe ich 2 Jahre lang mit 60.000 € abgeschrieben, so dass ich bisher „erst" 120.000 € über die Preise für den zukünftigen Ersatz herein geholt habe. Ich muss das wieder aufholen. Verbleibender Rest zu 300.000 € sind 180.000 €, die ich mit zwei Abschreibungen in Höhe von 90.000 € erreiche. ➔ Am Ersatzzeitpunkt habe ich genau den Betrag, den ich brauche, um mir die neue Maschine anzuschaffen.

3. Hätte ich schon zu Anfang gewusst, dass es sich nur um eine Nutzungsdauer von 4 Jahren handelt, so hätte ich jedes Jahr 300.000/4 = 75.000 € abgeschrieben und über den Umsatz wieder hereingeholt. Ich habe also meine Preise in den zurückliegenden beiden Jahren zu niedrig angesetzt. Würde ich sie, wie in Möglichkeit 2 nun mit 90.000 € ansetzen, würde ich meine Preise wieder falsch kalkulieren; nur diesmal wären sie zu hoch. Ich würde also einen Fehler aus der Vergangenheit mit einem erneuten Fehler beheben. Nein, das wäre nicht im Sinne der Kostenrechnung, wo ich versuchen muss, die Kosten so verursachungsgerecht wie möglich zu berechnen. Fehler ist Fehler. Ich kann die vergangenen zwei Jahre nicht korrigieren. ➔ Aber ab heute (für die verbleibenden zwei Jahre) tue ich so, als ob ich von vornherein alles gewusst hätte und schreibe pro Jahr 75.000 € ab.

Ja, aber dann fehlen doch (300.000 – 120.000 – 150.000 = 30.000 €) um mir eine neue Maschine zu kaufen!

Richtig! Ich kann vergangene Fehler nicht rückgängig machen. Die 30.000 € sind ja der Betrag, der in den ersten beiden Jahren versäumt wurde abzuschreiben. Diese 30.000 € durch einen falsch ermittelten Preis wieder herein zu holen wäre doppelt falsch, berechne ich doch einen falschen (zu hohen) Preis, der mich womöglich sogar Umsatz kostet.

Außerdem ist der begangene Fehler gar nicht so schlimm, ist es doch ein Prognosefehler. Zum damaligen Zeitpunkt konnte ich es nicht wissen, ich konnte nur schätzen. Und genau für diese durch die Zukünftigkeit begründete Unsicherheit, die das eigentliche Unternehmerrisiko ausmacht, gibt es den Gewinn, der diese Risiken auffangen soll.

> *„Wer vorgibt, die Zukunft zu kennen, lügt, selbst wenn er zufällig die Wahrheit sagt."*[16]

---

[16]   Arabisches Sprichwort

Frage 3:   Dies ist nun leicht! Abschreibungswert 380.000 € durch 4 Jahre ➔ 95.000 €

> Erkannte Planungsfehler führen zur Anpassung der periodischen kalkulatorischen Abschreibungen an den neuen Informationsstand. Nachverrechnungen von Kosten früherer Perioden unterbleiben.

Wie lange nutze ich eine Investition? (Abschreibungszeitraum)

In der Demo-Aufgabe wurde ein wichtiger Aspekt des jeweils anzusetzenden Zeitraumes angesprochen. Darüber hinaus ist die Dauer der Nutzung des Anlagegutes nach eigenem Ermessen und unter Berücksichtigung der besonderen wirtschaftlichen und standortbedingten Gegebenheiten vorzunehmen. So kann beispielsweise die betriebsgewöhnliche Nutzungsdauer verlängert bzw. verkürzt werden, wenn bestimmte betriebliche Verhältnisse vorliegen. Folgende Tabelle gibt mehrere Gründe sowie die in der Praxis durchschnittlich angesetzten Multiplikatoren an. Treffen mehrere Aspekte gleichzeitig zu, so wirken sie multiplikativ.[17]

Gründe (Einsatz in.....)	Multiplikatoren
... feuchten Räumen	0,7
... staubigen Räumen	0,6 - 0,7
... im Freien	0,7
... Räumen mit schädigenden chemischen Einwirkungen	0,5 - 0,9
... im Winter nicht geheizten Räumen	0,9
... Lehr- und Ausbildungsbetrieben (nicht fachgerechte Anwendung)	0,7
... nicht voll ausgelasteten Abteilungen	1,2 - 1,8
... Räumen in der Nähe von schwingungs- + stoßerzeugenden Maschinen	0,7 - 0,8

Welches Abschreibungsverfahren soll genommen werden?

Grundsätzlich können alle Abschreibungsverfahren, die in der Finanzbuchhaltung vorkommen, angewandt werden. Hier noch einmal ein kleiner Überblick anhand eines einfachen Beispiels: Gegeben ist eine Maschine, die eine Nutzungsdauer von 5 Jahren hat. Der Anschaffungswert beträgt 30.000 €.

Jahr	Bei **linearer** Abschreibung ergibt sich: (30.000 € / 5 Jahre = 6.000 €)		Bei **digitaler** Abschreibung ergibt sich: (30.000 € / (5+4+3+2+1) = 2.000 * Jahr)		Bei **geometrisch-degressiver** Afa (z. B. 20%) ergibt sich: (RW * 20 %)	
	AW bzw. RW	AfA	AW bzw. RW	AfA	AW bzw. RW	AfA
1	30.000	6.000	30.000	10.000	30.000	6.000
2	24.000	6.000	20.000	8.000	24.000	4.800
3	18.000	6.000	12.000	6.000	19.200	3.840
4	...	....	...	....	...	....

Ja gut, aber: Welches Abschreibungsverfahren ist für die Kostenrechnung denn nun am geeignetsten?

---

[17]   Z. B. eine Maschine mit einer Nutzungsdauer von 6 Jahren wird in einem feuchten Kellerraum als Übungsmaschine für Auszubildende benutzt (6 Jahre * 0,7 * 0,7 = 2,94 Jahre).

Dasjenige Verfahren, welches dem tatsächlichen Wertverzehr am Ehesten entspricht; also: Es kommt darauf an! Ist die Abschreibungsursache vorwiegend *zeitablaufbedingter Natur*, erfolgt eine *Zeitabschreibung*. I.d.R. wird dabei die lineare Abschreibung bevorzugt.[18]

Andererseits ist bei leistungsbedingtem Verbrauch auch die nachfolgend dargestellte *variable (leistungsabhängige) Abschreibung* möglich. Dargestellt am obigen Beispiel mit über die Jahre bei Gesamtleistung von 15.000 Maschinenstunden: = 2 € pro Maschinenstunde.

Jahr	Leistung	Abschreibung
1	4.000	8.000
2	3.000	6.000
3	2.000	4.000
4	...	....

Dadurch verlieren die kalkulatorischen Abschreibungen ihren fixen Kostencharakter. Sie sind als leistungsmengeninduzierte (lmi) Kosten teilweise als *Einzelkosten* verrechenbar. [19]

Kalkulatorische Zinsen

Zinsen stellen das Entgelt für die Kapitalnutzung dar. Während die Finanzbuchhaltung nur die Zinsen für das Fremdkapital berücksichtigt, greift die dem wertmäßigen Kostenbegriff verbundene Kostenrechnung weiter. Auch bei der Berechnung der kalkulatorischen Zinsen wird wieder das Prinzip der Opportunitätskosten angewendet. Nicht nur für das laut Finanzbuchhaltung „kostenlose" Eigenkapital, sondern auch für das Fremdkapital.

Hieraus ergeben sich natürlich wieder einige Fragestellungen:

1. Wie hoch setzt man die Zinsen für das Eigenkapital an?

2. Wenn nicht alle Positionen der Aktivseite betriebsnotwendig sind, berücksichtigt man nur die betriebsnotwendigen. Das ist klar! Ein brachliegendes ungenutztes Grundstück, das nicht betriebsnotwendig ist, berücksichtige man nicht. Dagegen müssen für einen betrieblich genutzten PKW Zinsen kalkuliert werden. Auch klar, aber (!) *wie wurde der PKW jetzt finanziert?* Muss man nun Fremdkapitalzinsen berücksichtigen oder Eigenkapitalzinsen ansetzen?

3. Was ist mit Fremdkapital, welches von einem guten Freund oder der Deutschen Ausgleichsbank zunächst zinslos überlassen wurde? Veranschlagt man hier Zinsen

---

[18]   Sowohl die leistungsabhängige als auch die lineare Abschreibung erscheinen als diejenigen, die der Kostenrechnungsphilosophie am nächsten kommen. In der Praxis wird fast ausschließlich das lineare Abschreibungsverfahren verwendet. Hinsichtlich des anzusetzenden Wertes wird hier eindeutig der Wiederbeschaffungswert präferiert; hinsichtlich des Abschreibungszeitraumes die voran stehenden Verfahrensweisen. Wichtig ist: Nur die planmäßigen Abschreibungen werden kalkuliert (Man geht also von typischen betrieblichen Aufwendungen aus.). Außerplanmäßige Abschreibungen aufgrund von z. B. Naturkatastrophen, Brand, Diebstahl o.ä. werden über Versicherungsprämien (falls versichert), über kalkulatorische Wagniskosten (falls nicht versichert) oder über das allg. Unternehmenswagnis (dann über den Puffer „Gewinn") berücksichtigt.

     I.d.R. gibt die degressive Abschreibung den tatsächlichen Werteverfall besser wieder. So ihre Anhänger! Dies dokumentiert sich vor allem auch in den höheren Reparaturkosten der letzen Jahre. Die Reparaturkosten werden allerdings auch über die Jahre verteilt kalkuliert, wodurch es zu einem Ausgleich der Kosten kommt. Dies würde die Gleichmachung durch die lineare Abschreibung berechtigen. Darüber hinaus sehen wir es sogar als Schwäche an, dass bei der Verwendung der degressiven Abschreibung, Reparatur und Wartung vermengt werden. Dies ist weder im Sinne der Kostenkontrolle, noch für dispositive Zwecke günstig. Ein solches Verfahren verschleiert zusätzliche Kostenbelastungen durch älteres bzw. veraltetes Anlagevermögen.

[19]   Probleme hierbei sind: (1) die Quantifizierung der Gesamtleistung einer Maschine. Es funktioniert nur, wenn dem Betriebsmittel auch eine messbare Leistung zugeordnet werden kann. (2) Die Methode berücksichtigt nicht den Zeitverschleiß. Eine Maschine verliert auch an Wert, wenn sie nicht arbeitet.

in Höhe von 0 % oder – da es ja normalerweise nicht so billig zu bekommen ist – einen marktüblichen Zins für Fremdkapital?

4. Auf was für einen Wert berechnet man die kalkulatorischen Zinsen?

Die nachfolgenden Antworten zu den aufgeworfenen Fragen beziehen sich auf meine Interpretation der Umstände, die sich vor allem an den Merkmalen „Einfachheit", „Praktikabilität" und „angemessenes Aufwand/Nutzen-Verhältnis" orientiert.[20]

Antwort auf Frage 1

Aus der Überlegung heraus, dass bei jeder Investition ein Gleichgewicht zwischen „Sicherheit/Risiko", „Liquidität" und „Rentabilität" herrscht (magisches Dreieck der Investition), muss die Rentabilität (Verzinsung) vom Eigenkapital höher sein, als die Verzinsung vom Fremdkapital, da EK unbefristet zur Verfügung gestellt wird gegenüber dem befristeten FK und vor allem im Verlustfalle haftet. FK haftet hingegen nicht. Wie hoch die Zinsen anzusetzen sind, wird im Rahmen der Investitionsrechnung eingehend erörtert.

Antwort auf Frage 2

Zinsen werden durch investiertes, also gebundenes Kapital, verursacht. Dementsprechend erscheint es nicht notwendig, die Passivseite der Bilanz zur Ermittlung der Zinskosten anzuschauen – auf der Aktivseite steht der gleiche Betrag, nur nicht nach Finanzierungsaspekten, sondern nach Investitionsaspekten geordnet. Voraussetzung für diese Vorgehensweise ist allerdings das Eingeständnis, dass man die genaue Finanzierung der Investitionsobjekte (soundso viel % EK, soundso viel % FK-Finanzierung für dieses Auto, diesen Schrank oder diese Nachttischlampe) nicht kennt.

Um nun die Zinsen zu berechnen, die z. B. ein Gabelstapler jährlich kostet, kann man einen gewichteten Zinssatz zugrunde legen, der sich aus dem FK-Zins und dem EK-Zins, gewichtet mit ihren jeweiligen Bilanzanteilen, ergibt.[21] Dieser Zins wird auch „wacc = weighted average cost of capital" genannt.[22]

> Kapitalkosten können nur für leistungszweckbedingte, betriebsnotwendige Vermögensgegenstände angesetzt werden. I.d.R. ist eine genaue Zuordnung von EK- und FK-Anteilen auf bestimmte Vermögensgegenstände nicht möglich.

---

[20] Anzumerken ist an dieser Stelle, dass der wissenschaftliche Diskurs bezüglich dieser Fragestellungen sehr vielschichtig und kontrovers geführt wird. Wer hier hereinschnuppern möchte, den verweisen wir auf das Heft 2/1998 krp S. 83ff., wo MÄNNEL, BUSSE VON COLBE, ZIMMERMANN, BIRGEL UND PLESSENTIN ihre differierenden, auf theoretischer, rechtlicher oder praktischer Basis formulierten Ansichten kundtun. Eine weitere, von einer übergeordneten Warte aus herangehende Darstellung der ganzen Problematik liefert in sehr gut lesbarer Form WEDELL (1999, S. 95ff).

[21] Wird beispielsweise bei einer EK-Quote von 25 %, ein FK-Zinssatz von 8 % und ein EK-Zinssatz von 16 % angenommen, so ergibt sich folgender (einfach gerechneter) Zins. 8% * 75% + 16% * 25% = 6 % + 4 % = 10 % für das gesamte Kapital. Diesen Zinssatz kann man nun für jedes im Anlage- oder Umlaufvermögen gebundene, betriebsnotwendige Kapital ansetzen.

[22] Und was heißt jetzt betriebsnotwendig bezogen auf die kalkulatorischen Zinsen? Was ist dann *nicht* betriebsnotwendig? Beispielhaft zu nennen sind hier u. a. (1) ungenutzte Straßen und Gebäude, soweit sie nicht als Kapazitätsreserve zur Überbrückung von Engpässen erforderlich sind, (2) Grundstücke mit Wohnbauten, soweit sie nicht von Betriebsangehörigen bewohnt sind, (3) Grundstücke ohne Bauten, soweit sie nicht betrieblich genutzt werden, (4) stillliegende Anlagen, soweit sie nicht als Kapazitätsreserve zur Überbrückung von Engpässen erforderlich sind, (5) alle Erweiterungsanlagen, die noch nicht der Leistungserstellung dienen (Ersatzanlagen i.d.R. betriebsnotwendig), (6) alle Beteiligungen, außer bei vertikalem Konzern (umstritten), (7) alle Wertpapiere des AV , da die langfristige Anlage darauf schließen lässt, (8) unbrauchbare oder stark entwertete Materialien, Halbfabrikate oder Fertigerzeugnisse.

Antwort auf Frage 3

„*Typisch*" und „*betriebsbedingt*" sind in der Kostenrechnungssprache immer wieder verwendete Begriffe. Der Argumentation des „umsonst arbeitenden Freundes" folgend, wird hier die Auffassung vertreten, dass zinsloses oder niedrig verzinstes Kapital als Leistung der Unternehmensführung anzusehen ist. „Normal" wäre die Fremdkapitalfinanzierung mit „normalen" also marktüblichen Fremdkapitalzinsen.

Daraus folgt, dass sich die hier vertretene Kostenrechnungsinterpretation vollkommen von der Betrachtung der speziellen FK-Finanzierung löst. Dies beinhaltet auch die Nichtübernahme der in der Finanzbuchhaltung gebuchten FK-Zinsen in die Kostenrechnung.[23]

> Zinsen auf das für Betriebszwecke investierte Kapital gehen als Kosten in die Betriebsergebnisrechnung ein. In der hier vertretenen Zinskosteninterpretation gibt es nur kalkulatorische Zinsen. Um die Kostenrechnung vollkommen von den Einflüssen der Fremdkapitalfinanzierung zu trennen, werden keine FK-Zinsen aus der Finanzbuchhaltung übernommen.

Antwort auf Frage 4

Nun zum *Wert*[24], auf den die kalkulatorischen Zinsen berechnet werden. Grundsätzlich muss hier zwischen Vermögensgegenständen, die einer Abnutzung unterliegen, und solchen unterschieden werden, die normalerweise keine Abnutzung erfahren wie z. B. Grundstücke. Bei Grundstücken oder auch den durchschnittlichen Lagerbeständen berechnet man den kalk. Zinssatz auf den vollen Betrag und erhält somit die kalk. Zinslast eines Jahres.

Bei abnutzbaren Vermögensgegenständen verhält es sich anders, nimmt doch der jährlich gebundene Kapitalbetrag im Laufe der ND ab. Dementsprechend hat ein Neuwagen im Werte von 50.000 € mit einer Laufzeit von 5 Jahren eine kalkulatorische Abschreibung von 10.000 €. Das im PKW gebundene Kapital ist im ersten Jahr wesentlich höher als im letzten Jahr. Dies ist wieder ein Problem, welches natürlich unterschiedlich gelöst werden kann. Der wissenschaftliche Diskurs entfaltet sich in diesem Punkt erneut facettenreich.

Aber so einfach soll es Ihnen nicht gemacht werden. Selbst ist die Frau/der Mann! Wie würden Sie die kalkulatorischen Zinsen (wacc = 8 %) für den oben vorgestellten PKW während seiner gesamten Nutzungsdauer jährlich berechnen? Haben Sie eine Lösung? Gut! Dann können Sie Ihre Vorgehensweise mit den im folgenden Präsentierten vergleichen.

---

[23] Damit fällt auch die Berücksichtigung von Abzugskapital (= zinslose Posten, die vom betriebsnotwendigen Vermögen abgezogen werden), wie sie z. B. auch WEDELL (1999, S. 99f.) vertritt, weg. Wir halten die Rechnung mit Abzugskapital für nicht kostenrechnungskompatibel, da dann doch wieder die tatsächliche FK-Finanzierung mit berücksichtigt würde.

[24] *Exkurs: Welcher Wert wird der Zinsberechnung zugrunde gelegt?* Im Rahmen der Diskussion der Berechnungsgrundlage der kalkulatorischen Zinsen wird von Einigen die Auffassung vertreten, dass es im Sinne der Substanzerhaltung notwendig ist, die kalkulatorischen Zinsen auf den Wiederbeschaffungswert – wie bei der Berechnung der kalkulatorischen Abschreibungen – zu berechnen. Andere Literaturmeinungen sowie die Praxis betonen hierbei, dass - außer für Grundstücke - nur die Anschaffungskosten zugrunde gelegt werden sollten, da nicht mehr Kapital genutzt wird.

Ich halte die Praktiker-Meinung in diesem Punkt für richtig, da das zusätzliche Kapital, was für die spätere Wiederbeschaffung benötigt wird, entweder noch nicht aufgenommen wurde oder irgendwo im Unternehmen und somit auf der Aktivseite gerade investiert ist und damit an anderer Stelle verzinst wird. Dementsprechend bevorzuge ich als kalkulatorischen Ausgangswert zur Berechnung der kalkulatorischen Zinsen die *Anschaffungskosten*.

Zunächst erscheinen zwei (später drei) Lösungswege möglich, die auf der Restwertverzinsung und der Durchschnittsverzinsung basieren.

Die *Restwertverzinsung* geht von den abnehmenden gebundenen Kapitalbeträgen aus und verzinst dementsprechend nur das restgebundene Kapital.

Jahr	(Rest-)Buchwert	Zinsen 8 % p.a.
1	50.000	4.000
2	40.000	3.200
3	30.000	2.400
4	20.000	1.600
5	10.000	800
Summe		12.000

Sinnvoller[25] bei dieser Restwertmethode wäre die Berechnung der kalkulatorischen Zinsen auf den mittleren Restbuchwert. Damit ergäbe sich folgendes Ergebnis:

Jahr	mittlerer Restbuchwert	Zinsen 8 % p.a.
1	45.000*	3.600
2	35.000**	2.800
3	25.000	2.000
4	15.000	1.200
5	5.000	400
Summe		10.000

* = (50.000 + 40.000) / 2 = 45.000; ** = (40.000 + 30.000) / 2 = 35.000

Problematisch für die Kostenrechnung ist hier allerdings die ständig sinkende Bemessungsgrundlage. Dies widerspricht dem Grundsatz der Vergleichbarkeit, da – bis zu Ende gedacht – Jahr für Jahr die kalkulatorischen Zinsen sinken, also auch die Herstellkosten und dementsprechend auch die Verkaufspreise.

Die zweite Methode ist die der *Durchschnittsverzinsung*. Sie hat die entscheidenden Vorteile der sehr einfachen Berechnung und der Gleichbehandlung der Abrechnungsperioden. Außerdem erhält man mit ihr eine gleich hohe Zinskostenbelastung – gerechnet auf die gesamte Nutzungsdauer. Sie errechnet sich durch kalk. Zinsen = [(Anschaffungswert + Restwert)/2] * Zinssatz. Dies ergibt in unserem Beispiel [(50.000 + 0) / 2] * 8% → kalk. Zinsen = 2.000

Jahr	Durchschnittl. gebundenes Kapital	Zinsen 8 % p.a.
1	25.000	2.000
2	25.000	2.000
3	25.000	2.000
4	25.000	2.000
5	25.000	2.000
Summe		10.000

---

[25] Unabhängig von der grundsätzlichen Betrachtung dieser Methode erscheint es bei dem zuerst dargestellten Rechenweg der Restwertverzinsung nicht ganz schlüssig, warum das gebundene Kapital vom Beginn der Periode für die Berechnung des Zinssatzes genommen werden soll. Es fließen über den steten Verkauf der Produkte ständig die Abschreibungsgegenwerte, die in die Herstellkosten eingerechnet wurden, zurück und vermindern so das gebundene Kapital. Ähnlich kann die Argumentation über den laufenden Verschleiß der Maschine während des Jahres, die deren Wert ständig sinken lässt, geführt werden.

Grundlagen der Bewertung von Zahlungsströmen

„Nichts macht den Menschen argwöhnischer, als wenig zu wissen."[26]

Worum geht's?

1. Was ist Zeit wert?
2. Was sind die Grundzüge der KW-Methode?
3. Welche Prämissen schützen die KW-Methode?
4. Warum betrachtet die KW-Methode immer ganze Handlungsalternativen?
5. Wie integriert man zusätzliche Aspekte, wie *Inflation, Finanzierung* oder in die KW-Berechnung?
6. Welche Alternativen zur KW-Methode gibt es?
7. Welche Bedeutung hat der Kalkulationszinssatz (i) für die KW-Methode?
8. Und was ist jetzt der Interne Zinsfuß der Internen Zinsfuß-Methode?
9. Hinterfragen der Prämissen der KW-Methode!
10. Exkurs: Ersatzproblematik
11. Wie integriert man das Risiko in die KW-Berechnung?
12. Ergänzende Methoden zur Unterstützung der KW-Methode?

Gratuliere! Sie haben gerade Bargeld gewonnen! Sie haben 2 Möglichkeiten:
  a. Sie bekommen die 10.000 € jetzt! oder
  b. Sie bekommen die 10.000 € in drei Jahren.

Mmh, okay, das Angebot war hypothetisch. Trotzdem, wie würden Sie sich entscheiden?

1. Was ist Zeit wert?

Wie die meisten Menschen hätten Sie sich sicherlich für die Option (a.) entschieden. 3 Jahre zu warten ist letztendlich eine lange Zeit. Aber warum würde jede rational denkende Person lieber jetzt Geld bekommen, als den gleichen Betrag erst irgendwann in der Zukunft? Ein wichtiger Begriff in diesem Zusammenhang ist der Zukunftswert.

> Der **Zukunftswert** ist der Wert eines Geldbetrages, den Sie heute besitzen, in einer vor Ihnen liegenden Zeit.

Wenn Sie zum Beispiel die Option (a.) wählen und das Geld heute bekommen, so könnten Sie es zum Beispiel auf die Bank bringen und dort Zinsen dafür bekommen. Angenommen Sie bekommen 4 % Zinsen im Jahr, so sind Ihre 10.000 € am Ende des ersten Jahres bereits auf 10.400 € angewachsen. Dies ist der Zukunftswert Ihres Geldes nach eine Jahr. Lassen Sie das Geld und die Zinsen auf der Bank ein weiteres Jahr liegen, so bekommen Sie am Ende des zweiten Jahres noch mal zusätzlich 416 € Zinsen dazu. Ihr Vermögen ist auf

---

[26] Francis Bacon

10.816 € angewachsen. Dies ist der Zukunftswert Ihres Geldes nach zwei Jahren. Ein drittes Jahr den bisher angesammelten Betrag auf der Bank gelassen und Ihr Vermögen hat sich auf 11.248,64 €,[27] dies ist der Zukunftswert Ihres Geldes nach drei Jahren, erhöht.

Vergleicht man nun diesen Wert (11.248,64 €) mit der Alternative (b.), so wird deutlich, warum viele von uns sich intuitiv von Alternative (a.) angezogen fühlten. Option (b.) bietet 10.000 € in 3 Jahren. Hier haben Sie die Zeit nicht auf Ihrer Seite, die Ihnen noch zusätzliche Zinsen liefert. Die 10.000 € von Alternative (b.) stellen ja bereits einen Zukunftswert dar.

Was ist der Barwert?

Der Zukunftswert von Kapital, welches ich heute besitze, ist relativ leicht eingängig. Man muss nur die Zinseszinsformel bemühen und für i den Zinssatz und für n die Jahre in der Zukunft einsetzen.

Genauso einfach – vom mathematischen Standpunkt aus – ist die Berechnung des Barwer-

> Der **Barwert** ist der Wert einer Zahlung, den diese für einen heute „bar" darstellt.

tes. Allerdings gibt es hier doch häufiger gewisse Verständnisprobleme, was der berechnete Betrag letztendlich aussagt bzw. was man damit anfangen kann. In Alternative (a.) unseres obigen Beispieles ist der Barwert natürlich 10.000 €, da es der Betrag ist, den man heute ausgeben könnte. Würden wir aber in einem Jahr 10.000 € bekommen, so müssen wir uns fragen: Was sind diese 10.000 €, die ich erst in einem Jahr bekomme, heute wert. Eine Möglichkeit wäre anzunehmen, dass ich heute einen Betrag x investiere, z.B. 4 % Zinsen dafür bekomme und in einem Jahr dann einen Zukunftswert von 10.000 € habe. Um nun den Betrag x auszurechen muss man die Formel X * 1,04 = 10.000 € nur nach X auflösen und erhält X = 10.000/1,04 ➔ 9.615,38 €. Der Barwert von 10.000 € in einem Jahr ist also 9.615,38 €.[28]

Genauso funktioniert dies auch mit Zahlungen, die weiter weg liegen als ein Jahr. Der Barwert einer Zahlung von 10.000 €, die man in 2 Jahren bekommt, berechnet sich bei 4 % Zinsen mit der Gleichung: X * 1,04 * 1,04 = 10.000 €. D.h. welchen Betrag x müsste ich heute anlegen und würde darauf einmal Zinsen und dann auf den weiter angelegten Betrag ebenfalls wieder Zinsen bekommen und würde am Ende 10.000 € erhalten. Umgeformt ergibt sich: $X = 10.000/1,04^2$ ➔ 9.245,56 €.

Daraus folgt: Will man den Barwert einer zukünftigen Zahlung errechnen, so dividiert man durch den Term $(1+i)^n$ wobei i der Marktzinssatz und n das zukünftige Jahr ist.

---

[27] Schnell auf den jeweiligen Zukunftswert kommt man mit Hilfe der Zinseszinsformel. Man multipliziert den Kapitalbetrag mit $(1+i)^n$; also in diesem Fall 10.000 € * $(1,04)^3$ = 11.248,64

[28] Man kann es auch mit Hilfe eines Kredites erklären. Wenn Sie wissen, dass Sie in einem Jahr 10.000 € bekommen, Sie wollen aber nicht so lange auf Ihr Geld warten, sondern gehen zu Ihrer Bank und nehmen heute einen Kredit auf, damit Sie das Geld heute „bar" in Händen halten. Wie hoch müsste der Kredit sein, wenn Sie ihn in einer Summe + Zinsen (4 %) in einem Jahr mit Ihren dann erhaltenen 10.000 € zurückzahlen wollen.

Warum die Betrachtung von Zahlungsströmen?

„Cash is a fact, profit an opinion"[29]

Obiges Zitat vom Mitbegründer des Shareholder Value können wir eigentlich schon zur Beantwortung der in der Überschrift aufgeworfenen Frage nehmen. Letztendlich geht es für jedes Unternehmen darum, über einen gewissen Zeitraum mehr ENZ als ASZ zu generieren. Die zentrale Größe hierbei ist der *Cash Flow* (Bargeldfluss).[30]

Ein Unternehmen besteht aus verschiedenen Investitions- und Finanzierungsprojekten. Dabei sollte die Summe aller bereits beschaffter Vermögensgegenstände eine Netto-Zahlungsreihe produzieren, die für alle zukünftigen Perioden ein positives Vorzeichen – also einen ENZÜ – besitzt. Auf der anderen Seite erzeugen alle bestehenden Verbindlichkeiten eines Unternehmens ebenfalls Zahlungsreihen, die überwiegend ein negatives Vorzeichen besitzen. Insgesamt kann man also ein *Unternehmen als ein Bündel von Zahlungsströmen* ansehen.

Und will man den Wert, die Güte, den Erfolg einer Investition oder eines Investitionsbündels beurteilen, sollte man sich dementsprechend an die Bewertung der Zahlungsströme halten.

Welche dynamischen Investitionsverfahren gibt es?

Die dynamischen[31] Investitionsverfahren haben zwei Besonderheiten: Sie berücksichtigen den *zeitlichen Anfall* von Ein- und Auszahlungen und sie arbeiten mit *Cash Flow – Größen*. Vier Methoden möchte ich Ihnen hauptsächlich in diesem Kapitel vorstellen:

1. Kapitalwertmethode
2. Annuitätenmethode
3. Interne Zinsfußmethode
4. Dynamische Amortisationsrechnung

Investitionsbeurteilungsverfahren werden i.d.R. auf längerfristige Investitionen angewendet, die einen beträchtlichen Kapitalbetrag binden und die über mehrere Jahre Cash Flow generieren. Dementsprechend sollten diese Investitionsbeurteilungsverfahren folgende Kriterien erfüllen:

- Sie sollten alle Ein- und Auszahlungen einer Investition berücksichtigen.
- Sie sollten den Zeitwert des Geldes berücksichtigen.
- Sie sollten immer zu einer korrekten Entscheidung führen, wenn sie 2 oder mehr sich gegenseitig ausschließende Investitionsalternativen miteinander vergleichen.

Wie wir im Weiteren sehen werden erfüllt nur die Kapitalwertmethode alle diese Anforderungen befriedigend. Dementsprechend wird nun auf all diese Methoden nacheinander eingegangen, das Hauptaugenmerk liegt aber eindeutig auf der Kapitalwertmethode, da sie die anderen Verfahren klar dominiert und auch in der Praxis häufig vertreten ist.

---

[29] Alfred Rappaport

[30] Cash Flow in seiner direkten Berechnung ist die Differenz zwischen Ein- und Auszahlung. Eine *Einzahlung* bezeichnet immer den Zufluss von liquiden Mitteln. Demgegenüber stellt eine *Auszahlung* Abfluss liquider Mittel dar.

[31] Die Verfahren heißen dynamisch, weil sie zeitliche Unterschiede, beim Auftreten von Ein- und Auszahlungen einer Investition berücksichtigen. Sie bedienen sich der Finanzmathematik.

2. Grundzüge der KW-Methode

> Der **Kapitalwert (KW)** einer Investition ist die Summe aller auf einen Zeitpunkt t ab- bzw. aufgezinsten ENZ und ASZ, die mit einer Investition verbunden sind.

Der KW repräsentiert das Äquivalent für die Zahlungsreihe, das der Investor gleich hoch einschätzt wie die Zahlungsreihe selbst. Welcher Zeitpunkt gewählt wird, ist gleich, *gewöhnlich wird der Zeitpunkt t=0*, d. h. der Zeitpunkt unmittelbar vor der ersten Zahlung gewählt. Hier spricht man dann vom sog. *Barwert*.

$$KW = A_0 + \sum_{t=1}^{n} \frac{ENZ\ddot{U}_n}{(1 * i)^n}$$

ist oft neg.

Minus dazu in Rechnung

Einleitende Fragestellung:

1. Was ist vorteilhafter:
    a.   1.000 € heute zu investieren und 1.100 € in 1 Jahr zurück zu bekommen oder
    b.   1.000 € heute zu investieren und 1.100 € in 2 Jahren zurück zu bekommen?
2. Falls Sie einen Unterschied sehen: Wie würden Sie diesen quantifizieren?

Zur Vereinfachung wird i.d.R. mit einer Zeitskala mit gleich langen Abschnitten (i.d.R. ein Jahr) gerechnet, wobei die Zahlungen, die innerhalb dieser Periode stattfinden, dem Periodenende zugerechnet werden.[32] Bezogen auf die einleitende Fragestellung sieht die Darstellung des Ausgangsproblems wie folgt aus:

Investition A		
t_0	t_1	t_2
-1.000	+1.100	

Investition B		
t_0	t_1	t_2
-1.000		+1.100

Nehmen wir jetzt das Barwertprinzip der KW-Methode, d.h., der gemeinsame Bezugspunkt ist der Zeitpunkt t_0, und berücksichtigen einen angenommenen Zinssatz von i = 10 %, so ergibt sich folgende Lösung des Einführungsproblems:

„Investition A"
$$KW = -1.000 + \frac{1.100}{(1+0,1)^1} = 0$$

„Investition B"
$$KW = -1.000 + \frac{1.100}{(1+0,1)^2} = -90,91$$

Dies bedeutet: Mit Investition A bekommen wir gerade mal soviel Ertrag heraus, wie wir es bei der besten Alternative repräsentiert durch den Zinssatz i bekommen würden. Investition B, obwohl in 2 Jahren ein absoluter Ertrag von 100 € erzielt wird, ist für den Investor nicht akzeptabel, da mit der besten Alternative (i = 10 %) mehr Ertrag erwirtschaftet wird.

> Ein *negativer Kapitalwert* zeigt an, dass diese Investition für sich betrachtet nicht durchgeführt werden sollte.
> Ein *Kapitalwert von 0* zeigt an, dass diese Investition genauso ertragreich ist wie der zugrunde gelegte Zins, der die beste Alternative darstellen soll.

---

[32]   Hieraus resultiert natürlich eine gewisse Unsicherheit, die i.d.R. in Kauf genommen wird bzw. werden kann. Falls die Beträge zu hoch und die Ungenauigkeit zu groß erscheint, können die Zeitabschnitte dementsprechend auch verkleinert werden (z.B. Monate, Wochen etc.). → siehe hierzu den Abschnitt zur unterjährigen Verzinsung.

Wie hoch wäre nun die Rendite, wenn der KW z. B. + 4 wäre?

Noch können wir nicht sagen, wie hoch die Rendite nun genau ist.[33] Wir können zunächst einmal nur sagen, dass die Investition mehr Rendite verspricht als die 10 % der besten Alternative.

Für welche Investition entscheiden wir uns nun aber, sollten beide Investitionen einen positiven KW ergeben?

Hierzu ein einfaches Beispiel: Sie haben die Möglichkeit entweder eine

Investition X in Höhe von 10.000 € zu tätigen, die Ihnen nach 1 Jahr einen ENZÜ von 6.000 € und im 2. Jahr einen ENZÜ von 6.500 € bringt, oder

Investition Y zu tätigen, bei der Sie ebenfalls 10.000 € investieren müssten, wo Sie im 1. Jahr keinen ENZÜ bekommen würden, dafür aber im 2. Jahr einen Betrag von 13.000 €.

Für welche Investition entscheiden Sie sich, wenn Ihnen alternativ zu diesen Möglichkeiten ein Zinssatz von 10% möglich wäre?

Haben Sie bisher eigentlich alles verstanden? Testen Sie Ihr bisheriges Verständnis an dieser Aufgabe, bevor Sie weiter lesen! Der Einfachheit halber gebe ich Ihnen schon die Zahlungsreihen vor.

Investition X				Investition Y		
t_0	t_1	t_2		t_0	t_1	t_2
-10.000	+6.000	+6.500		- 10.000		+13.000

Lösung:

Investition X	Investition Y
$KW = -1.000 + \dfrac{6.000}{(1+0,1)^1} + \dfrac{6.500}{(1+0,1)^2} = +826,44$	$KW = -1.000 + \dfrac{13.000}{(1+0,1)^2} = +743,80$

Daraus folgt:

> Man bevorzugt bei zwei oder mehr positiven Kapitalwerten immer die Investition, die den *höchsten KW* hat.

3. Welche Prämissen stützen die KW-Methode?

Nun zu den Prämissen[34] der KW-Methode. Dies sind gesetzte Voraussetzungen der Betrachtung, die wir *zunächst* einmal treffen, damit die gerade herausgearbeitete Aussagekraft des Kapitalwertes[35] auch ihre Gültigkeit hat. Im Laufe der weiteren Erörterung werden wir dann – nach und nach – diese einzelnen Prämissen auf ihre Praxistauglichkeit hinterfragen und – falls notwendig – auflösen.

---

[33] Dies betrachten wir später bei der Untersuchung des internen Zinssatzes bzw. des modifizierten internen Zinssatzes nach BALDWIN.

[34] Prämisse: von *praemisse* (res) „die vorausgeschickte (Sache)", das was einem Plan oder Projekt gedanklich zugrunde liegt, Voraussetzung ist.

[35] Aussagegehalt des KW bezogen auf die Sinnhaftigkeit der Durchführung einer Investition (Einzelinvestitionsbetrachtung: ➔ positiver KW) bzw. bezogen auf die relative Vorteilhaftigkeit (bei Alternativenvergleich: ➔ höherer positiver KW ist zu bevorzugen).

1. Die erste Prämisse bezieht sich auf den Cash Flow, der durch eine Investition ausgelöst wird. Dieser soll mit seinen einzelnen Ein- und Auszahlungen eindeutig dieser ihn auslösenden Investition zuordenbar sein. Dies nennt man die **Prämisse der Isolierbarkeit**.

2. Die KW-Methode vergleicht die Güte einer einzelnen Investition bzw. von Investitionsalternativen durch ab- bzw. aufzinsen der mit den jeweiligen Investitionen verbundenen Cash Flows auf einen bestimmten Zeitpunkt. Damit berücksichtigt sie den zeitlichen Anfall. Dieses Auf- und Abzinsen erfolgt mit einem einzigen Zins, dem *Kalkulationszinssatz (i)*. Dies erscheint zunächst einmal vernünftig ☺, impliziert aber auch einen **vollkommenen Kapitalmarkt**! Warum? Nun, wenn man jede beliebige Zahlung (ENZ oder ASZ) in der Zukunft z.B. auf heute abzinst, so besagt dies, dass man jederzeit *in beliebiger Höhe* Kapital anlegen und aufnehmen kann. Außerdem zinst man ja nur mit einem einzigen Zins ab. Es gibt also *nur einen Zins* sowohl für die Kapitalaufnahme als auch für die Kapitalanlage.

3. Da wir den Kalkulationszins nicht nur für alle ENZ und ASZ benutzen, sondern für die gesamte Zahlungsreihe, bedeutet dies, dass dieser **Zins** auch über den gesamten Betrachtungszeitraum hinweg als **konstant** angenommen wird.

4. Aber damit nicht genug: Mit der Benutzung des Kalkulationszinssatzes, den wir auf die mit einer Investition verbundene Cash-Flow-Reihe anwenden, haben wir auch unser gesamtes Finanzierungsproblem trivialisiert. Wir können im vollkommenen Markt unbegrenzt Gelder aufnehmen und anlegen. Für die **Finanzierungsseite** einer Investition, (also die für den Praktiker doch sehr entscheidende Frage: Wie bekommt man das notwendige Kapital für eine Investition?) bedeutet dies, dass sie bis auf die Höhe des Kalkulationszinssatzes aus der Investitionsbeurteilung ausgeblendet wird.

5. Wenn wir eine Zahlungsreihe für eine Investition, die wir tätigen wollen, aufstellen, so liegen alle mit der Investition verbundenen ENZ und ASZ in der Zukunft. I.d.R. ist alles, was zukünftig ist, mit Unsicherheit, mit Ungewissheit verbunden. Nicht so bei der KW-Methode. Hier gilt die **Prämisse der Gewissheit**, d.h. es wird von der Sicherheit der zugrunde gelegten Daten ausgegangen. Das Leben verspricht keine Überraschungen – wie langweilig!

6. Zuletzt eine eher unbedeutend erscheinende Prämisse. Wenn wir eine Investition z.B. in einen LKW tätigen, so wird davon ausgegangen, dass wir das Investitionsobjekt (hier den LKW) so lange benutzen, bis es zusammenbricht. Will meinen: Die **technische** Nutzungsdauer einer Investition wird **gleichgesetzt** mit der **wirtschaftlichen Nutzungsdauer**.

4. Warum betrachtet die KW-Methode immer ganze Handlungsalternativen?

Anders gefragt: Warum ist bei der KW-Methode die unterschiedliche Nutzungsdauer bzw. der unterschiedlich hohe Kapitaleinsatz irrelevant? Genau das war doch ein Kritikpunkt bei den statischen Verfahren, dass sie keine ganzen Handlungsalternativen miteinander vergleichen![36]

---

[36] Wir hatten festgestellt, dass die Aussagekraft bei den statischen Verfahren u. a. stark eingeschränkt ist, da bei unterschiedlich hohen Investitionsbeträgen oder unterschiedlich langen Laufzeiten der zu vergleichenden Investitionen, Fehlentscheidungen auftreten können.

Wie verhält es sich nun bei der Anwendung der KW-Methode mit dieser Vergleichbarkeit? M.a.W. verfälschen nicht auch die unterschiedlichen Laufzeiten und/oder unterschiedlichen Investitionsbeträge von miteinander verglichenen Investitionsalternativen die Ergebnisse der KW-Methode? Positiv ausgedrückt:

Warum handelt es sich bei einem Vergleich von zwei oder mehr Investitionen mit (1) unterschiedlicher Nutzungsdauer, (2) unterschiedlichem Anschaffungswert und (3) unterschiedlicher zeitlicher Struktur mittels der KW-Methode um einen Vergleich von ganzen Handlungsalternativen?

Um einen einfachen Beweis für die in der Überschrift formulierte Behauptung zu führen betrachten wir nun 2 Investitionsobjekte, die sowohl Unterschiede in der Nutzungsdauer, dem Anschaffungswert als auch in der zeitlichen Struktur aufweisen.

	t_0	t_1	t_2
Ernie	-200	+110	+211,75
Bert	-150	+220	

Bemühen wir die KW-Methode, so erhalten wir folgende Barwerte bei i = 10 %:

„Ernie"
$KW = -200 + \dfrac{110}{(1+0,1)^1} + \dfrac{211,75}{(1+0,1)^2} = +75$

„Bert"
$KW = -150 + \dfrac{220}{(1+0,1)^1} = +50$

Dies ist unsere Ausgangsposition: Laut KW-Berechnung durch einfaches Abzinsen haben wir ein Ergebnis erhalten, das Ernie (KW = 75) eindeutig gegenüber Bert (KW = 50) präferiert. Nun stellen wir die Probe für die KW-Methode, indem wir ganze Handlungsalternativen betrachten. Ganze Handlungsalternativen heißt in diesem Fall: Was wird aus den 200 € im Verlaufe der 2 Jahre, wenn man einerseits in Ernie, andererseits in Bert investiert?

Noch genauer gesagt heißt es bezogen auf unser Beispiel: Was machen wir mit den 50 €, die wir bei Investition Bert nicht investieren müssen, dagegen aber bei Ernie. Darüber hinaus heißt es aber auch: Was machen wir mit dem Geld in t_1 (220 €), welches wir bei Bert bekommen und was machen wir mit den „nur" 110 € in t_1, die wir bei Ernie bekommen?

	t_0	t_1	t_2
Bert	-150	+220	
Erg. IO*	- 50		+ 60,5
Erg. IO**		-220	+ 242,0
Bert*	-200	0	+302,5

Mit der Ergänzungsinvestitionen IO* und IO**[37] wurde die Investitionsalternative Bert künstlich auf die gleiche Nutzungsdauer und den gleichen Investitionsbetrag der Investitionsalternative Ernie angepasst. Da nun noch die zeitliche Struktur von Bert und Ernie unterschiedlich ist[38], gleichen wir diese auch an.

	t_0	t_1	t_2
Ernie	-200	+110	+211,75
Erg. IO***		- 110	+ 121,00
Ernie*	-200	0	+ 332,75

---

[37] Investition des Differenzbetrages 50 € am Kapitalmarkt zu je 10% Zinsen für 2 Jahre bzw. Investition der 220 € am Kapitalmarkt für ein Jahr zu 10%.

[38] Bert* bekommt im 1. Jahr kein Geld heraus, Ernie 110 €.

Nun sehen Sie, dass die Investitionen von Ernie und Bert, die drei Rahmenbedingungen betreffend, vollkommen gleich sind. Sie haben die gleiche Nutzungsdauer (2 Jahre), die gleiche Investitionshöhe (200 €) und die gleiche zeitliche Struktur (nur eine Einzahlung nach 2 Jahren). Dies sind also zwei ganze Handlungsalternativen!

Nun können wir aus dem Ergebnis – dem Endwert in 2 Jahren – bereits schließen, dass Ernie besser ist, da hieraus ein Vermögen von 332,75 € generiert wird, und dies ist 30,25 € höher als das Endvermögen bei Bert. Aber das könnte ja auch Zufall sein.

Das stimmt! Aber wenn wir die beiden „ergänzten" Zahlungsreihen nehmen und für diese den Barwert berechnen, kommen wir auf:

„Ernie"
$KW = -200 + \dfrac{0}{(1+0,1)^1} + \dfrac{332,75}{(1+0,1)^2} = +75$

„Bert"
$KW = -150 + \dfrac{0}{(1+0,1)^1} + \dfrac{302,5}{(1+0,1)^2} = +50$

An der Höhe des Kapitalwertes hat sich nichts geändert! Daraus folgt:

> Die KW-Methode betrachtet immer ganze Handlungsalternativen. Auch Differenzbeträge werden mit einbezogen, indem angenommen wird, dass sie mit dem besten Alternativzinssatz (in diesem Falle war es i = 10%) verzinst werden. Diese Annahme ist durch die Rechenweise der KW-Methode impliziert.

Rechnen mit der KW-Methode

Mit den nun folgenden Aufgaben möchte ich gemeinsam mit Ihnen die neu kennen gelernte Rechenweise anwenden und ausführlich besprechen. Im Aufgaben- und Lösungsteil am Schluss dieses Buches finden Sie zusätzlich noch reichlich Übungsaufgaben.

Einen allgemeinen Hinweis vorweg. Wir werden in diesem Buch zumeist relativ kleinen Investitionen betrachten, oder aber komplexere Investitionen, die bereits auf eine Zahlungsreihen reduziert wurden. Seien Sie sich aber bewusst, dass mit den von uns erarbeiteten Investitionsbewertungsverfahren grundsätzlich jede mögliche, auch hoch komplexe Investition bewertet werden kann.

Um Ihnen von der Mühe und Arbeit, die hinter einer einfachen Zahlungsreihe steckt, eine kleine Vorstellung zu geben, sollen Sie in den Aufgaben „Karaoke" und „Charlottenburg/Wedding", die Zahlungsreihe selbst erstellen. Aber Achtung! Es ist wie beim „Temple of Doom"; will man den Schatz der Erkenntnis zwischen den Ohren halten, muss man viele Fallen und Fallstricke umschiffen.

Demo-Aufgabe (Mars-Attack)

Zwei Investitionsalternativen zur Abwehr außerirdischer Infiltrationen stehen zur Auswahl. Für welche entscheiden Sie sich, wenn sie jeweils durch nachstehende Zahlungsreihen charakterisiert sind? (Zinssatz = 10 %)

„Will the Smith"

t_0	t_1	t_2	t_3	t_4	t_5
- 800	250	250	250	200	200

„Mr. T. J. Jones"

t_0	t_1	t_2	t_3	t_4	t_5	t_6
- 1200	300	300	500	450	100	50

Lösung:
Es handelt sich um zwei Investitionsalternativen, die sich in der zeitlichen Dauer, der zeitlichen Struktur der anfallenden ENZ/ASZ und in der Investitionssumme unterscheiden. Dies braucht uns aber nicht zu kümmern, da die KW-Methode immer ganze Handlungsalternativen miteinander vergleicht.

„Will the Smith"

$$KW = -800 + \frac{250}{(1+0,1)^1} + \frac{250}{(1+0,1)^2} + \frac{250}{(1+0,1)^3} + \frac{200}{(1+0,1)^4} + \frac{200}{(1+0,1)^5} = 82,50$$

„Mr. T. J. Jones"

$$KW = -1.200 + \frac{300}{(1+0,1)^1} + \frac{300}{(1+0,1)^2} + \frac{500}{(1+0,1)^3} + \frac{450}{(1+0,1)^4} + \frac{100}{(1+0,1)^5} + \frac{50}{(1+0,1)^6} = 94,00$$

Demo-Aufgabe (Karaoke)

Als Student der FHW Berlin haben Sie eine Marktlucke ausgemacht: Sie wollen in regelmäßigen Abständen im Seminarraum 111 einen Karaoke-Wettbewerb veranstalten. Hierfür müssen Sie eine Karaoke-Maschine anschaffen. Dies erfordert eine Anschaffungsausgabe von 7.000 €. In den ersten fünf Jahren rechnen Sie mit jährlichen ENZÜ von 1.400 €, in den darauf folgenden drei Jahren noch mit 1.050 €, dann ist Karaoke "mega-out". Der Kalkulationszinsfuß sei 10 %

a.) Ist Ihre Idee nach der Kapitalwertmethode vorteilhaft?

b.) Würde sich Ihre Entscheidung ändern, wenn Sie Ihre Karaoke-Maschine nach 8 Jahren für 700 € verkaufen können?

c.) Wie hoch muss der Restwert der Karaoke-Maschine nach 8 Jahren mindestens sein, damit Ihre Idee gerade noch vorteilhaft ist? (*Sensitivitätsanalyse*)

d.) Wie viel darf die Karaoke-Maschine maximal kosten, damit Ihre Idee gerade noch vorteilhaft ist? (Sensitivitätsanalyse). Diese Frage bezieht sich auf die Ausgangslage in a.)

Lösung:

a.)
$$KW = -7.000 + \frac{1.400}{(1+0,1)^1} + \frac{1.400}{(1+0,1)^2} + \frac{1.400}{(1+0,1)^3} + \frac{1.400}{(1+0,1)^4} + \frac{1.400}{(1+0,1)^5} + \frac{1.050}{(1+0,1)^6} + \frac{1.050}{(1+0,1)^7} + \frac{1.050}{(1+0,1)^8} = -71,55$$

b.)
$$KW = -7.000 + \frac{1.400}{(1+0,1)^1} + \frac{1.400}{(1+0,1)^2} + \frac{1.400}{(1+0,1)^3} + \frac{1.400}{(1+0,1)^4} + \frac{1.400}{(1+0,1)^5} + \frac{1.050}{(1+0,1)^6} + \frac{1.050}{(1+0,1)^7} + \frac{1.750}{(1+0,1)^8} = +255,01$$

Wichtig hierbei, dass die 700 € Restwert zeitentsprechend im 8. Jahr angesetzt werden.

c.)

$$KW = 0,01 \Longrightarrow \frac{x}{(1+0,1)^8} = 71,56 \Longrightarrow x = 153,37$$

Hier ist ebenfalls die Frage nach dem Restwerterlös gestellt, der erst im 8. Jahr erlöst wird. Dementsprechend ist der gefragte Wert um 8 Jahre abzuzinsen. Dieser Wert muss dann einen etwas höheren Wert ergeben (71,56), damit die Investition gerade besser ist, als die beste Alternative (10%).

d.)

$$KW = -x + \frac{1.400}{(1+0,1)^1} + \frac{1.400}{(1+0,1)^2} + \frac{1.400}{(1+0,1)^3} + \frac{1.400}{(1+0,1)^4} + \frac{1.400}{(1+0,1)^5} + \frac{1.050}{(1+0,1)^6} + \frac{1.050}{(1+0,1)^7} + \frac{1.050}{(1+0,1)^8} = 0,01$$

$$KW = 0,01 = -7.000 + 71,56 = 6.928,44$$

Hier liegt die Frage ähnlich wie in Aufgabe c.), nur dass die gefragte Zahlung zeitlich heute liegt. Entsprechend einfach ist die Berechnung, vor allem wenn man nur die zweite Gleichung nimmt.

Demo-Aufgabe *Charlottenburg/Wedding*

Die Firma Edelmann KG ist ein kleiner Lebensmittel-Filialbetrieb im Raum Berlin. Derzeit verfügt sie über 14 Selbstbedienungsgeschäfte, möchte nun aber eine weitere eröffnen. Es stehen zwei neue Verkaufslokale an zwei verschiedenen Standorten zur Auswahl. Im Ortsteil Charlottenburg kann ein bereits bestehendes, allerdings veraltetes Selbstbedienungsgeschäft mit 270 m^2 Verkaufsfläche günstig angemietet werden. Im Vorort Wedding könnte ein Geschäftslokal von 390 m^2 Verkaufsfläche angemietet werden. Der 1. Bauabschnitt ist fast fertig gestellt, der 2. und 3. sollen unmittelbar nachfolgen.

Umsatzschätzungen		
Jahr	Charlottenburg (€)	Wedding (€)
1	1.600.000	2.000.000
2	1.700.000	2.300.000
3	2.100.000	2.600.000
4	2.400.000	3.000.000
5	2.500.000	3.000.000

In beiden Fällen wird ein 5-Jahres-Mietvertrag angeboten. Allerdings will die Geschäftsleitung Umsatz- und Kostenschätzungen, die über 5 Jahre hinausgehen, nicht akzeptieren. Die Berechnungen sollen sich also nur auf einen Zeitraum von 5 Jahren beziehen. Soweit nach 5 Jahren noch Werte vorhanden sind, sollen diese geschätzt werden. Für Charlottenburg wird generell mit einer Handelsspanne von 22 % gerechnet; für Wedding kann wegen der erwarteten Konkurrenz nur von 20 % Handelsspanne ausgegangen werden.[39]

Ausgabenschätzung	Charlottenburg	Wedding
Einmalige Ausgaben zu Geschäftsbeginn		
Ablösung vorhandener Einrichtungen	60.000 €	--
Neueinrichtung	80.000 €	270.000 €
Mietkaution	30.000 €	45.000 €
Durchschnittlicher Warenbestand	160.000 €	260.000 €
Abschreibung für alte Einrichtung (12.000 pro Jahr)	5 Jahre	
Nutzungsdauer der Neueinrichtung (gleich bleibender Werteverzehr wird angenommen)	10 Jahre	10 Jahre

---

[39] Handelsspanne = (Warenverkauf - Wareneinsatz) *100 / Warenverkauf

Jährliche Ausgaben		
Personalkosten	140.000 €	160.000 €
Miet- und Raumkosten	75.000 €	90.000 €
Steuern und Abgaben	65.000 €	80.000 €
Sonstige fixe Kosten	80.000 €	80.000 €

Die Firma Edelmann KG steht vor der Frage, ob sie das Geschäftslokal in Charlottenburg oder in Wedding mieten soll. Die Verwirklichung beider Projekte ist aus finanziellen Gründen nicht möglich. Berücksichtigen Sie bei Ihren Berechnungen, dass die Firma Edelmann KG eine Mindestrendite von *9 %* anstrebt.

Lösung:
Ein sehr wichtiger Punkt bei der Vorbereitung einer Investitionsbeurteilung ist die Übersetzung der Informationen in Geldgrößen, sowie deren zeitliche Zuordnung. Hier können sich einige Fallstricke verbergen. Betrachten wir also nun die einzelnen Informationen und wie sie sich auf die Zahlungsreihe auswirken. Zunächst ergibt sich der Rohertrag aus den Umsatzschätzungen und den angegebenen Handelsspannen:

Charlottenburg

Was?	t_0	t_1	t_2	t_3	t_4	t_5
Umsatz		*1.600.000*	*1.700.000*	*2.100.000*	*2.400.000*	*2.500.000*
Variable Kosten		*- 1.248.000*	*-1.326.000*	*- 1.638.000*	*-1.872.000*	*1.950.000*
Rohertrag (= 22% Handelsspanne)		*+ 352.000*	*+ 374.000*	*+ 462.000*	*+ 528.000*	*+ 550.000*

Zusammen mit den Kosten ergibt sich dann folgende Zahlungsreihe:

Was?	t_0	t_1	t_2	t_3	t_4	t_5
Rohertrag		+ 352.000	+ 374.000	+ 462.000	+ 528.000	+ 550.000
Ablösung vorhandener Einrichtungen	- 60.000					
Neueinrichtung	- 80.000					
Mietkaution	- 30.000					
Durchschnittlicher Warenbestand	- 160.000					
Abschreibung für alte Einrichtung	Abschreibungen spielen keine direkte Rolle, da sie nicht auszahlungswirksam sind. Allerdings wird über sie der Restwert der Einrichtungen kalkuliert.					
Personalkosten		- 140.000	- 140.000	- 140.000	- 140.000	- 140.000
Miet- + Raumkosten		- 75.000	- 75.000	- 75.000	- 75.000	- 75.000
Steuern + Abgaben		- 65.000	- 65.000	- 65.000	- 65.000	- 65.000
Sonstige fixe Kosten		- 80.000	- 80.000	- 80.000	- 80.000	- 80.000
Liquidationsannahme am 31.12. des 5. Jahres						
Mietkaution						+ 46.159
Durchschnittlicher Warenbestand						+ 160.000
Alte Einrichtung						0
Neueinrichtung						+ 40.000
Zahlungsreihe	- 330.000	- 8.000	+ 14.000	+ 102.000	+ 168.000	+ 436.159

Achtung! Die Mietkaution wird für den Mieter verzinst. Und da es annahmegemäß nur einen Zins gibt, berechnet sich die Mietkautionsrückzahlung im 5. Jahr durch $30.000 * 1,09^5$. Wenn wir nun diese Zahlungsreihe abdiskontieren, so ergibt sich ein KW von 155.695 €.

Das Ergebnis von *Wedding* können Sie genauso berechnen. Es ergibt sich:

	t_0	t_1	t_2	t_3	t_4	t_5
Zahlungsreihe	- 530.000	- 10.000	+ 50.000	+ 110.000	+ 190.000	+ 654.238

Mit einem KW von 102.661 €

Kann die KW-Methode auch kürzere Perioden als Jahre betrachten?

Sie kann! Wichtig bei einer Verkürzung der Perioden und damit auch der Periodenzuordnung der Zahlungen ist die Kenntnis von unterjährigen Zinsen.

Von unterjährigen Zinsen spricht man, wenn die Zinsen nicht einmal im Jahr bezahlt werden, sondern z.B. halbjährlich oder monatlich. Dabei ist es ein Unterschied, ob man 6 %. Zinsen einmal pro Jahr auf eine Anlage von beispielsweise 1.000 € bekommt, oder zweimal pro Jahr eine entsprechend angepasste Zinszahlung oder gar monatlich!. Der Unterschied begründet sich im unterjährigen Zinseszinseffekt. Ich verdeutliche dies an dem gerade genannten Beispiel. Stellen wir uns zunächst die Frage, wie hoch das Kapital nach einem Jahr in den oben stehenden Varianten ist.

Bei jährlicher Zinszahlung ist dies einfach, es sind $1.000 * 1,06^1 = 1.060$ €.

Bei ½-jährlicher Zinszahlung benötigen wir zunächst den halbjährlichen Zins. Er ergibt sich durch die Division des Jahreszinses durch die Anzahl der Zinszahlungen, also 6/2 = 3 % Zinsen pro halbes Jahr. Das Endvermögen stellt sich nach einem Jahr ein, also nach zwei halbjährlichen Zinszahlungen mit den entsprechenden Zinseszinsen. Man rechnet: $1.000 * 1,03^2 = 1.060,90$.

Bei monatlicher Zinszahlung ergibt sich: $1.000 * 1,005^{12} = 1.061,68$

Merke!: Das Endvermögen steigt, je kleiner die zeitlichen Schritte, in denen die Zinsen gezahlt werden. Diese Wirkung wird durch den unterjährigen Zinseszinseffekt verusacht!

Gibt es dafür auch eine allgemeine Formel?
Natürlich[40]:

$$K_n = A_o * \left(1 + \frac{i}{m}\right)^{n*m}$$

Und was ist, wenn man den Endwert nach zwei Jahren berechnen will?

Entweder setzt man diese Werte in obige Formel ein [$1.000 * (1+0,06/2)^{2*2} = 1.125,51$], oder man nimmt den effektiven Jahreszins der jeweiligen unterjährigen Zinszahlungen und berechnet mit diesem jährlichen Zins den Endwert.

Mmh, der letzte Teil des Satzes noch einmal in Zahlen: Der effektive Jahreszins bei halbjährlicher Zahlung war in obigem Beispiel 1,0609% (Wert nach einem Jahr dividiert durch das Anfangskapital). Dementsprechend kann man diesen Zinssatz bei der normalen Berechnung einsetzen [$1.000 * (1+0,0609)^2 = 1.125,51$],

---

[40] Wobei gilt: K_n Kapital nach n Jahren, i = jährlicher Zinssatz, A_0 = Anfangskapital, m = Anzahl der Zinszahlungen pro Jahr und n = betrachtete Jahre.

Gleiches gilt für die monatliche Zinszahlung: [$1.000 * (1+0,06/12)^{2*12} = 1.127,16$], oder [$1.000 * (1+0,06168)^2 = 1.127,16$],

---

Und wie kann man dies nun in der KW-Berechnung nutzen?
Mmmhh, das ist nicht wirklich schwer, oder? ☺

5. Integration von (speziellen) Finanzierungen, Inflation und Steuern

Spezielle Finanzierungen
In den Prämissen der KW-Methode haben wir unser Interesse an der Finanzierungsseite einer Investition auf die des Kalkulationszinssatzes (i) reduziert. Warum dies gemacht wird, wird später geklärt. Jetzt möchte ich Ihnen zeigen, wie einfach es ist, spezielle Finanzierungen – falls notwendig und angebracht – in eine Investitionsbeurteilung zu integrieren.

Demo-Aufgabe (Spezielle Finanzierung)
Stellen Sie sich vor, Sie könnten zwei Investitionen durchführen, wobei die eine in einem staatlich geförderten Gebiet liegt, die andere nicht. Die staatliche Förderung ist dergestalt, dass alle Investitionen in diesem Gebiet mit einem günstigen (3 % jährlich zu zahlende Zinsen) Festkredit[41] in Höhe von 50 % der Investitionssumme auf 3 Jahre finanziert werden können. Die beiden Investitionsalternativen können also nicht einfach miteinander verglichen werden, da Ihre Finanzierungsseite markant unterschiedlich ist. Was tun?

Schauen wir zunächst, zu was für einem Ergebnis wir kommen würden, wenn die besondere staatliche Unterstützung unberücksichtigt bleiben würde. (i = 10 %)

	t_0	t_1	t_2	t_3	t_4
Geförderte Investition	- 10.500	+ 2.000	+ 3.500	+ 4.800	+ 3.500

KW = 207,60

	t_0	t_1	t_2	t_3	t_4
„normale" Investition	- 9.000	+ 3.000	+ 3.600	+ 2.900	+ 2.300

KW = 452,22

Das Ergebnis tendiert eindeutig zur „normalen" Investition. Nun rechnen wir bei der geförderten Investition mit der staatlich günstigen Finanzierung. Der Vorteil einer Finanzierung ist, dass die Zahlungsreihe – bis auf die Vorzeichen – genauso aussieht wie bei einer Investition. So können die Zahlungsreihen einfach addiert werden. Dadurch wird die Spezialfinanzierung und deren Kapitaldienst (Zins + Tilgung) von der Investitionszahlungsreihe abgezogen. Es bleibt eine „Netto"-Zahlungsreihe, die nur das Kapital des Unternehmens betrachtet.

---

[41] Ein Festkredit ist ein Kredit, der in einer Summe am Ende der Laufzeit zurück gezahlt wird.

	t_0	t_1	t_2	t_3	t_4
Geförderte Investition	- 10.500	+ 2.000	+ 3.500	+ 4.800	+ 3.500
Günstige Finanzierung[42]	+ 5.250	- 157,5	- 157,5	- 5.407,5	
	- 5.250	+ 1.842,5	+ 3.342,5	- 607,5	+ 3.500

$$\boxed{KW = 1.121,52}$$

Die sich ergebende Zahlungsreihe wird nun nur noch abgezinst. Es ergibt sich ein KW, der mit der „normalen" Investition vergleichbar ist, da beide nur das Kapital betrachten, das vom Unternehmen in die jeweiligen Investitionen investiert wird.[43]

Inflation

Inflation[44] ist Geldentwertung. Sie kann auf zwei Arten berücksichtigt werden. Entweder wird der KW auf Basis von nominellen ENZÜ und unter Ansatz nomineller Zinsfüße berechnet, oder auf Basis von realen ENZÜ und unter Ansatz realer Zinsfüße. Beide Methode führen zum gleichen Ergebnis. Die erste Alternative ist jedoch einfacher durchzuführen und kann auch abweichende Inflationsraten von unterschiedlichen Einsatzgütern sehr einfach berücksichtigen. Gründe genug, die erste Variante zu bevorzugen.[45]

Demo-Aufgabe (Inflation)

Eine Investition kostet in der Anschaffung 1.450.000 €. Die Nutzungsdauer beträgt 5 Jahre. Nettoroherträge aus den verkauften Produkten sind im ersten Jahr 600.000 €. Das Unternehmen rechnet mit einer Absatzsteigerung (in Stück) pro Jahr von 10 % und einer jährlichen Preissteigerungsrate der Produkte von 2 %. Lohnkosten sind im ersten Jahr mit 220.000 € zu konstatieren, wobei ein moderater Lohnanstieg in den darauf folgenden Jahren (bei gleich bleibender Arbeitsintensität) von 1 % prognostiziert wird. Wie hoch ist der Kapitalwert bei einem Zinssatz von 10 %?

Lösung:

	t_0	t_1	t_2	t_3	t_4	t_5
Absatzsteigerung um 10 %	- 2.000	+ 600	660	726	798,6	878,46
Umsatzentwicklung (inkl. 2 % Preissteigerung)	-2.000	+ 600	673,2	755,33	847,48	950,87
Personalkosten		- 220	-222,2	-224,42	-226,67	-228,93
	- 2.000	+ 380	+ 451	+ 531,41	+ 620,81	+ 721,94

---

[42]   Der Betrag 157,50 € ist die jährliche Zinslast von 3 % auf den Kredit in Höhe von 5.250 €. Im 3. Jahr ergibt sich eine Summe von 5.407,50 € bestehend aus der Rückzahlung des Kredites und der Zinszahlung.

[43]   Das Ergebnis betrachtend, ist es schon überraschend, wie stark dieses nun für die geförderte Investition spricht. Hier kann erahnt werden, wie stark volkswirtschaftliche Steuerungsgrößen auf die Investitionsneigung von Unternehmen wirken (bzw. wirken können).

[44]   Inflation ist der Zustand einer Volkswirtschaft, in dem der allgemeine Preisstand steigt, also Waren und Dienstleistungen gemessen in den jeweiligen Geldeinheiten teurer werden. Anders ausgedrückt bedeutet Inflation eine Steigerung des Preisindex oder die Schwächung der Kaufkraft einer Währung.

[45]   Einfacher für die erste Alternative (reale Größen) argumentiert BIERGANS, der das Problem der Geldentwertung als für die Investitionsrechnung als nicht existent ansieht, da die Entwertung bei der Prognose in die Zahlungsströme mit eingeht.

$KW = - 10.272,46$ € *Die Investition lohnt sich nicht.*[46]

Steuern

Steuern sind bei der Investitionsrechnung explizit zu berücksichtigen, da sie zu Auszahlungen führen. Es werden grundsätzlich Kostensteuern[47] und Erfolgssteuern[48] unterschieden. Während sich die Kostensteuern je nach ihrem zeitlichen Anfall direkt als Auszahlung in die Zahlungsreihe integrieren lassen, ist dies bei den Gewinnsteuern mit einigen zusätzlichen Überlegungen verbunden.

Gewinnabhängige Steuern sind etwas umständlicher zu berücksichtigen, da Cash Flow ja nicht notwendigerweise mit Gewinnen gleichzusetzen sind. Es muss also berücksichtigt werden, dass Einzahlungen nicht immer auch Erträge darstellen, wie auch Auszahlungen und Aufwand nicht immer deckungsgleich sind.[49] Da dies die einzelnen Perioden unterschiedlich trifft und die KW-Methode gerade den zeitlichen Anfall besonders berücksichtigt, kann eine Vernachlässigung der Gewinnsteuern im Investitionskalkül zu einer falschen Beurteilung führen.[50]

	Kostensteuern	**Erfolgssteuern**
Beispiele	• Grundsteuer, • Grunderwerbssteuer, • Kfz-Steuer etc.	• Einkommensteuer, • Körperschaftssteuer, • Gewerbeertragssteuer.
Behandlung innerhalb der Investitions- rechnung	Gehen direkt als Auszahlung in die Zahlungsreihe – je nach zeitlichem Anfall – ein.	• Ermittlung des Steuersatzes. • Ermittlung des jährlichen zu versteuernden Überschusses aus der Investition. (Hierbei sind zusätzlich noch zu berücksichtigen u.a.: 1. Abschreibungen, 2. Fremdkapitalzinsen, 3. Restbuchwerte

---

[46] Berechnung der Absatzsteigerungen: $(600 * 1,1^{n-1})$; Berechnung der Umsatzentwicklung: $(600 * 1,1^{n-1}) * 1,02^{n-1}$; Es wird mit $(n-1)$ gerechnet, weil t_1 als Basisjahr angenommen wird.

[47] Zu den Steuern, die als Kosten anzusehen sind, zählen unter anderem die Grundsteuer, die Gewerbesteuer, die Vermögenssteuer, die Kfz-Steuer sowie die Verbrauchssteuern. Hinzugerechnet werden auch öffentliche Gebühren, Beiträge sowie Abgaben, die für bestimmte Leistungen des Staates bezahlt werden (z.B. Eichgebühren).

[48] Einkommensteuer (EST.), Körperschaftssteuer (KöSt.), Gewerbesteuer (GewSt.).

[49] Beispielhaft sind nachfolgend die wichtigsten Gründe für das zeitliche Auseinanderfallen von Auszahlungen und Aufwendungen aufgeführt: (1) Abschreibungen (statt Investitionsauszahlungen); (2) Zuführungen zu langfristigen Rückstellungen (statt der entsprechenden Zahlungen); (3) Materialverbrauch (statt Materialeinkauf). Desgleichen gilt bei Erlösen/Zahlungseingängen, z.B. bei längerfristigen Zahlungszielen.

[50] Wie wir im weiteren sehen werden hebt sich die Berücksichtigung der Gewinnsteuern z. T. auf, so dass sich durch ihre Berücksichtigung die Investitionsentscheidungen häufig nicht ändert. Unbedingt berücksichtigt werden sollten die Gewinnsteuern allerdings bei Investitionskalkülen, die sich auf: (1) alternative Sachanlagen mit unterschiedlichen Abschreibungen, (2) alternative Investitionsobjekte mit unterschiedlicher Steuerbelastung (z.B. wenn die Objekte in steuerlich unterschiedlich geförderten Regionen (Alte Bundesländer/Neue Bundesländer) oder gar in unterschiedlichen Ländern liegen, (3) Betriebsteile mit zurechenbaren Umsätzen oder (4) das ganze Unternehmen (make or buy-Entscheidung bei einem ganzen Unternehmen) beziehen.

Will man die Gewinnsteuern berechnen, sind die ENZÜ der einzelnen Perioden nicht von Belang, sondern die jeweiligen Gewinne der einzelnen Perioden. Für die exakte Berechnung ist dementsprechend eine *Gewinnprognose* notwendig.

Um es nicht zu kompliziert werden zu lassen gehen wir erst einmal von *vereinfachten Annahmen* aus:

- Das Unternehmen macht in den folgenden Jahren nur Gewinne.[51]
- Einzahlungen und Auszahlungen innerhalb eines jeweiligen Jahres sind den Aufwendungen und Erträgen entsprechend.
- Wir berücksichtigen als nicht-auszahlungsrelevanten Aufwand nur die Afa.
- Der Steuersatz wird mit 40% vorgegeben.[52]

Demo-Aufgabe (Berücksichtigung von Steuern)

Im Folgenden betrachten wir zunächst die Investition ohne Steuern (a.), danach unter Berücksichtigung von Steuern mit unterschiedlichen Abschreibungsmöglichkeiten (b.; c.; d. und e.). Dies soll den in der Buchführung häufig angesprochenen Steuerstundungseffekt von unterschiedlichen Abschreibungsmethoden in barer Münze darstellen.[53] Folgende Zahlungsreihe ist gegeben, wobei der Kalkulationszinssatz mit (i = 10%) angenommen wird.

t_0	t_1	t_2	t_3	t_4	t_5	t_6	t_7	t_8
-2000	500	500	500	500	500	500	500	500

a.) Zunächst ohne Steuern. Wie hoch ist der Kapitalwert der Investition?[54]

Lösung: KW = 667 €

b.) Gehen wir nun von einem Gewinnsteuersatz von 40 % aus. Das Investitionsobjekt hat eine zeitliche Nutzungsdauer von 8 Jahren und wird *linear abgeschrieben*.

Lösung:

Wenn die Abschreibungen linear auf 8 Jahre verteilt sind und diese die – annahmegemäß – einzigen Größen sind, die wir hier zur Gewinnermittlung zusätzlich berücksichtigen müssen, folgt daraus ein jährlicher Gewinn von 500 – 250 = 250 €. Dieser Gewinn wird mit 40 % versteuert, was eine 250 * 40 % = 100 € Steuerlast ergibt, die zusätzlich in die Zahlungsreihe aufgenommen wird. Es ergibt sich die folgende Zahlungsreihe nach Steuern:

---

[51] Diese Prämisse ist einfach aufzuheben, indem mit einem Verlustvortrag gerechnet wird, wie in der Fortsetzung der Beispielaufgabe (e.) (Berücksichtigung von Steuern) oder mit einer noch direkteren Verfahrensweise, die ebenfalls angesprochen wird.

[52] Mit der nächsten Fragestellung ermitteln wir den Weg zur exakten Steuersatzberechnung.

[53] Diese Steuerstundungseffekte treffen Sie einerseits bei den Überlegungen in der Buchführung, wenn Sie von der Möglichkeit Gebrauch machen, zunächst die degressive Abschreibung zu wählen und dann auf die lineare zu wechseln; andererseits erklärt sich somit auch die Wirkung der Regelung innerhalb des Stabilitätsgesetzes für Investitionen, die innerhalb eines Jahres getätigt werden, die lineare Abschreibung zwingend vorzugeben (Konjunktur bremsender Effekt).

[54] Tipp: Sie können hierbei den KW auch mit dem Rentenbarwertfaktor (RBWF) für n=8 Jahre berechnen, da es sich hier um gleich bleibenden Zahlungen handelt. Um den KW einer Zahlungsreihe auszurechnen, kann der RBWF immer dann benutzt werden, wenn es sich um gleich hohe jährliche ENZÜ handelt. Dann kann der ENZÜ mit dem RBWF multipliziert werden und es ergibt sich der Wert, den die gesamte Einzahlungsreihe – bezogen auf heute – wert ist. Die Formel zum RBWF finden Sie in der Formelsammlung.

t_0	t_1	t_2	t_3	t_4	t_5	t_6	t_7	t_8
-2000	500	500	500	500	500	500	500	500
Steuerlast	-100	-100	-100	-100	-100	-100	-100	-100
-2000	400	400	400	400	400	400	400	400

Aber Achtung! Wir sind noch nicht ganz fertig. Gleichzeitig muss bei der Berechnung des Kalkulationszinssatzes eine Berichtigung erfolgen, so dass die Alternative ebenfalls mit der entsprechenden Steuer belegt wird, da auch diese Alternativerlöse der steuerlichen Belastung unterliegen.

Wenn der Kalkulationszinsfuß annahmegemäß die beste alternative Geldanlage ist, so stellen diese Erträge ebenfalls Gewinne in Höhe des Zinssatzes dar. Demzufolge müssen diese Erträge durch die hierauf zu berechnende Steuerlast ebenso gemindert werden.

$$(i_s) = 10\ \% - 0,4 * 10\ \% = 6\ \%$$

Daraus ergibt sich folgende neue Berechnung des KW mit einer besten Alternative (nach Steuern) von i_s = 6%. → KW = 484 €

Um die vorstehenden Steuerstundungseffekte in tatsächlich berechneten Euro + Cent ausgedrückt zu sehen, nun der Vergleich der linearen Abschreibung mit der degressiven bzw. gar mit einer Sonderabschreibungsmöglichkeit in voller Investitionshöhe.

Im Einzelnen soll zur vorstehenden Aufgabe ergänzend oder abweichend gelten:

c.) Unterstellen Sie zunächst erneut eine lineare Abschreibung, wobei allerdings die bilanzielle Nutzungsdauer des Investitionsobjektes mit 5 Jahren von der wirtschaftlichen Nutzungsdauer (8Jahre) abweicht. Wie hoch ist der KW?

d.) Wie hoch ist der KW, wenn eine degressive Afa mit 20 % zugrunde gelegt wird und ein Wechsel zwischen der degressiven zur linearen am optimalen Zeitpunkt vorgenommen wird? (bilanzielle ND = 8Jahre)

e.) Berechnen Sie abschließend den KW der Investitionsalternative, wenn Sie die Möglichkeit haben, den ganzen Investitionsbetrag gleich im ersten Jahr voll abzuschreiben.

Lösung:

Ad c.)

t_0	t_1	t_2	t_3	t_4	t_5	t_6	t_7	t_8
-2000	500	500	500	500	500	500	500	500
Steuerlast	-40	-40	-40	-40	-40	200	200	200
-2000	460	460	460	460	460	300	300	300

Es ergibt sich mit i_s = 6% ein KW von 536,92 €

Ad d.)

t_0	t_1	t_2	t_3	t_4	t_5	t_6	t_7	t_8
-2000	500	500	500	500	500	500	500	500
Steuerlast	- 40	- 72	-97,6	- 118,08	- 118,08	- 118,08	- 118,08	- 118,08
-2000	460	428	402,4	381,92	381,92	381,92	381,92	381,92

Es ergibt sich mit i_s = 6% ein KW = 503,51

Die jeweiligen Abschreibungsbeträge ergeben sich aus folgender Tabelle:

Jahr	Anschaffungswert bzw. Buchwert	**degressive** Abschreibung (25 %)	Restbuchwert
1.Jahr	2000	400	1.600
2.Jahr	1500	320	1.280
3.Jahr	1125	256	1.024
4.Jahr	843,75	204,8	819,2
5.Jahr	632,80	204,8	819,2
6.Jahr	474,60	204,8	819,2
7.Jahr	316,40	204,8	819,2
8.Jahr	158,20	204,8	819,2

Ad e.)

	t_0	t_1	t_2	t_3	t_4	t_5	t_6	t_7	t_8
	-2000	500	500	500	500	500	500	500	500
Steuerlast/ -erlass	0	0	0	0	-200	-200	-200	-200	
	-2000	500	500	500	500	300	300	300	300

Wird mit einem Verlustvortrag gerechnet, so ergibt sich folgende Zahlungsreihe nach Steuern. Der sich mit i_s = 6% ergebende KW = 555,97 €.

Dies kann allerdings auch noch anders gerechnet werden. Wenn man davon ausgeht, dass das Unternehmen im ersten Jahr genügend Gewinn macht, so wirkt eine negative Steuerlast wie eine Steuerersparnis. Da diese Steuerersparnis voll und ganz durch die getätigte Investition begründet ist, kann sie der Investition als Einzahlung zugeordnet werden. Nicht gezahlte Steuern wirken ja wie ein zusätzlicher Erlös. Folgt man diesem Gedankengang, so wird die Abschreibungsmöglichkeit voll im 1. Jahr berücksichtigt. In den folgenden Jahren ergeben sich dann keine weiteren Abschreibungsmöglichkeiten. Die Zahlungsreihe würde folgendes Gesicht annehmen:

	t_0	t_1	t_2	t_3	t_4	t_5	t_6	t_7	t_8
	-2000	500	500	500	500	500	500	500	500
Steuerlast/ -erlass		+ 600	-200	-200	-200	-200	-200	-200	-200
	-2000	1100	300	300	300	300	300	300	300

Der sich mit i_s = 6% ergebende KW = 617,67

Wie ermittelt man nun den unternehmensindividuellen Ertragssteuersatz?

Bisher sind wir aus Vereinfachungsgründen von einem gegebenen Steuersatz ausgegangen. Nun berechnen wir diesen speziell für ein Unternehmen. Der jeweilige Steuersatz ist dabei unternehmensindividuell, da viele unterschiedliche Aspekte mit einfließen, so dass jedes Unternehmen seinen relevanten Steuersatz selber berechnen muss. Da z. T. unterschiedliche Betriebsteile oder sogar einzelne Sachinvestitionen steuerlich besonders behandelt werden können, ist es anzuraten, jeweils den entsprechend relevanten Steuersatz zu berechnen.

Im Folgenden wird die Vorgehensweise grundsätzlich vorgestellt: Zunächst muss bei der Ermittlung des Ertragssteuersatzes zwischen Personen- und Kapitalgesellschaften unterschieden werden. Für *Personengesellschaften* muss der Einkommensteuersatz (max. 47%) zugrunde gelegt werden, für *Kapitalgesellschaften* der einheitliche Körperschaftssteuersatz von 25 %.[55] Für beide Gesellschaftsformen muss die Gewerbesteuer zugrunde gelegt wer-

---

[55]   Die Körperschaftssteuer ist, vereinfacht ausgedrückt, die Einkommensteuer der Körperschaften. Sie umfasst nicht nur die Besteuerung der GmbH's und Aktiengesellschaften sondern auch die aller übrigen juristischen Personen. Dazu gehören Erwerbs- und Wirtschaftsgenossenschaften,

den. Die Höhe der Gewerbesteuer bestimmt sich aus der Steuermesszahl (regelmäßig 5 %) auf den Gewerbeertrag und einem Hebesatz. Letzterer wird durch die Gemeinden festgelegt und liegt beispielsweise in Berlin oder Göttingen bei 410 %[56]

Gehen wir von einer Kapitalgesellschaft aus, die ihren Gewinn einbehält (KöSt = 25%) und die an einem Standort ansässig ist, dessen Hebesatz 400 % auf die einheitliche Steuermesszahl (5%) beträgt, so berechnet sich der Ertragssteuersatz wie folgt:

Zunächst wird die Gewerbesteuer berechnet, da sie von den Erträgen (also der Bezugsbasis!) abzugsfähig ist.[57]

$$s^{GE(\text{eff.})} = Steuermesszahl * Hebelsatz(1 - s^{GE})$$

Die Körpersteuer wird danach berechnet. Ihre Bezugsbasis ist die selbe wie die der Gewerbesteuer. Also die um die Gewerbesteuer geminderten Gewinne.

$$s^{K\ddot{o}(\text{eff.})} = (s^{K\ddot{o}} - s^{K\ddot{o}} * s^{GE})$$

Da sich beide Steuern auf die gleiche Bezugsbasis beziehen, kann der Steuersatz auch einfach mit folgender allgemeiner Formel berechnet werden.

$$s = \frac{s^{K\ddot{o}} + S^{GE}}{1 + S^{GE}}$$

Achtung! Normalerweise müssten wir ab jetzt jede Aufgabe unter Berücksichtigung des Steuersatzes rechnen. ABER! Dies werden wir nicht machen, sondern nicht weiter explizit mit Steuern im Rahmen der KW-Methode rechnen, da es für die in diesem Buch verfolgten didaktischen Gründen zu zeitaufwändig und unübersichtlich wird.

Allerdings sei hier noch mal explizit darauf hingewiesen, dass die gerade behandelten Steuern in der Praxis IMMER in der soeben behandelten Form in die Investitionsbeurteilung integriert werden müssen.

6. Welche Alternativen zur KW-Methode gibt es?

Häufig kritisiert von Seiten der Praxis ist die relative Unhandlichkeit des Kapitalwertes. Was sagt denn jetzt ein KW von z. B. 155.695 € der Alternative Charlottenburg im Falle der Auf-

---

Versicherungsvereine auf Gegenseitigkeit, nicht rechtsfähige Vereine, Anstalten, Stiftungen, Betriebe gewerblicher Art und Körperschaften des öffentlichen Rechts. Steuerbefreiungen gelten insbesondere für bestimmte Körperschaften, die gemeinnützige Zwecke verfolgen. Dazu gehören Pensionskassen, Witwen-, Waisen-, Kranken- und Unterstützungskassen sowie rechtsfähige Hilfskassen. Ebenso Versicherungs- und Versorgungseinrichtungen sowie politische Parteien.

[56] Multiplikator ist also 4,1 wonach sich ein Gewerbesteuersatz von 4,1 * 5% = 20,5 % ergibt. In Frankfurt oder München bei 490%, Hamburg 470%, Bremen 420% dagegen hat Stendal 390%, Kempten gar nur 337% (Stand 2004)

[57] Etwas kompliziert ist die Berechnung der Gewerbesteuerlast, da die Gewerbesteuer als Betriebsausgabe den Gewinn aus Gewerbebetrieb mindert → d.h., sie mindert ihre eigene Bezugsgrundlage ☺

gabe (Charlottenburg/Wedding) aus? Habe ich jetzt 155.695 € mehr verdient, habe ich diesen Betrag am Ende der Laufzeit übrig? Oder was?

Hier setzen Verbesserungsmöglichkeiten an. So sehen die *Annuitätenmethode* und der *Interne Zinsfuß* bei der Aussagekraft ihrer jeweiligen Entscheidungskriterien klare Vorteile gegenüber der KW-Methode. Bevor wir uns aber diesen beiden Methoden nähern, starte ich zunächst noch einen Versuch, den Aussagegehalt des KW plastischer darzustellen.[58]

Der oben angesprochene KW von Charlottenburg beträgt 155.695 €, was bedeutet, dass das Unternehmen heute diesen Betrag voll entnehmen kann und, trotz der damit zusätzlich (!) verbundenen Zinskosten, am Ende der Laufzeit +/- Null dasteht.[59] Das Gesagte in Tabellenform:

	t_0	t_1	t_2	t_3	t_4	t_5
	-300.000	-8.000	14.000	102.000	168.000	390.000
KW	-155.695					
	-455.695	-8.000	14.000	102.000	168.000	390.000
* 1,09	====>	-496.708				
		-504.708				
* 1,09		====>	-550.131			
			-536.131			
* 1,09			====>	-584.383		
				-482.383		
* 1,09				====>	-525.798	
					-357.798	
* 1,09					====>	-390.000
						0

Sie sehen anhand dieser Tabelle, dass die Investition nicht nur ihre eigenen Anschaffungskosten samt der zwischendurch auflaufenden Zinsen im Laufe der 5 Jahre erwirtschaftet, sondern obendrein noch eine „heute" getätigte zusätzliche Kapitalentnahme samt der im Laufe der 5 Jahre anfallenden Zinsen. Die Investition ist so gut, dass sie – auf heute bezogen – eine Barentnahme in Höhe des Kapitalwertes erwirtschaftet.

Wie funktioniert die Annuitätenmethode?

Während die KW-Methode eine Totalgröße bestimmt (*Wie viel Cash Flow wird zusätzlich zur kalkulierten Verzinsung erreicht?*), wird bei der Annutitätenmethode diese Größe periodisiert, d. h. der KW rechnerisch mit Hilfe des Annuitätenfaktors gleichmäßig über den Investitionszeitraum verteilt. Dementsprechend kann die Annuität als der Betrag interpretiert werden, den ein Investor in jeder Periode während der Investitionsdauer entnehmen kann.

---

[58] Auf Wunsch von Studenten füge ich hier den Erklärungsversuch von meinem Kollegen Prof. KALENBERG ein, den die Studenten als sehr gut für das spätere Verständnis preisen. *„Der Kapitalwert einer Komplementärfinanzanlage ist gleich Null."* ➔ „Deshalb führt die KW-Methode beim Wahlproblem (wenn eine Finanzanlage die Alternative ist) am Ehesten zum richtigen Ergebnis."

[59] In diesem Beispiel wird die gesamte Investition über Kredite finanziert. Etwas anders müsste man argumentieren bei einer gemischten oder rein aus Eigenmitteln finanzierten Investition. Am grundsätzlichen Aussagewert ändert sich jedoch nichts.

Die Vor- und Nachteile der Annuitätenmethode entsprechen weitgehend denen der KW-Methode, außer in der Exaktheit des Ergebnisses und u. U. in der leichteren Verständlichkeit des Ergebnisses.[60] Die Aufgabe „Charlottenburg/Wedding" mit der Annuitätenmethode gerechnet ergibt:[61] Annuität = 155.695 * 0,257092457 = 40.028 €

$$a = KW * \frac{i*q^n}{q^n - 1}$$

Was bedeutet:

	t_0	t_1	t_2	t_3	t_4	t_5
	-300000	- 8.000	14.000	102.000	168.000	390.000
- Annuität		- 40.028	- 40.028	- 40.028	- 4.0028	- 40.028
➜		- 327.000				
		- 375.028				
* 1,09		====>	- 408.780,52			
			434.808,52			
* 1,09			====>	- 473.941,29		
				- 411.969,29		
* 1,09				====>	- 449.046,53	
					- 321.074,53	
* 1,09					====>	- 349.972
						0

Auch die Annuität bestätigt das Ergebnis der KW-Methode, dass Charlottenburg aufgrund der höheren Annuität bevorzugt werden sollte. Dies ist auch klar, da der Multiplikator, mit dem der KW multipliziert wird, der gleiche ist. Deshalb gilt auch: Die Annuitätenberechnung führt immer dann zum gleichen Ergebnis wie die KW-Methode, wenn die Annuität über die gleiche Dauer (!) berechnet wird. Und hier steckt die Ungenauigkeit der Annuitätenmethode. Sie ist nur dann aussagekräftig bei einem Alternativenvergleich, wenn die Annuitäten auf den gleichen Zeitraum berechnet werden. Andernfalls kommt es zu irreführenden Verzerrungen.

7. Welche Bedeutung hat der Kalkulationszinssatz für den KW?

Bevor ich Ihnen die Vorgehensweise der Internen Zinsfußmethode näher bringe, möchte ich auf deren Entstehung eingehen. Die Idee der Internen Zinsfußmethode basiert auf dem funktionalen Zusammenhang zwischen dem Kapitalwert und dem ihm zugrunde gelegten Kalkulationszinsfuß (i).

Grundsätzlich können zwei Aussagen bezüglich des Verhältnisses von i und KW getroffen werden: *1. Aussage*: Der Kalkulationszinssatz (i) ist ein entscheidender Bestimmungsfaktor für den KW, stellt er doch den Zinssatz dar, der die beste Alternative am Markt für den Investor erbringen würde. Eine betrachtete Investition muss also mindestens diesen Zinssatz erreichen, um überhaupt ausgewählt zu werden, um einen positiven KW zu generieren. Insofern kann der Kalkulationszinssatz (i) auch als Hürde verstanden werden, über die jede betrachtete Investition zunächst einmal springen muss. Erhöht man (i) sinkt der KW einer Investition. Genau wie bei einem Hochsprungwettbewerb. Je höher die Latte gelegt wird,

---

[60] Die Annuitätenmethode weist keine zusätzliche Besonderheit gegenüber der KW-Methode auf, als dass sie den KW anders darstellt. Einige Autoren (BUSSE VON COLBE/LAßMANN; KRUSCHWITZ) führen dementsprechend die Annuitätenmethode auch gar nicht als eigenständige Methode auf. *Vorteilhaftigkeit: (1)* Eine Investition ist absolut vorteilhaft bei einer Annuität > 0; (2) Eine Investition ist relativ vorteilhaft, wenn ihre Annuität größer ist als die einer Alternative.

[61] Für Wedding ergibt sich eine Annuität von 26.393

umso geringer ist die „Luft" zwischen den Springern und der Latte und umso mehr Springer schaffen diese „Höhe" nicht mehr.

2. Aussage: Der zugrunde gelegte Zinssatz für die beste Alternative kann aber auch einen Einfluss auf die Rangfolge der betrachteten Investitionen haben! Mit steigendem Kalkulationszinsfuß wirken sich die weiter in der Zukunft liegenden Zahlungen schwächer auf die Höhe des KW aus. Anders herum gesagt: Je dichter am Investitionszeitpunkt (t_0) die Zahlungen liegen, um so relativ stärker wirken sich diese – bei steigendem i – auf die Höhe des KW aus.

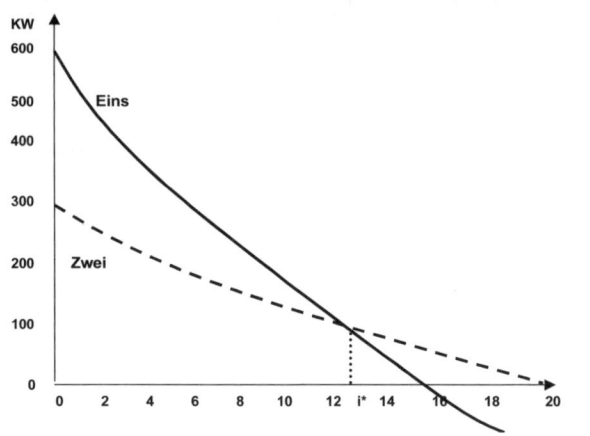

Als kritisch bezeichnet man den Kalkulationszinssatz, ab dem beim Investitionsvergleich nach dem KW-Kriterium die Rangfolge der Investitionsobjekte wechselt. Vorstehende Abb. zeigt diesen Zusammenhang des folgenden Zahlenbeispiels aus LAßMANN/BUSSE VON COLBE S. 52 f..

Es stehen zwei Investitionsalternativen zur Wahl:

	t_0	t_1	t_2	t_3	t_4
Eins	-1.400	+500	+500	+500	+500
Zwei	-1.000	+700	+600		

Betrachtet man die Entwicklungen der Kapitalwerte bei unterschiedlich zugrunde gelegten Kalkulationszinssätzen, so ergibt sich folgendes Ergebnistableau.

	i = 0 %	i = 6 %	i = 10 %	i = 13 %	i = 16 %	i = 20 %
KW $_{Eins}$	+ 600	+ 333	+ 185	+ 87	0	- 106
KW $_{Zwei}$	+ 300	+ 194	+ 132	+ 89	+ 49	0

Die Besonderheit dieses Alternativenvergleiches wird bei der graphischen Darstellung deutlich. Liegt der Kalkulationszinssatz zwischen 0 und i*, dann ist die Investition „Eins" vorteilhafter. Wählt man hingegen einen Kalkulationszinssatz, der größer ist als i* (bis max. 20%, da der KW dann negativ wird), dann ergibt die KW-Berechnung, dass Investition „Zwei" vorzuziehen ist.

Aus beiden Gründen (Aussage 1 und 2) ist die Festlegung des Kalkulationszinsfußes von entscheidender Bedeutung für die Aussagekraft der KW-Methode!

Wie legt man nun aber den Kalkulationszinssatz fest?

Es gibt unterschiedliche Ansätze, die, jede für sich, Anhänger im wissenschaftlichen Diskurs hat. Dementsprechend werden sie hier kurz vorgestellt und hinterfragt.

(i) = Kapitalmarktzinssatz für Anlagemöglichkeiten
Diese Möglichkeit kann zugrunde gelegt werden, wenn die Investition aus Eigenmitteln finanziert wird. Diese Annahme erscheint angebracht, wenn der Investor tatsächlich keine

andere Möglichkeit hat, als das Kapital ansonsten auf dem Kapitalmarkt anzulegen. Dies ist nicht häufig gegeben. Anwendbar erscheint dieser Weg auch, wenn die Fremdfinanzierung in einer gesonderten Zahlungsreihe mit in die Investitionsrechnung eingeht.

(i) = Kapitalmarktzinssatz für Kredite

Diese Möglichkeit kann genommen werden, wenn die Investition einzig auf Kreditbasis finanziert wird. Dies impliziert, dass die Kredite über die Rückflüsse getilgt werden.

(i) = Unternehmenszins als durchschnittlichen Zins aus Anlage- + Kreditzins

Typischerweise liegt eine gemischte Finanzierung vor. So kann sich der Kalkulationszinssatz aus der Addition der jeweils mit der EK- bzw. FK-Quote gewichteten Anlage- und Kreditzinsen ergeben. ➜ *wacc*[62]

(i) = durchschnittliche Unternehmensrentabilität

Dieser Ansatz geht auf BALDWIN zurück. Er geht davon aus, dass das Kapital bzw. die Rückflüsse zur "normalen" Unternehmenstätigkeit genutzt werden. Das bedeutet, dass das überschüssige Kapital (ENZÜ) einer Investition jederzeit wieder im Unternehmen angelegt/investiert werden kann und somit die durchschnittliche Unternehmensrendite erbringt. Dieser Annahme entspricht auch die Forderung ALBACHS, den Kalkulationszinssatz als die langfristigen Durchschnittsrentabilität des Unternehmens zu nehmen.[63]

Grundsätzlich kann für bzw. gegen jede Annahme argumentiert werden. Zunächst halten wir fest, dass es "den" Kalkulationszinssatz nicht gibt.[64]

8. Und was ist jetzt der Interne Zinsfuß der Internen Zinsfußmethode?

> Der **interne Zinssatz** (r) einer Investition ist der Zinsfuss, bei dessen Anwendung als Kalkulationszinsfuss der KW der Investition den Wert 0 annimmt. Graphisch ist der interne Zinsfuss der Schnittpunkt der KW-Funktion mit der x-Achse.

Der Interne Zinsfuß[65] ist die zweite Methode, die an der etwas gewöhnungsbedürftigen Verständlichkeit des Kapitalwertes ansetzt und eine Lösung verspricht. Die Interne Zinsfußmethode drückt das Beurteilungsergebnis einer Investition in der leicht verständlichen Form einer Effektivverzinsung aus. Diese „Rendite" ist eine in der Praxis häufig verwendete Größe und findet

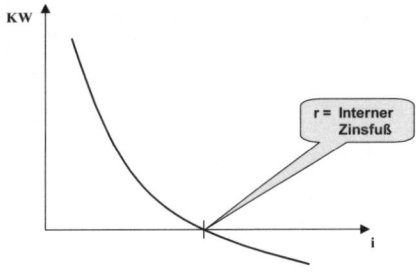

Graphische Darstellung der Kapitalwertfunktion

---

[62] Hat sich bspw. ein Unternehmen zu 30 % mit EK und zu 70 % mit FK finanziert, wobei der EK-Zins 12 % ist, während der durchschnittliche FK-Zins 6 % ist, so ergibt sich ein wacc von 0,3 * 12 % + 0,7 * 6 % = 7,8%

[63] Auch auf diesen Ansatz werden wir später noch einmal zurückgreifen, da er eine gedankliche Verwandtschaft mit dem in der modernen Unternehmensführungsdiskussion zunehmend thematisierten EVA (Ecomomic value added) hat.

[64] Die Betrachtung der Unabhängigkeit von Investition und Finanzierung (geschäftliches und finanzielles Risiko) sowie die Aussagen bzgl. des CAPM werden auf die momentan vorgestellten Alternativen der Bestimmung des Kalkulationszinssatzes noch ein anderes Licht werfen. Zunächst wollen wir jedoch von diesen Alternativen ausgehen.

[65] Synonyma sind Interner Zinsfuß, interne Verzinsung, Interne Rendite oder Interner Zinssatz

dementsprechend breite Zustimmung bei den Praktikern.

Zunächst möchte ich Sie mit der Methodik des Internen Zinsfuß-Verfahrens vertraut machen, danach thematisiere ich das „Dilemma", das die „ewig" nörgelnden „Theoretiker" an dieser Methode auszusetzen haben.

Es ergeben sich zwei Interpretationen des Internen Zinsfußes, die sich nicht widersprechen:

1. Der Interne Zinsfuß kann als die Effektivverzinsung des jeweils gebundenen Kapitals einer Investition angesehen werden.

2. Der Interne Zinsfuß ist als kritischer Zinssatz zu interpretieren. Wenn der Interne Zinsfuß einer Normalinvestition r beträgt, so darf ein zur Finanzierung der Investition gegebenenfalls notwendiger Kredit nicht mehr kosten als r, wenn die Investition vorteilhaft sein soll.

Wie berechnet man den Internen Zinsfuß?

Die Rechenmethodik ist relativ einfach. Man nimmt die Zahlungsreihe einer Investition, teilt die jeweiligen Cash Flows durch (q^n), wobei gilt, dass ($q = 1 + i$) ist und n = das Jahr in dem der ENZÜ anfällt. Also genau so, wie bei der Berechnung des Kapitalwertes, allerdings mit dem einzigen kleinen Unterschied, dass man den KW jetzt schon kennt (er ist ja Null) und der Kalkulationszinssatz (i) unbekannt ist. Man braucht also die Zahlungsreihe nur nach (i) isolieren und voilà, schon hat man den internen Zinssatz.

Grau ist alle Theorie – also ran und die mathematischen Windungen in der schwabbeligen Masse zwischen den Ohren reaktivieren! Versuchen Sie es erst selbst, ehe Sie die Lösung und etwaige Tipps in den Fußnoten nachschauen.

Demo-Aufgabe (interner Zinsfuß)

Berechnen Sie die internen Zinsfüße der folgenden Zahlungsreihen!

a.)

t_0	t_1	t_2	t_3	t_4
-300	--	--	--	+456

b.)

t_0	t_1	t_2	t_3	....	t_∞
-200	+62	+62	+62	....	+62

c.)

t_0	t_1	t_2
-200	+150	+50

d.)

t_0	t_1	t_2	t_3	t_4	t_5
-400	+100	+120	+80	+120	+100

e.)

t_0	t_1	t_2
-40	+80	-60

Lösungen:[66]

---

[66] a.) Zwei-Punkte-Fall-Formel anwenden: i = 11,04 %; b.) Formel der ewigen Rente anwenden: i = 31 %; c.) p/q - Formel (da Polynom 2. Grades): i = 0,00 %; d.) Näherungsformel (da Polynom 5. Grades): i = 9,44 %; e.) Hier gibt es keine vernünftige Lösung. Ein Umstand, auf den wir hier nicht weiter eingehen, da wir nur Investitionsreihen betrachten, die eine „normale" KW-Funktion in Abhängigkeit zum Kalkulationszinssatz (i) aufweisen. Wer mehr über die teilweise „Unmöglichkeit" der Berechnung des Internen Zinsfußes erfahren möchte, den verweise ich u.a. AUF WÖHE/BILSTEIN oder SCHNEIDER.

Die Kritik an der Internen Zinsfußmethode

Charakteristisch für die Kritik an der Internen Zinsfuß-Methode sind folgende Zitate:

„Die interne Zinssatzmethode wird in der Praxis sehr stark eingesetzt."[67]

„Ein Praktiker weiß meist nicht, was er tut, wenn er in Renditen rechnet."[68]

Kapitelüberschrift: „Verfahren der internen Zinsfüße oder Ein Kapitel, das man eigentlich nicht lesen sollte."[69]

Ein Teil der starken Kritik an der internen Zinssatzmethode richtet sich gegen die teilweise nicht eindeutige Ermittlung der internen Zinsfüße. So ist es bei Investitionsreihen, die ein Polynom n-ten Grades darstellen, leicht möglich mehrere Lösungen für den Internen Zinsfuß zu bekommen, vor allem dann, wenn es zu mehreren Vorzeichenwechseln innerhalb der Zahlungsreihe kommt. Diese Kritik sollte jedoch gelassen gesehen werden, da meistens von einer Normalinvestition ausgegangen werden kann. Diese beginnt mit einer Anschaffungs-auszahlung und hat danach nur noch Einzahlungsüberschüsse. Insgesamt findet also nur ein Vorzeichenwechsel statt. Bei diesen Normalinvestitionen ist mit relativ geringem Rechenaufwand schnell eine eindeutige Lösung darstellbar.

Dies ist aber nicht der eigentliche Grund für die zum Teil doch recht harsche Kritik. Der entscheidende Punkt ist: Die Interne Zinssatzmethode macht einen eindeutigen Fehler, der fast immer (!) zu falschen Renditezahlen und auch zu falschen Auswahlentscheidungen führt/führen kann. Wie das? Betrachten wir folgendes einfaches Beispiel: Sie haben zwei Investitionsmöglichkeiten (i = 10%)

	t_0	t_1	t_2	t_3	t_4
Investition I	-1400	500	500	500	500
Investition 2	-1000	700	600		

Folgen Sie der KW-Methode, so entscheiden Sie sich für Investition 1:

$$KW_{(IO1)} = \quad 184,93 \qquad KW_{(IO2)} = \quad 132,23$$

Treffen Sie Ihre Entscheidung auf Grundlage der "Internen Zinsfuß-Methode", so entscheiden Sie sich für Investition 2:

$$r_{(IO1)} = \quad 15,98\,\% \qquad r_{(IO2)} = \quad 20,00\,\%$$

Dies ist die Verdeutlichung des angedeuteten Fehlers. Zwei Methoden, zwei unterschiedliche, sich widersprechende Ergebnisse. Das darf nicht sein. Wer irrt?

Wir haben bereits mit dem Ernie und Bert-Beweis gezeigt, dass die KW-Methode – unter Beachtung der aufgestellten Prämissen – richtig rechnet. Dies tut die Interne-Zinsfuß-Methode nicht! Wie und warum die Interne-Zinsfuß-Methode irrt möchte ich Ihnen nun kurz darstellen. Hierzu folgende Demo-Aufgabe

Demo-Aufgabe (Zum Irren der Internen Zinsfuß-Methode)

Die Hauwech AG möchte eine Flaschenabfüllanlage vom Typ Ready+Steady erwerben, deren Anschaffung 2 Mio. € kosten würde. Da sich die Hauwech AG einerseits in 2 Jahren aus dem Erfrischungsgetränkemarkt zurückziehen, andererseits die günstige Marktlage ausnutzen möchte, wird die Nutzungsdauer der Anlage auf 2 Jahre festgelegt. Sie soll dann zum

---

[67]   Prof. Dr. G. Laßmann
[68]   Prof. Dr. D. Schneider
[69]   Prof. Dr. L. Kruschwitz

prognostizierten Restverkaufserlös von 1,3 Mio. € an einen Konkurrenten verkauft werden. Der Vorstand schätzt den Wiederbeschaffungspreis in 2 Jahren auf 2,3 Mio. €. Die Abschreibung soll linear über die 2 Jahre der Nutzungsdauer vorgenommen werden. Die Finanzierung erfolgt ausschließlich mit Eigenkapital, für das der Vorstand eine alternative Anlagemöglichkeit zu 10 % hat.

Die jährliche Kapazität wird vom Hersteller mit 3 Mio. Flaschen pro Jahr gegeben. Der Vorstand erwartet in jedem Jahr der Nutzung einen Absatz im Umfang der Maximalkapazität zu einem durchschnittlichen Preis von 0,57 € pro Flasche. An Materialauszahlungen sollen dafür im 1. Jahr 550.000 € und im 2. Jahr 10 % höher anfallen. Die zurechenbaren Fertigungskosten werden im 1. Jahr auf 200.000 € und im 2. Jahr auf 220.000 € geschätzt; diese sind jeweils voll auszahlungswirksam. An zurechenbaren Verwaltungs- und Vertriebskosten werden im 1. Jahr 90.000 € und im 2. Jahr 30 % mehr veranschlagt..

1.) Soll die Investition getätigt werden? Ziehen Sie die KW-Methode zu Rate.

2.) Neben der Abfüllanlage vom Typ Ready+Steady haben die Mitarbeiter der Investitionsplanungsabteilung der Hauwech AG ein Angebot über ein Konkurrenzprodukt vom Typ Frisch+Fertig eingeholt. Die Zahlungsreihe hat folgendes Gesicht:

Frisch+Fertig	t_0	t_1	t_2
Summe der ENZ		+1.650.000	+1.943.500
Summe der ASZen	- 1.500.000	- 330.000	- 1.157.000
ENZ-Überschuss	- 1.500.000	+ 1.320.000	+ 786.500

3.) Errechnen Sie den Internen Zinsfuß der beiden Investitionsobjekte.

4.) Falls Sie keine unterschiedlichen Entscheidungen aufgrund der unterschiedlichen Investitionsverfahren bekommen, lehnen Sie sich zurück. Wenn Sie allerdings zu unterschiedlichen Entscheidungen gekommen sind, versuchen Sie die Unstimmigkeit zu lösen bzw. zu beweisen, welches Verfahren irrt.

Lösung:

1.) + 2.)	Ready+Steady	Frisch+Fertig
Kapitalwert	**+ 500.000**	+ 350.000

Wenn keine technischen Gründe dagegen sprechen, erweist sich die Abfüllanlage Ready+Steady als vorteilhafter. Denn mit der Durchführung ist, bezogen auf t_0, ein um 150.000 € höherer Vermögenszuwachs verbunden.

3.)	Ready+Steady	Frisch+Fertig
Interner Zinsfuß	25,74 %	**28,73 %**

→ Nach dem Internen-Zinsfuß-Kriterium entscheiden wir uns für Frisch+Fertig bevorzugt werden.

Der rechnerische Beweis, dass die KW-Methode richtig rechnet!

	t_0	t_1	t_2
Ready+Steady	- 2.000.000	+ 870.000	+ 2.068.000
EZR1		- 870.000	+ 957.000
Ready+Steady	**- 2.000.000**	**0**	**+ 3.025.000**
Frisch+Fertig	- 1.500.000	+ 1.320.000	+ 786.500
EZR1	- 500.000		+ 605.000
EZR2		- 1.320.000	+ 1.452.000
Frisch+Fertig*	**- 2.000.000**	**0**	**+ 2.843.500**

Das bedeutet: Trotz Angleichung der unterschiedlichen Anschaffungsausgaben und der Reinvestition, ist das Ergebnis der KW-Methode bestätigt worden. Dies ist ja nicht weiter verwunderlich, wenn wir uns an den Ernie-Bert-Beweis erinnern.

Nun zur Internen Zinssatzmethode und warum sie falsch rechnet:

		t_0	t_1	t_2
=	Ready+Steady	- 2.000.000	+ 870.000	+2.068.000
=	EZR 1		- 870.000	+ 1.093.938
=	**Ready+Steady***	**- 2.000.000**	**0**	**3.161.938**
=	Frisch+Fertig	- 1.500.000	+ 1.320.000	+ 786.500
=	EZR 2	- 500.000		+ 828.570
	EZR 3		+ 1.320.000	+ 1.699.236
	Frisch+Fertig*	**- 2.000.000**	**0**	**+ 3.314.236**

Die Interne Zinsfuß-Methode bestätigt ihr eigenes Ergebnis. Aber wie haben wir die Ergänzungsinvestitionen vorgenommen? Mit was für einem Zins? Die Interne-Zinsfuß-Methode kennt den Zinssatz 10 % nicht. Sie will ja gerade den Internen Zinssatz berechnen. Dementsprechend kennt sie auch nur den Zinssatz, den sie selber berechnet. Entsprechend zinst sie die Ergänzungsinvestitionen mit dem Zinssatz auf, den sie selber berechnet hat. Also mit 25,74 % zinst sie die Ergänzungsinvestition 1 auf, während sie die Ergänzungsinvestitionen von Frisch+Fertig mit 28,73 % aufzinst. Sie können dies einfach prüfen, indem Sie mit der Zwei-Punkte-Formel die Renditen der ergänzten Investitionsreihen berechnen. Es ergeben sich exakt die von der Internen-Zinsfuß-Methode berechneten Renditen. → Wenn wir von der Prämisse ausgehen, dass der Kalkulationszinsfuß einheitlich ist (in diesem Fall i = 10%), so rechnet die Interne Zinsfuß Methode falsch. In dieser Form kann sie nur angewendet werden, wenn die Möglichkeit besteht, jederzeit und in beliebiger Höhe in die gleiche Investitionsart Kapital anzulegen. Dies erscheint bis auf sehr seltene Ausnahmen unrealistisch.

Was ist jetzt aber, wenn Ihr Chef unbedingt die Rentabilität, die diese beiden Investitionsobjekte in sich tragen, von Ihnen korrekt angegeben haben will, da der Aussagegehalt des errechneten Kapitalwertes für ihn nur ein LUHMANN'SCHES Rauschen darstellt, wohingegen er in der Rendite eine „handfeste" Größe erkennt.

Der Weg aus dem Dilemma – Baldwin's modifizierter Interner Zinsfuß

Der Fehler, der in der Rechenmethodik des Internen Zinsfußes liegt – frei werdende Einzahlungsüberschüsse oder auch Investitionsdifferenzen zum selbst ausgerechneten Zins anzulegen – führt dazu, dass nahezu jede (!) Rendite zumeist zu hoch oder halt zu niedrig ausfällt. Dies, weil die Interne Zinsfuß-Methode gegen eine Prämisse[70], die für die KW-Methode aufgestellt wurde, verstößt. Nun haben wir wirklich ein Dilemma: Einerseits eine Methode, deren Ergebnis mit dem praxisüblichen Denken harmoniert, andererseits die Gewissheit, dass diese Methode fast immer falsch rechnet.

Dieses Dilemma sah auch BALDWIN. Er hatte daraufhin in etwa folgende Gedanken. Wenn die Interne-Zinsfuß-Methode die Differenzbeträge und die periodischen ENZÜ immer zum selbst berechneten internen Zinsfuß anlegt, so muss man der Methode zuvorkommen. D.h., man zinst alle Periodenüberschüsse und die jeweiligen Anschaffungsdifferenzen einfach mit dem Kalkulationszinsfuß bis zum Ende der längsten Laufzeit der zu vergleichenden Investitionsalternativen auf. Dann erhält man den bereits besprochenen Zwei-Punkte-Fall, der zur

---

[70] Es gibt nur einen Kalkulationszinssatz, zu dem man ansonsten sein Geld anlegen kann.

richtigen „Rendite" führt. Gerade Genanntes am Beispiel von „Investition I" und „Investition 2" dargestellt:

Investition I	t_0	t_1	t_2	t_3	t_4
	-1.400	500	500	500	500,00
		========* $1,1^3$============>			665,50
			======* $1,1^2$===>		605,00
				=* $1,1^1$=>	550,00
	-1.400				2.320,50

Für diese "modifizierte" Zahlungsreihe berechnet sich der Interne Zinsfuß mit der 2-Punkte-Formel. Der „korrekte" interne Zinsfuß für Investition I ist: r = 13,47 %

Investition II	t_0	t_1	t_2	t_3	t_4
	- 1.000	700	600		
		========* $1,1^3$============>			931,70
			======* $1,1^2$===>		726,00
	- 400	========* $1,1^4$============>			585,64
	-1.400				2.243,34

Der „korrekte" interne Zinsfuß für Investition II ist: r = 12,51 %. Sie sehen: Nun spiegeln auch die Renditen die korrekte Auswahlentscheidung wieder.

Exkurs:

Ergänzender Hinweis: Wenn Sie bereits den KW berechnet haben, können Sie auch sehr schnell mit folgender Formel den "modifizierten" internen Zinsfuß berechnen:[71]

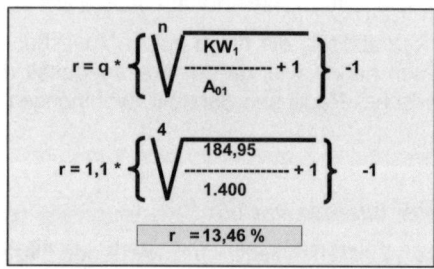

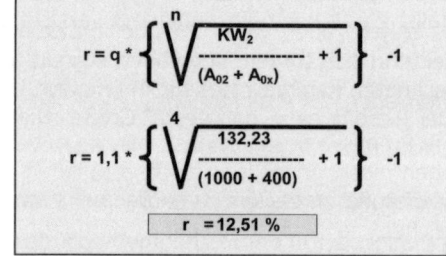

Fazit der Betrachtung der internen Zinsfußmethode

Eine Rendite, die mit Hilfe der Internen-Zinsfuß-Methode ermittelt wird, hat nur eine beschränkte Aussagefähigkeit. Die Beschränkung besteht darin, dass lediglich eine Aussage über die Verzinsung des in der Investition gebundenen Kapitals (*interne* Verzinsung) geliefert wird. Nur dann, wenn freigesetzte Beträge wiederum zum internen Zinsfuß angelegt werden können, wird über den Gesamtzeitraum der Investition tatsächlich die mit Hilfe der Methode des internen Zinsfußes ermittelte Rendite erreicht. Dies kann auch als Wiederanlageprämisse der Methode des internen Zinsfußes bezeichnet werden.

---

[71]   Mit Aox = Anschaffungsausgabebetrag für die Differenz zum höchsten Anschaffungsausgabebetrag (in diesem Beispiel ((Aox = Ao1 - Ao2) und n = längste ND der zu vergleichenden Investitionsobjekte.

Eine i.d.R. realistischere Renditeaussage wird erreicht, wenn künftige Wiederanlagemöglichkeiten freigesetzter Beträge explizit in die Rechnung einbezogen werden. Hierzu kann BALDWIN's Methode des modifizierten internen Zinsfußes genutzt werden. Der modifizierte interne Zinsfuß nach BALDWIN und die KW-Methode führen zu übereinstimmenden Empfehlungen, wenn der unterstellte Wiederanlagezinssatz zugleich als Kalkulationszinssatz der KW-Methode dient.

9. Hinterfragen der Prämissen der KW-Methode

Wir haben bei der Darstellung des Grundprinzips der KW-Methode zunächst Prämissen aufgestellt. Prämissen sind Voraussetzungen, die einem Plan, einem Projekt oder einer Methodik gedanklich zugrunde liegen. Die Prämissen der KW-Methode wurden zunächst quasi als Schutzmauern aufgestellt, um die Methode hinsichtlich ihrer Aussagekraft zu schützen. Im Rahmen der gemachten Prämissen ist die KW-Methode völlig korrekt und immer gültig. Ein ideales Werkzeug.

Was ist aber, wenn man dieses Investitionsbewertungsverfahren in der Praxis anwenden soll. Sie hatten sicherlich auch das ein oder andere Mal beim Durcharbeiten der bis hierher führenden Seiten gedacht: „Mein Gott ist das hier alles unrealistisch!" oder „In was für einem antiseptischen Gedankenraum bewegen wir uns hier. Die Wirklichkeit ist viel schmutziger." Genau deshalb nun die folgenden Abschnitte mit den jeweiligen Überschriften zum „Hinterfragen der Prämissen der KW-Methode". Hier möchte ich eine Prämisse nach der anderen hinsichtlich ihrer Praxistauglichkeit hinterfragen. Ist eine Prämisse praxistauglich, wunderbar. Ist eine Prämisse nicht praxistauglich, so müssen wir uns überlegen, wie wir die KW-Methodik modifizieren können, damit sie praxistauglich wird. Scheitern wir bei dem Praxistauglichkeitstest, dann waren die ganzen Überlegungen, die wir uns gemacht haben, hinfällig ☹; aber ich bin ziemlich zuversichtlich ☺.

Hinterfragen der Prämisse der „Isolierbarkeit"

Diese Prämisse besagte, dass wir alle mit einer Investition verbundenen monetären Auswirkungen dieser Investition auch zurechnen können. Für kleinere Investitionen ist diese Prämisse häufig unrealistisch. Kaufen wir beispielsweise einen Laptop, eine Kassenanlage oder ähnliches, so sind die damit verbundenen Auswirkungen sehr schlecht, wenn überhaupt festzustellen. Hier sollte die KW-Methode allerdings schon aus Kosten-Nutzen-Überlegungen nicht verwendet werden, da z.B. eine Kostenvergleichsrechnung zwar etwas ungenauer rechnet, für diese Art von Investitionsbeurteilungen aber vollkommen ausreicht.

Die KW-Methode ist eine relativ aufwändige Methode und sollte dementsprechend vor allem bei größeren Investitionen oder Projekten ihre Anwendung finden. Ein Beispiel eines etwas größeren Projektes stellt die Charlottenburg/Wedding-Aufgabe dar. Für diese Investitionsgröße kann bereits sehr gut von einer Isolierbarkeit der mit der Investition verbundenen Cash-Flows ausgegangen werden. Dementsprechend sehe ich die Realitätsnähe dieser Prämisse als gegeben an, da die KW-Methode vor allem bei mittleren und größeren Investitionsobjekten/-projekten eingesetzt werden sollte.

Hinterfragen der Prämisse „Jederzeitige Kapitalaufnahme und -anlage"

Wie schön wäre es, wenn man soviel Kapital aufnehmen könnte, wie man will ☺. Leider ist man nicht der amerikanische Präsident, der sich dies „noch" leisten kann. Beschränkt man

die jederzeitige Kapitalaufnahme und –anlage auf den unternehmensindividuellen Kreditspielraum, der bei den Investitionsüberlegungen ein restriktiver Faktor ist, so kann man
aber auch mit dieser Prämisse leben.

Einerseits gibt es Kreditformen, wie beispielsweise den Betriebsmittel- oder Dispositionskredit, die eine jederzeitige Kreditaufnahme und –rückzahlung innerhalb des Limits ermöglichen, andererseits können Gelder zwecks Kapitalanlage zur durchschnittlichen Unternehmensrendite im eigenen Unternehmen angelegt werden. Darüber hinaus werden (besser
gesagt: sollten) normalerweise nur Investitionen betrachtet und danach mit der KW-
Methode beurteilt werden, die den Finanzierungsrahmen nicht überschreiten. Insgesamt
kann diese Prämisse also als durchaus realitätsnah eingestuft werden.

Hinterfragen der Prämisse „Es gibt nur einen Zinssatz"

Will man diesen Aspekt hinterfragen, so muss das Betrachtungsfeld etwas sortiert werden.
Zunächst bedeutet dieser Aspekt, dass es (1) weder eine Unterscheidung zwischen Kreditzins (Sollzins) und Anlagezins (Habenzins) gibt,[72] noch (2) von irgendeiner Relevanz ist, ob
man die Investition mit Eigen- oder Fremdkapital finanziert hat.

An dieser Stelle möchte ich zunächst den ersten Aspekt aufgreifen. Dem zweiten widmen
wir uns später im Rahmen der Finanzierung und hier speziell bei der Betrachtung des Leve-
rage-Effekts und der MODIGLIANI/MILLER-These.[73]

Vermögensendwertmethode (Kontenausgleichsverbot und -gebot)

Am besten ist die Realitätsnähe oder -ferne der Prämisse „Es gibt nur einen Zinssatz" darzustellen, indem Methoden betrachtet werden, die diesen Nachteil aufheben.

Die von uns bisher dargestellte KW-Methode hat die Besonderheit, dass sie die ENZÜ und
ASZÜ auf den Zeitpunkt der Anschaffungsausgabe, also des Investitionsbeginns, abdiskontiert. Motto: „Wie viel Geld würde ich heute (!) durch die zukünftige Investition „bar" mehr
haben." Dementsprechend wird diese Art der Berechnung auch *Barwert-Methode* genannt.

Eine andere Berechnungsform ist die der *Vermögensendwertmethode*. Diese gibt an, wie
viel Kapital am Ende der Laufzeit durch die Investition geschaffen wurde. Dementsprechend
wird der Cash Flow auch nicht auf heute abdiskontiert, sondern auf das zeitliche Investiti-
onsende aufgezinst. Hieraus ergibt sich ein Vorteil: Man kann relativ problemlos mit unterschiedlichen Zinssätzen rechnen.

Die beiden jetzt vorgestellten Verfahren (Kotenausgleichsverbot, Kontenausgleichsgebot)
berechnen den Endwert von Investitionen. Sie können mehr als einen Zinssatz in ihre Berechnungen integrieren. Der Einfachheit halber nehmen wir zunächst zwei Zinssätze: Einen
Sollzinssatz für die Kreditaufnahme und einen Habenzinssatz für die Kapitalanlage von ü-
berschüssigem Kapital.

---

[72]   In der Praxis gibt es ja auch auf z. B. 6 jährige Sparbriefe 5 % p. a. Zinsen, während man z. B.
       für einen 6-jährigen Festkredit 8 % p.a. Zinsen zahlen muss,

[73]   Es wird nichts vergessen! Wir müssen nur – der umfassenden Thematik entsprechend – Schritt
       für Schritt vorangehen oder anders ausgedrückt: „Wie isst man einen Elefanten? ... "Stück, für
       Stück, für Stück, für ...")

Demo-Aufgabe (Kontenausgleichsverbot, -gebot)

Gehen wir von der einfachen Ausgangsposition aus, dass zwei Investitionsobjekte zur Disposition stehen, denen folgende Zahlungsreihen zugeordnet werden können:

	t_0	t_1	t_2	t_3	t_4	t_5	t_6	t_7
„Pat"	-580	-60	0	140	150	270	290	180
„Patterchon"	-760	240	320	180	120	160		

Zur Beurteilung soll die Vermögensendwertmethode angewandt werden, wobei ein Habenzinssatz (h) = 5% und ein Sollzinssatz (s) = 8% unterstellt wird.

Zunächst wird das Kontenausgleich**verbot** dargestellt: Beim Kontenausgleichsverbot wird unterstellt, dass weder eine Tilgung durch ENZÜ noch eine Finanzierung von ASZÜ aus vorhandenem Guthaben vorgenommen wird.[74] Zu kompliziert erklärt? Nun gut, dann an obigem Beispiel erläutert.

				„Pat"				
t_0	t_1	t_2	t_3	t_4	t_5	t_6	t_7
-580000	-60000	0	140000	150000	270000	290000	180000
=============1,08^7============>							- 994018
===========1,08^6==========>							- 95212
=========1,05^5=========>							0
========1,05^4========>							170171
=====1,05^3======>							173644
====1,05^2====>							297675
=1,05=>							304500
							36.760

				„Patterchon"				
t_0	t_1	t_2	t_3	t_4	t_5	t_6	t_7
-760000	240000	320000	180000	120000	160000	0	0
=============1,08^7============>							- 1302506
===========1,05^6==========>							321623
=========1,05^5=========>							408410
========1,05^4========>							218791
=====1,05^3======>							138915
====1,05^2====>							176400
=1,05=>							0
							- 38367

Nach dem Kontenausgleichsverbot entscheiden wir uns für „Pat". Wie beurteilen Sie dieses Verfahren, das nun mit zwei Zinssätzen arbeitet?[75]

---

[74] M.a.W.: Man nimmt zunächst einen Kredit auf, um die Investition zu tätigen. Dieser wird während der ganzen Laufzeit der Investition mit Zinsen belastet, so dass die Kreditsumme wächst. Hat man während der Laufzeit der Investition ENZÜ, so nutzt man diese nicht zur Tilgung des Kredites, sondern legt das Geld auf einem „Sparkonto" an, auf dem 5 % Zinsen vergütet werden. Eine Zusammenlegung der Soll- und Habensalden erfolgt erst am Ende des Betrachtungszeitraumes.

[75] Sicherlich wird Ihnen bei Ihrem kritischen Kommentar das Verbot des Kontenausgleichs am negativsten und unrealistischsten aufgefallen sein. Auf der positiven Seite stehen die einfache,

Das Kontenausgleichs**gebot** unterscheidet sich gegenüber dem Kontenausgleichsverbot einzig in der Änderung des Saldierungsverbotes. Hier werden ENZÜ in voller Höhe zur Tilgung verwendet, falls Schulden vorhanden sind. Dementsprechend senkt sich der Kreditsaldo. Erst wenn die Kredite voll zurückgezahlt sind, wird das Kapital zu 5 % Habenzins angelegt. Darüber hinaus ist vorhandenes Vermögen in voller Höhe zur Finanzierung von ASZÜ zu verwenden. In Zahlen ergibt sich folgendes Bild nach dem Kontenausgleichsgebot. Es wird nun die Investition „Patterchon" bevorzugt.

Wie beurteilen Sie dieses Verfahren, das nun Ihre wahrscheinliche Hauptkritik am Kontenausgleichsverbot in einen Vorteil wandelt? Beurteilen Sie bitte das Kontenausgleichsgebot hinsichtlich der Praxistauglichkeit mit der KW-Methode.[76]

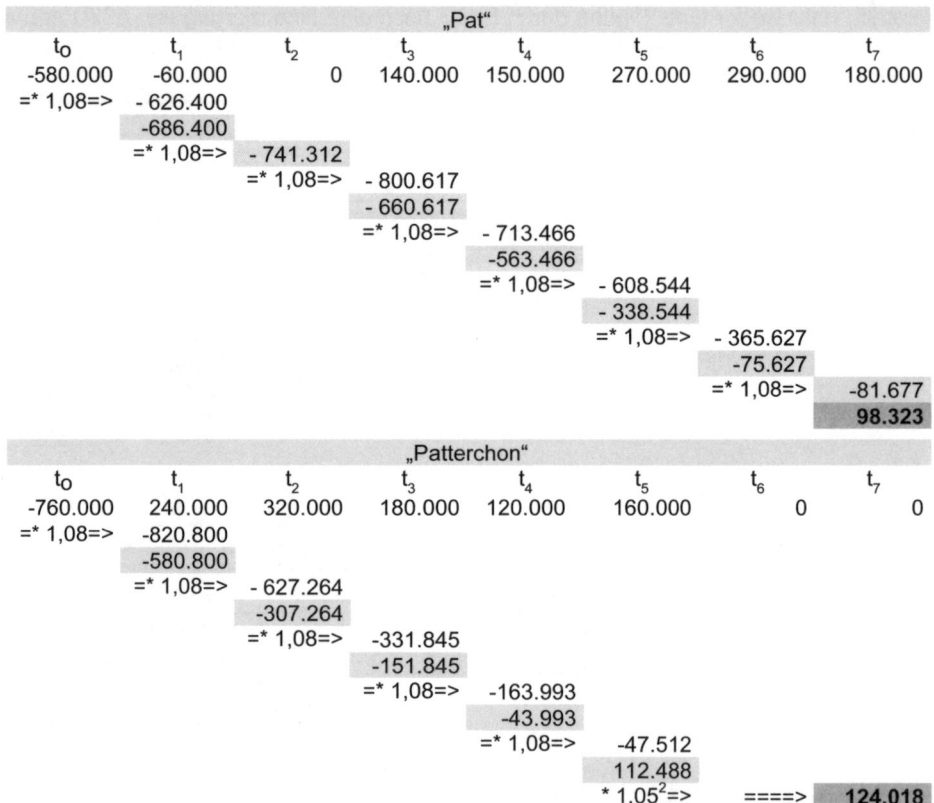

Sind Sie auch zu dem Schluss gekommen, dass die KW-Methode praxisnäher/realistischer ist als das Kontenausgleichsgebot?[77] Gut, dann können wir das Hinterfragen dieser Prämisse als überprüft beenden.

---

leicht verständliche Vorgehensweise, sowie die Möglichkeit, mit zwei oder mehr Zinssätzen gleichzeitig zu rechnen.

[76]   Ein Tipp (!) Die Vorstellung des Kontenausgleichsverbotes – so unsinnig und praxisfern, wie sie auch aussieht und ist -, erfüllt zumindest eine sehr wichtige didaktische Funktion bezogen auf diese Fragestellung. Sie müssen hierfür nur Ihre Perspektive etwas erweitern.

[77]   Hilfestellung für Ihre Argumentation: Beim Kontenausgleichsgebot wird bis zum Amortisationszeitpunkt wie bei der KW-Methode gerechnet, allerdings mit dem Sollzinssatz; danach mit dem

Hinterfragen der Prämisse „Konstanz des zugrunde gelegten Zinssatzes"

Diese Prämisse ist unrealistisch, wenn nicht gerade eine über Jahre/Jahrzehnte flach liegende Zinsstrukturkurve gegeben ist. Dementsprechend muss diese Prämisse dadurch aufgehoben werden, das die Rechenmethodik der KW-Methode angepasst wird. Man braucht sozusagen für jede Periode einen etwas anderen Zinssatz.

Wie diese Zinssätze aus dem momentan gültigen Zinsgefüge berechnet werden und wie sie dann in die Rechenmethodik der KW-Methode integriert werden, behandeln wir später, wenn wir *Spot Rates* und *Forward Rates* berechnen.

Hinterfragen der Prämisse „technische = wirtschaftliche ND"

Bisher sind wir immer wie selbstverständlich davon ausgegangen, dass wir eine Investition vom Kauf bis zu ihrem technischen Lebensende nutzen. Zu überlegen wäre hier, ob es vielleicht Sinn macht, sich früher von einer Investitionsanlage zu trennen. Denken Sie einfach nur an Ihr letztes Auto. Nicht nur, dass es nicht mehr so leistungsfähig war, es ist auch durch das Mehr an Reparaturen, das Mehr an Benzin und Ölverbrauch kostenintensiver geworden. Außerdem entgehen Ihnen manchmal schöne Möglichkeiten.[78] Wirtschaftler sprechen hier von einer zunehmenden Kostenintensität und von zu berücksichtigenden Opportunitätskosten. Dementsprechend ist es möglich, dass es wirtschaftlich sinnvoller sein kann, sich von einer Sachanlage vorzeitig zu trennen und das freiwerdende Kapital ertragreicher einzusetzen. Und damit sind wir auch schon beim Thema der *optimale Nutzungsdauer*.

Es gilt also zu überprüfen, ob man durch eine Verkürzung der Nutzungsdauer einen höheren KW erreicht. Die einzige Angabe, die wir hierzu zu den bisherigen Aufgabentypen zusätzlich erheben müssen, ist eine Schätzung der zukünftig zu erwartenden Liquidationserlöse. Hat man diese, muss für jede mögliche ND der KW berechnet werden. Zunächst nimmt man an, dass man die Maschine nur ein Jahr nutzt und dann zum entsprechenden Liquidationserlös verkauft. Anschließend berechnet man den KW für eine 2-jährige ND, diesmal mit dem Liquidationserlös nach 2 Jahren und so weiter und so fort bis man die technisch mögliche ND erreicht hat. Nun vergleicht man alle KW miteinander und entscheidet sich für die ND, die den höchsten KW generiert.

---

geringeren Habenzinssatz. Es erscheint *unrealistisch*, dass die ENZÜ danach zum Anlagezinssatz angelegt werden sollen. Die freiwerdenden Mittel werden i.d.R. zur Finanzmittelsubstitution verwendet. Dies bedeutet: zur Rückzahlung von anderen bestehenden Krediten für andere Investitionen des Unternehmens. Derart gesparte Zinsen entsprechen dem Sollzinssatz und nicht dem Habenzinssatz. Folglich werden während der ND der Investition Rückflüsse nicht zu den Habenzinssätzen angelegt, sondern der Durchschnitt der relevanten Sollzinssätze für das Unternehmen genommen. Denn: Wann hat ein Unternehmen mal keine Schulden? Hieraus folgt: Man rechnet nur mit einem (!) Zinssatz. Es ist dabei nicht notwendig, dass unbedingt der durchschnittliche Sollzinssatz zugrunde gelegt werden muss. Andere Kalkulationsbasen für den einen (!) Kalkulationszinssatz sind ebenfalls möglich. Geht man z.B. von einer durchschnittlichen Unternehmensrendite von z.B. 12,4 % in einem Unternehmen aus, so bedeutet dies, das jedes im Unternehmen investierte Kapital im Durchschnitt 12,4 % Rendite erwirtschaftet. Erlangen wir also ENZÜ aus einer Investition, so können wir diese jederzeit wieder im Unternehmen anlegen und erzielen im Schnitt damit 12,4 % Rendite. Dementsprechend würde sich hier der Diskontierungszinssatz von 12,4 % anbieten. Das wichtigste dabei aber: Es ist wieder nur ein (!) Zinssatz.

[78] Die zwei Tage in der Reparaturwerkstatt von Brindisi waren sicherlich interessant, man hätte sich an diesen zwei Urlaubstagen allerdings auch am Strand rekeln können.

Demo-Aufgabe (Kapitalwertmaximierung)

Ein Unternehmen der metallverarbeitenden Industrie plant die Anschaffung einer neuen, Spezialteile produzierenden Maschine, für die mit Hilfe der KW-Maximierung die optimale ND ermittelt werden soll. Der Maschine können folgende Daten zugeordnet werden:

"Spezprod" Maschine								
t_0	t_1	t_2	t_3	t_4	t_5	t_6	t_7	t_8
-500	140	120	110	100	90	80	75	70

Liquidationserlöse für die "Spezprod" Maschine nach Perioden								
t_0	t_1	t_2	t_3	t_4	t_5	t_6	t_7	t_8
	400	350	300	250	200	150	95	30

Berechnen Sie mit einem Kalkulationszinssatz von i = 10 %:

a.) zunächst den KW der Anlage unter der Annahme, dass das Aggregat *bis zum Ende der technischen Nutzungsdauer* eingesetzt wird und dann

b.) die *optimale Nutzungsdauer* des Aggregats mittels der *Kapitalwertmaximierung*.

Lösung:

a. + b.)

t	A_0 bzw. Rückflüsse	abgezinste Rückflüsse	summierte Rückflüsse	LQ-Erlös	abgezinster LQ-Erlös	KW
0	-500.000,00	-500.000,00				
1	140.000,00	127.272,73	-372.727,27	400.000,00	363.636,36	-9.090,91
2	120.000,00	99.173,55	-273.553,72	350.000,00	289.256,20	15.702,48
3	110.000,00	82.644,63	-190.909,09	300.000,00	225.394,44	34.485,35
4	100.000,00	68.301,35	-122.607,75	250.000,00	170.753,36	48.145,62
5	90.000,00	55.882,92	-66.724,83	200.000,00	124.184,26	57.459,44
6	80.000,00	45.157,91	-21.566,91	150.000,00	84.671,09	63.104,18
7	75.000,00	38.486,86	16.919,95	95.000,00	48.750,02	65.669,97
8	70.000,00	32.655,52	49.575,46	30.000,00	13.995,22	63.570,69

Daraus folgt:

a.) Der KW der technischen Nutzungsdauer beträgt 63.570,69 €

b.) Der KW kann jedoch durch eine Verkürzung der ND um ein Jahr auf 65.669,97 € gesteigert werden. Die optimale ND beträgt demnach 7 Jahre.

10. Exkurs: Ersatzproblematik

Während die Berechnung der optimalen Nutzungsdauer nur eine Investition und deren Optimierung betrachtet, nimmt die Ersatzproblematik auch die Anschlussinvestition(en) in den Fokus. Dies ist nicht einfach, da sich die Welt ständig dreht, sich vieles verändert. So auch die Datenkonstellation um eine Investition herum. (Grundsätzliche) Veränderungen der Datenlage während der Nutzungsdauer einer Investition erfordern Überlegungen hinsichtlich des Ersatzzeitpunktes. Technischer Fortschritt oder Veränderungen der Marktlage sind zwei Möglichkeiten, die sich auf den Ersatzzeitpunkt auswirken können.

Das Ersatzproblem betrachtet das zu ersetzende Investitionsobjekt. Um die Darstellung übersichtlicher zu gestalten, gehen wir davon aus, dass das Wahlproblem zwischen den möglichen Ersatzanlagen bereits gelöst ist, d.h., die neue Maschine mit ihren entsprechenden Daten bekannt ist. Die Entscheidungsalternative für die zu ersetzende Maschine lautet also:

Ersetze die alte Anlage sofort oder nutze sie noch ein Jahr, um dann erneut einen Vorteilhaftigkeitsvergleich anzustellen.

Aufgrund später skizzierten Schwierigkeiten greift die Literatur hierbei auf *statische Methoden* zurück. Zu nennen sind hier vor allem die approximative Annuitätenmethode, das Chruchman-Modell und die MAPI-Methode. Da letztere starker Kritik ausgesetzt ist, werde ich sie hier nicht weiter behandeln.[79]

Bei der **approximativen Annuitätenmethode** werden die Annuitäten nicht aus dem KW, sondern direkt aus den Zahlungsströmen errechnet. Einen Näherungswert für die exakte Annuität ermittelt man über die durchschnittlichen Jahreserlöse und durchschnittlichen Jahreskosten ohne Beachtung des Zeitpunktes der Ein- und Auszahlungen. Zu den durchschnittlichen Jahreskosten zählen die durchschnittlichen Anschaffungskosten (= Abschreibungen), die durchschnittlichen Zinsen auf das in einem Investitionsobjekt gebundene Kapital und die durchschnittlichen Lohn-, Instandhaltungs-, Energie- und Versicherungskosten etc. (= durchschnittliche sonstige Kosten).

Demo-Aufgabe (approximativen Annuitätenmethode)

Führen Sie einen Kostenvergleich von zwei Anlagen durch, die für die Erzeugung einer bestimmten Produktmenge von einer definierten Qualität zur Auswahl stehen.

Anlage Alt: Restverkaufserlös heute: 70.000 €, ND: 3 Jahre, RW: 10.000 € , sonstige
Kosten: 42.000 €

Anlage Neu: A_0: 245.000 €, ND: 7 Jahre, RW: 35.000 €, Variable Kosten je Mengeneinheit: 30.000 €

2.000 Mengeneinheiten werden in jedem der 5 Jahre produziert. Der Kapitalrückfluss wird als kontinuierlich angenommen. Kalkulationszinsfuß: 10 %.

Lösung:

	Anlage Alt	**Anlage Neu**
Abschreibungen	20.000	30.000
Verzinsung	4.000	14.000
Variable Kosten	42.000	30.000
Summe	66.000	74.000

Die Anlage Alt verursacht geringere Kosten als Anlage Neu. Es wird für das nächste Jahr weiter mit der alten Maschine produziert.

Kritisch anzumerken ist: Die approximative Annuitätenmethode vernachlässigt die Zinseszinsen und geht von nicht vollständig formulierten Alternativen aus. Sie zeigt aber in anschaulicher Weise die Einflussgrößen einer Ersatzinvestition.

Das statische Verfahren des **Churchman-Modells** zur Bestimmung des Ersatzzeitpunktes soll hier als eine sehr einfache, leicht zu erhebende Variante zur KW-Methode vorgestellt werden. Sie kommt in der Praxis häufig zum Einsatz.

Die Vereinfachung besteht einerseits darin, den Objekten nur Kosten zuzuordnen. Dies begründet sich darin, dass die Einzahlungen durch die Ersatzzeitpunktentscheidung häufig wenig oder gar nicht beeinflusst werden. Dies ist vor allem dann voll gerechtfertigt, wenn die neue Anlage/Investition die gleichen Aufgaben erfüllt, wie die alte. Statisch ist dieses

---

[79]   Vgl. die Darstellung und kritische Betrachtung in L. Perridon/ M. Steiner, 1999 S. 82 ff. sowie die dort aufgeführte Literatur.

Verfahren, da es mit Durchschnitts- und Grenzkosten rechnet und den zeitlichen Anfall der Auszahlungen unberücksichtigt lässt. Zielsetzung des Verfahrens ist die Kostenminimierung.

Das Zielkriterium ergibt sich für die *optimale Nutzungsdauer* (ex ante) dort, wo die zeitlichen Durchschnittskosten minimal sind. Der *optimale Ersatzzeitpunkt* (ex post[80]) ist dann erreicht, wenn die nächst folgende Periode die erste ist, deren zeitliche Grenzkosten[81] der alten Maschine höher sind, als die minimalen Durchschnittskosten der für den Ersatz vorgesehenen Maschine.[82]

Demo-Aufgabe (Churchman-Modell)

In einem Industrieunternehmen ist die Ersatzplanung für die vorhanden Anlagen vorzunehmen. Zur Zeit gibt es 2 Anlagetypen. 6 Anlagen vom Typ "Demack", 4 Anlagen vom Typ "Ich mach auch mit". Den einzelnen Anlagen konnte folgende Kostenstruktur, verteilt über die Nutzungsdauer , zugeordnet werden.

Jahr	1.	2.	3.	4.	5.	6.	7.	8.
"Demack"	80	10	12	16	20	24	28	30
"Imam"	100	25	20	25	30	35	40	45

Die Anlagen wurden vor zwei Jahren, am 01.01.2004 beschafft und eingesetzt. Heute ist der 01.01.2006. Für die Ersatzbeschaffung kommen sowohl identische Anlagen in Betracht, als auch der neue Mehrzwecktyp "Teuro 3". "Teuro 3" schafft das Doppelte von "Imam" und das Dreifache von "Demack". Die für "Teuro 3" prognostizierten Kosten sind:

Jahr	1.	2.	3.	4.	5.	6.	7.
"Teuro 3"	180	40	50	60	70	80	85

Wie sieht ihre Ersatzplanung heute – am 01.01.2006 aus?

Lösung:

Jahr	1.	2.	3.	4.	5.	6.	7.	8.
"Demack"	80	10	12	16	20	24	28	30
Durchschn.Kosten	80	45	34	29,5	27,6	27	27,14	27,5
3 X						81		

Jahr	1.	2.	3.	4.	5.	6.	7.	8.
"Imam"	100	25	20	25	30	35	40	45
Durchschn.Kosten	100	62,5	48,33	42,5	40	39,16	39,28	40
2 X						78,33		

Jahr	1.	2.	3.	4.	5.	6.	7.
"Teuro 3"	180	40	50	60	70	80	85
Durchschn.Kosten	180	110	90	82,5	80	80	80,71

Ersatzplanung: "Imam" wird nicht ersetzt durch "Teuro 3". Allerdings werden alle sechs "Demack's" durch zwei "Teuro 3" ersetzt.

Frage: Wie lautet die Ersatzplanung konkret?

---

[80]   D.h. die Maschine wurde bereits angeschafft und ist im Betrieb

[81]   Die Anschaffungskosten sowie die (Betriebs-)Kosten, die für die alte Maschine vor dem Betrachtungszeitpunkt aufgewendet wurden, werden nicht berücksichtigt.

[82]   Dieser Aspekt gilt sowohl bei einem identischen als auch bei einem nicht identischen Ersatz.

	2006	2007	2008	2009	2010	2011
"Demack"	12	16	20	24	**28**	30

"Teuro 3" 80/3 = 26,6 € (vergleichbare Durchschn. Kosten)

Gegen Ende des Jahres 2000 wird Demack ersetzt

	2006	2007	2008	2009	2010	2011
"Imam"	20	25	30	35	**40**	45

"Imam" Durchn. Kosten: 39,16 €

⇨   Gegen Ende des Jahres 2008 wird die alte "Imam" gegen eine neue ersetzt.

Modellbeurteilung

  ⚜   Das Verfahren ist einfach und leicht verständlich.

  ⚜   Die benötigten Informationen sind relativ einfach erhebbar.

  ⚜   Die Eignung hängt stark von der Vernachlässigung der Erträge ab.[83]

  ⚜   Die Kostenverläufe der zu vergleichenden Investitionen dürfen nicht zu stark voneinander abweichen, so dass der Aspekt des zeitlichen Anfalls der einzelnen Kostenbeträge keine zu große Bedeutung bekommt.[84]

Warum aber werden die dynamischen Methoden bei der Berechnung der Ersatzproblematik nicht hinzugezogen?

Es ist nicht ganz so einfach mit den bisher kennen gelernten dynamischen Verfahren die Ersatzproblematik zu lösen. Das Besondere an der zu ersetzenden Anlage ist, dass sie i.d.R. nur noch ENZÜ aufweist.[85] Es wird also die zu ersetzende Anlage, die nur noch ENZÜ generiert, mit einer neuen Anlage verglichen, die eine ganz „normale" Investitionszahlungsreihe darstellt.

Die *KW-Methode* ist hierfür rechentechnisch geeignet. Sie berechnet den Barwert der Cash Flows. Das Problem besteht hier in den erheblichen ND-Unterschieden zwischen der alten und der neuen Maschine. Dies führt zu einer erheblichen Berücksichtigung der Differenzinvestitionen, was das Ergebnis sehr stark von den in diesem Falle nicht realitätsnahen Prämissen beeinflusst sieht. Gleiches gilt natürlich auch für die *Annuitätenmethode*, die auf der KW-Ermittlung beruht.

Würde man mit der *Internen Zinsfuß-Methode* nach BALDWIN an dieses Problem herangehen, so würde die skizzierte Zahlungsstruktur der alten Anlage einen internen Zinssatz von „unendlich" besitzen. Lösen könnte man dieses Problem dadurch, dass man den nicht realisierten Restverkaufserlös als Investitionsauszahlung berücksichtigt. Trotzdem bleibt das für die KW-Methode skizzierte Problem der Differenzzahlungen und stark unterschiedlich langer Nutzungsdauern.

---

[83]   Allerdings kann dieses Verfahren auch mit Kosten und Erträgen arbeiten, wobei sich dann das Zielkriterium in eine Gewinnmaximierung wandelt.

[84]   Auch hier ist eine Modellvariation möglich. In Götze/Bloech S. 222-230 ist das gleiche Verfahren mit zeitlicher Berücksichtigung erläutert.

[85]   Alle in der Vergangenheit geflossenen Cash Flows sind ja für die heutige Entscheidung irrelevant. Sie sind ja schon geflossen.

11. Hinterfragen der Prämisse „Das Leben ist langweilig"

Bereits bei der Vorstellung der Übungsaufgabe „Charlottenburg/Wedding" habe ich darauf hingewiesen, dass sich hinter einer einfach aussehenden – Zahlungsreihe, eine Vielzahl von aggregierten Informationen versteckt. In diesen, bis auf nackte Zahlen zusammengefassten Zahlungsreihen sind sehr viele Annahmen über soziales und wirtschaftliches Verhalten der unterschiedlichen Marktteilnehmer und Partner des Unternehmens eingeflossen. Zu nennen sind hier beispielhaft die Kunden, Lieferanten, der Staat, die Konkurrenten, die Mitarbeiter, die Zwischenhändler etc. Nun handelt es sich bei den zugrunde gelegten Annahmen i.d.R. um Annahmen über zukünftiges Verhalten. Und hier bemühe ich noch einmal das arabische Sprichwort:

„Wer vorgibt, die Zukunft zu kennen, lügt, selbst wenn er zufällig die Wahrheit sagt."

Kein Grund, gleich alles in Frage zu stellen, denn Elton TRUEBLOOD's Zitat beruhigt:

„Die Tatsache, dass wir keine absolute Gewissheit im Hinblick auf irgendwelche menschlichen Schlussfolgerungen haben, bedeutet nicht, dass alles Forschen doch eine fruchtlose Bemühung wäre. Es stimmt, wir müssen stets auf dem Boden der Wahrscheinlichkeit vorangehen, aber wo es Wahrscheinlichkeit gibt, da gibt es die Möglichkeit des Fortschritts."

Die Investitionsentscheidung findet unter Ungewissheit statt. Was heißt das genau?

Ungewissheit

Ungewissheit im engeren Sinne

(Den Datenkonstellationen lassen sich **keine** Eintrittswahrscheinlichkeiten zuordnen)

Risiko

(Verschiedenen Datenkonstellationen lassen sich Eintrittswahrscheinlichkeiten zuordnen)

Methodenanwendung

Für solcherart Situationen werden Regeln aus der Spieltheorie herangezogen. Zu nennen sind hier:

    Minimax-Kriterium
    Maximax-Kriterium
    Hodges-Lehmann-Kriterium
    Hurwicz-Regel.

Auf diese spieltheoretisch abgeleiteten Ansätze wird im Folgenden nicht eingegangen, da sie dem Investitionsentscheidungverhalten in Unternehmen nur selten entsprechen.

Methodenanwendung

Soll das Risiko in der Investitionsbeurteilung mit berücksichtigt werden, dann bieten sich grundsätzlich nachstehende Verfahren an:

    Korrekturverfahren
    Sensitivitätsanalyse
    Präferenzwertermittlung u.a. durch μ-; $\mu\sigma$-; Bernoulli-Prinzip)
    Risikoanalyse
    Entscheidungsbaumverfahren

Diese Verfahren werden im Folgenden näher betrachtet.

Diese Übersicht zugrunde legend werden wir im Folgenden das Risiko näher betrachten.

Welche Möglichkeiten der Berücksichtigung des Risikos gibt es?

Bei den folgenden Verfahren handelt es sich um Möglichkeiten, dass Risiko bei isolierten *Einzelinvestitionen* zu berücksichtigen. Mögliche Risikoverbünde von mehreren Investitionen werden im Rahmen der Portfolio-Selection-Theorie thematisiert.

Im Folgenden werden das Korrekturverfahren, die Sensitivitätsanalyse sowie die Risikoanalyse vorgestellt und kritisch hinterfragt.[86] Dies geschieht nacheinander anhand einer sehr einfach strukturierten Demo-Aufgabe, damit die Unterschiede der Verfahren hieran klar herausgearbeitet werden können.

Demo-Aufgabe („Mehr Geld", ohne Berücksichtigung der Risikos)

Mit einer Maschine vom Typ „Mehr Geld", die eine Anschaffungsausgabe von 400.000 € verursacht, sollen zukünftig Produkte hergestellt werden, die zu einem voraussichtlichen Stückpreis von 4 € verkauft werden können. An variablen Kosten wird mit 2 €/Stück kalkuliert. Fixe Kosten sind mit 50.000 € pro Periode zu berücksichtigen. Die Produktionsmenge beträgt 100.000 Stück pro Jahr. Als voraussichtliche ND für die Maschine sind 4 Jahre angegeben. Nach dieser Zeit ist die Maschine nichts mehr wert. Der Kalkulationszinssatz beträgt 10 %. Alle Kosten sind auszahlungsrelevant. Berechnen Sie zunächst den KW!

Lösung:

„Mehr Geld"	t_0	t_1	t_2	t_3	t_4
Anschaffung	-400.000				
Erlöse		+400.000	+400.000	+400.000	+400.000
var. Kosten		-200.000	-200.000	-200.000	-200.000
fixe Kosten		-50.000	-50.000	-50.000	-50.000
Zahlungsreihe	-400.000	+150.000	+150.000	+150.000	+150.000

Der sich ergebende KW ist 74.480 €.

Das **Korrekturverfahren** funktioniert sehr einfach, was sicherlich auch seine weite Verbreitung in der Praxis gefördert hat. Um das Risiko zu berücksichtigen, werden die der Investition zugrunde liegenden Daten durch Risikozu- und/oder -abschläge korrigiert. Mit den korrigierten Größen wird der Bewertungsmaßstab – z. B. KW – neu berechnet.[87]

Demo-Aufgabe („Mehr Geld", Korrekturverfahren)

Bezogen auf unser Beispiel wird die obige Aufgabenstellung nun etwas ergänzt: Um die Unsicherheit bzw. das Risiko der Fehleinschätzung aufzufangen, sollen einige zugrunde gelegte Werte korrigiert werden:

---

[86] Bevor nun die einzelnen Verfahren jeweils kurz vorgestellt werden sollen, sei nochmals darauf hingewiesen, dass das Risiko mittels dieser Verfahren zwar rechenbar gemacht werden kann, dass man das Risiko aber nicht wegrechnen kann. Dies ist allein schon aus der Tatsache, dass wir es hier mit zukünftigen Ereignissen zu tun haben, nicht möglich. Das Einzige, was Unternehmen machen können, ist, durch verbesserte Kalküle und eine relevanzentsprechende Informationsaufbereitung die Eintrittswahrscheinlichkeit von Fehlschlägen zu vermindern.

[87] Etwas einfacher ausgedrückt: (1) Ausgangsdaten der Investitionsrechnung werden um Risikozu- oder -abschläge gemäß dem „Prinzip der kaufmännischen Vorsicht" verändert. Z. B. durch Verwendung eines höheren Kalkulationszinses, höheren Ansatzes von Ausgaben, niedrigeren Ansatzes von Einnahmen, etc. (2) Eine einzige Investitionsrechnung wird nun mit „quasi sicheren" Daten durchgeführt. Realisiert werden nur die Investitionsobjekte, die dieses „Netz von Hürden" überwunden haben und trotzdem zufrieden stellende Ergebnisse erzielen.

✧ Erlöse werden mit einem Abschlag von 5%;

✧ variable Kosten mit einem Zuschlag von 5% versehen.

✧ Darüber hinaus wird die zukünftige Zinsentwicklung als unsicher angesehen, weswegen der Kalkulationszins auf 12 % hoch gesetzt wird.

Wie hoch ist das KW-Ergebnis? Wie beurteilen Sie diese Anwendung der Berücksichtigung der Unsicherheit?

Lösung:

„Mehr Geld"	t_0	t_1	t_2	t_3	t_4
Anschaffung	-400.000				
Erlöse		+380.000	+380.000	+380.000	+380.000
var. Kosten		-210.000	-210.000	-210.000	-210.000
fixe Kosten		-50.000	-50.000	-50.000	-50.000
Zahlungsreihe	-400.000	+120.000	+120.000	+120.000	+120.000

Der sich ergebende KW ist − 35.518 €.

Die *kritische Auseinandersetzung* mit dem Korrekturverfahren ist in folgenden Stichpunkten festgehalten.

☺ Das Korrekturverfahren ist in der Praxis aufgrund der einfachen Durchführung sehr beliebt. Erspart aufwändige Analysen über die Unsicherheit der Umwelt.[88]

☹ Der Investor wird von vornherein als risikoscheu angenommen. Auch berücksichtigt er ausschließlich negative Zukunfts-Umweltzustände (i.d.R. werden Chancen nicht mit Zu- oder Abschlägen berücksichtigt).

☹ Unsicherheit lässt sich nicht durch mehr oder weniger willkürliche Zu- u. Abschläge berücksichtigen. Ziel sollte es sein, die Unsicherheit transparent zu machen. Diese Transparenz liefert das Korrekturverfahren nicht.

☹ *„Das Blumenbeet mit der Heckenschere zurecht schneiden"* – Diese Metapher für das etwas schizophrene Vorgehen, dass eine Investition zunächst möglichst genau unter Zuhilfenahme von einer Vielzahl von abgewogenen Informationen in eine Zahlungsreihe komprimiert wurde, und dann der „dicke Daumen" der Risikokorrektur durchgeführt wird. Dadurch führt man die Mühe der Informationserhebung und -aufbereitung ad absurdum.

Im Rahmen der **Sensitivitätsanalyse** wird die Reagibilität einer Zielgröße (z.B. der KW) auf die Variation / Schwankung einzelner ungewisser Inputgrößen gemessen.

Zunächst wollen wir hier die einfachste Form der Sensitivitätsanalyse, die Ermittlung kritischer Werte, thematisieren.[89] Dieses sehr einfache Verfahren zur Risikoberücksichtigung ist das in der Praxis am häufigsten verwendete. Dabei wird der Wert der Inputgröße, als kriti-

---

[88] Eine theoretisch fundierte Variante des Risikoaufschlages liefert das CAPM. Hierbei verstößt diese implizite Risikosteigerung nicht gegen die „normale" Praxis, da die Erhöhung des Zinssatzes insofern auch gerechtfertigt ist, weil der Investor jederzeit die Möglichkeit besitzt, zu diesem „erhöhten" Zinssatz sein Kapital risikoadäquat anzulegen.

[89] Die Sensitivitätsanalyse haben wir bereits zu Beginn dieses Kapitels kennen gelernt, als wir die Investition der Karaoke-Maschine hinsichtlich möglicher Abweichungen etwas genauer untersuchten. c.) minimaler Liquiditätserlös, d.) maximaler Anschaffungswert).

scher Wert angesehen, bei dem der KW Null erreicht.[90] Die Untersuchung der kritischen Werte, kann mit jeder Inputgröße durchgeführt werden.[91]

Die *grundsätzliche Vorgehensweise* der Sensitivitätsanalyse in Kurzform:

- Auswahl der als unsicher angesehenen Inputgröße(n) z. B. Absatzmengen, Verkaufspreise, Einkaufspreise, etc.
- Formulierung des Investitionsmodells zur Berechnung der interessierenden Outputgröße in Abhängigkeit von der zu betrachtenden Inputgröße.
- Vorgabe eines Schwankungsintervalls der Outputgröße durch Angabe von Grenzen, die die Zielwerte nicht über- oder unterschreiten sollen.
- Bestimmung des sich daraus ergebenden zulässigen Schwankungsintervalls für die betrachtete Inputgröße.

Demo-Aufgabe („Mehr Geld", Sensitivitätsanalyse)

a. Auf der Grundlage der Daten der ursprünglichen Aufgabenstellung berechnen Sie bitte: Wie teuer dürfte die Maschine maximal sein, damit man gerade noch in sie investiert?[92]
b. Wie hoch dürfte der Kalkulationszins maximal steigen, damit sich die Investition gerade noch lohnt?[93]
c. Wie beurteilen Sie diese Anwendung der Risikoberücksichtigung?

Lösung:

Ad c. Die *kritische Auseinandersetzung* mit der Sensitivitätsanalyse ist in folgenden Stichpunkten festgehalten.

- ☺ Sensitivitätsanalysen geben Informationen darüber, ob die Unsicherheit für die Lösung des Entscheidungsproblems bedeutungsvoll ist oder nicht und wie die maximale Abweichung ausfällt.
- ☺ Sie sind mit relativ geringem Aufwand – auch DV-technisch – durchführbar.
- ☺ Stellt sich heraus, dass die Unsicherheit von Bedeutung ist, weiß man auch, auf welche Inputgrößen man sich zu konzentrieren hat. D.h., die Sensitivitätsanalyse zeigt das Risiko bedingt, da sie dem Entscheider die Information liefert, in wieweit die Unsicherheit von Bedeutung ist. Daraus kann man eine Hilfestellung für die Planungs- und Kontrollaktivitäten im Rahmen der Investition ableiten.[94]

---

[90] D. h. bei ceteris paribus (alle anderen Inputgrößen werden als konstant bzw. sicher angenommen) wird die Grenze der untersuchten Inputgröße gesucht, bei der die Investition nach dem KW-Kriterium sich von einer lohnenden Investition in eine nicht lukrative Investition wandelt.

[91] Im Rahmen der Sensitivitätsanalyse braucht man nicht unbedingt nur mit dem kritischen Wert eines Inputfaktors rechnen, man kann auch mit Ober- und Untergrenzen des KW rechnen (z.B. max. negative Abweichung des ursprünglichen KW-Ergebnisse bei welcher Inputvariation). Zusätzlich kann auch die Reagibilität der Veränderung ins Verhältnis zur Reagibilität des KW (Zielgröße) in einer Art Korrelationskoeffizienten ausgedrückt werden und vieles mehr. Die Sensitivitätsanalyse bietet hier ein breites Spektrum an Einsatzvariationen. Man sollte dabei aber nicht den grundsätzlichen Aussagewert der Sensitivitätsanalyse und den Nutzenaspekt für die Praxis solcher Variationen aus den Augen verlieren.

[92] Lösung: -475.479 €

[93] Lösung: 18,45 (siehe auch interne Zinsfußberechnung)

[94] Stellt man fest, dass der Schwankungsbereich der Outputgröße so gering ist, dass die Entscheidung für die eine oder andere Alternative davon nicht berührt wird, so kann man die Lösung des

⊗ Sensitivitätsanalysen sind nicht dazu geeignet, Entscheidungsprobleme unter Unsicherheit zu lösen, da das Risiko damit nur bedingt transparent gemacht wird. Es wird nicht berechenbar, da die Wahrscheinlichkeiten der einzelnen Ausprägungen nicht betrachtet werden.

⊗ Auch im Rahmen der Sensitivitätsanalyse neigt man dazu, i.d.R. nur das Risiko und nicht etwa die Chance (positive Abweichung) zu untersuchen.

⊗ Die Annahme der Unabhängigkeit der einzelnen Inputgrößen voneinander ist i.d.R. unrealistisch.

Im Rahmen der **Risikoanalyse**typen wollen wir uns im Folgenden nur auf die Risikoanalyse mit Hilfe der *Monte-Carlo-Simulation* konzentrieren, da die anderen zwar auch theoretisch interessant, doch entweder zu aufwändig und/oder praxisuntauglich sind. Dementsprechend wird im Folgenden immer dann, wenn von Risikoanalyse gesprochen wird, die Risikosimulation a lá Monte Carlo gemeint. Der große Vorteil der Risikosimulation ist das von ihr gelieferte „Röntgenbild" der Investition. Aber der Reihe nach: Wie funktioniert die Risikoanalyse?

Bei der Risikoanalyse werden zunächst die Einflussgrößen in sichere und unsichere unterteilt. Den möglichen Ausprägungen der unsicheren Einflussgrößen werden Wahrscheinlichkeiten ihres Auftretens zugeordnet. Die Risikoanalyse umfasst 6 Schritte.

1. Trennung von sicheren und unsicheren Einflussfaktoren.

2. In kompetenter Runde wird die Unsicherheit der entsprechenden unsicheren Inputgrößen exakter herausgearbeitet und mit Wahrscheinlichkeiten hinsichtlich ihres möglichen Eintritts belegt.

3. Diese erarbeiteten Wahrscheinlichkeitsverteilungen werden nun in bildlicher Form dargestellt. (Verteilungsfunktion)

4. Hier wird die „relativ zufällige" Zukunft simuliert. Hierzu können bspw. zwei Lostrommeln mit je 100 Kugeln genommen werden. Für jede der als unsicher eingestuften Einflussfaktoren wird pro Zukunftsbild eine Zahl gezogen. (Mit Zurücklegen der gezogenen Kugel nach der Ziehung).

5. Die sich im 4. Schritt ergebenden Kapitalwerte werden in gleich große Klassen geordnet und die Häufigkeit des Auftretens in den jeweiligen Werteklassen prozentual festgehalten.

6. Die prozentuale Häufigkeit des Auftretens innerhalb der Werteklassen wird visualisiert. (Risikoprofil).

Demo-Aufgabe („Mehr Geld", Risikoanalyse)

Ergänzend zu den in der Ursprungsaufgabenstellung gemachten Angaben, werden nun die Einflussgrößen in sichere und unsichere unterteilt und die unsicheren Einflussgrößen hinsichtlich ihrer möglichen Ausprägungen Wahrscheinlichkeiten zugeordnet. Folgendes Bild hat sich nach der Expertenrunde ergeben: Als unsichere Größen werden der zukünftig zu erwartende Preis und die variablen Kosten angesehen.

Entscheidungsproblems offenbar mit Methoden in Angriff nehmen, die von sicheren Erwartungen ausgehen.

Anschaffungsausgabe	400.000,--€	sicher
Preis	**4,-- €**	**unsicher**
Nutzungsdauer	4 Jahre	sicher
Zinssatz	10 %	sicher
variable Kosten	**2,-- €**	**unsicher**
fixe Kosten	50.000,-- €	sicher

In kompetenter Runde wurde nach wochenlangen Beratungen und unter Zuhilfenahme von Expertenmeinungen und diversen Kreativitätstechniken[95] die Unsicherheit der variablen Kosten und Preise herausgearbeitet und mit Wahrscheinlichkeiten hinsichtlich ihres möglichen Eintritts belegt. Dies ergab folgendes Ergebnis:

p	3,--	3,50	4,--	4,50
W(p)	0,1	0,1	0,5	0,3

k(v)	1,50 - 2,49
W(k(v))	jeder Wert innerhalb des Intervalls hat die gleiche Wahrscheinlichkeit einzutreffen

Die Ziehung der zufälligen Zukunft ergibt folgendes Ergebnis: Die Zufallszahlen, die für die einzelnen Ausprägungen gezogen wurden, sind:

Nr.	Zieh. 1	p	Ziehung 2	k(v)	KW
1	50		24		
2	13		51		
3	24		8		
4	68		94		
5	94		52		
6	45		12		
7	87		65		
8	1		81		
9	57		49		
10	83		56		

Beurteilen Sie abschließend, wie die Risikoanalyse unter Risiko- bzw. Unsicherheitsaspekten zu bewerten ist!

---

[95] 6-3-5-Brainwriting; Brainstorming, Delphi-Methode etc.

Lösung:

Verteilungsfunktion des Preises

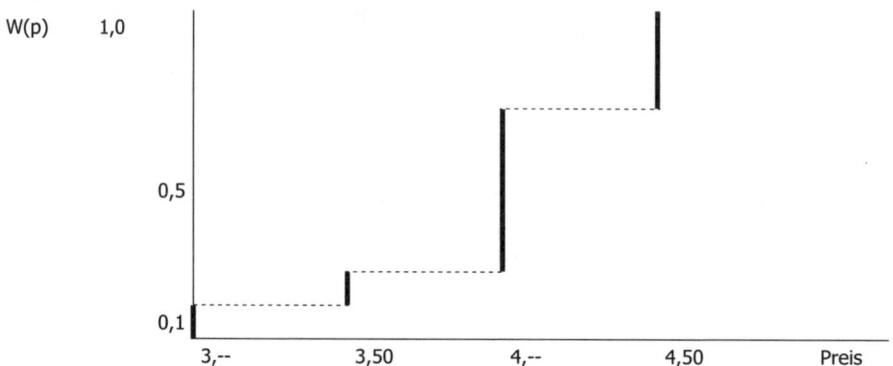

Verteilungsfunktion der variablen Kosten

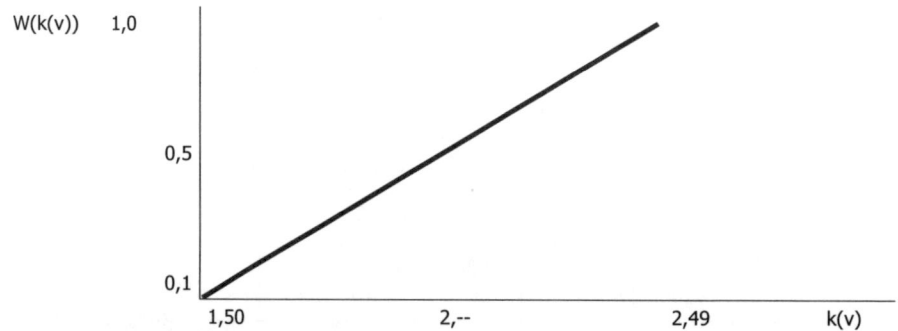

4. Schritt: Mit Hilfe der durch die zufälligen Ziehungen jeweils festgelegten Ausprägungen für den Preis und die variablen Kosten werden zusammen mit den sicheren Einflussfaktoren die Kapitalwerte der jeweiligen Zukunftsbilder errechnet:

Nr.	Zieh. 1	p	Zieh. 2	k(v)	KW
1	50	4,--	24	1,73	161.066,18
2	13	3,50	51	2,--	-83.013,46
3	24	4,--	8	1,57	211.784,03
4	68	4,--	94	2,43	-60.824,40
5	94	4,50	52	2,01	230.803,22
6	45	4,--	12	1,61	199.104,57
7	87	4,50	65	2,14	189.594,97
8	1	3,--	81	2,30	-336.602,69
9	57	4,--	49	1,98	81.819,55
10	83	4,50	56	2,05	218.123,76

5. Schritt: Die sich im 4. Schritt ergebenden KW werden in Klassen geordnet, z. B:

Werteklassen (Wk)	-400.000 bis -300.000	-300.000 bis -200.000	-200.000 bis -100.000	-100.000 bis -0	0 bis 100.000	100.000 bis 200.000	200.000 bis 300.000
		- 336.602,69			-83.013,46 -60.824,40	81.819,55	161.066,18 199.104,57 189.594,97	211.784,03 230.803,22 218.123,76
Anzahl pro Wk	1	0	0	2	1	3	3
%uale Verteil.	10%	0%	0%	20%	10%	30%	30%

6. Schritt: Risikoprofil der Investition „Mehr Geld"

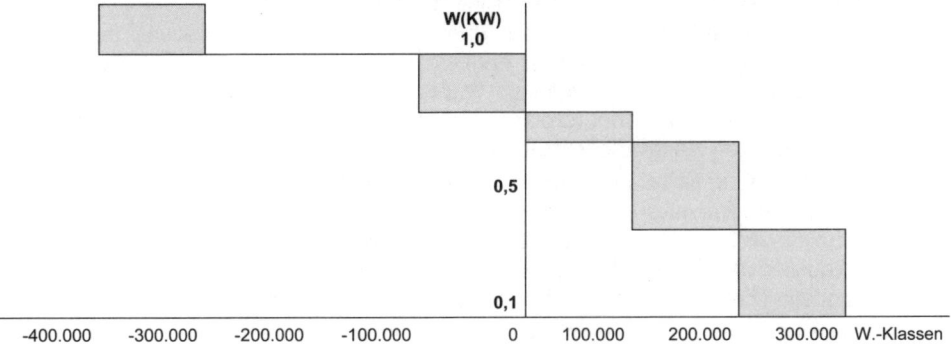

Eine gute Frage jetzt ist: Was soll man mit diesem Risikoprofil?

Als wir von sicheren Daten ausgegangen sind, gab uns z.B. der KW ein klares Signal für oder gegen eine Investition. In der Realität gibt es aber wenige sichere Datenkonstellationen unter denen man Investitionen tätigen kann. Dieses Risiko kann man einschätzen und in die Berechnungen aufnehmen, wie im Rahmen der Risikosimulation geschehen. Abnehmen kann man dem Entscheider das Risiko nicht.

Ein Risikoprofil zeigt dem Entscheider, wie groß die Wahrscheinlichkeit eines positiven KW, wie groß die Wahrscheinlichkeit eines Verlustes etc. ist. Nun ist es an ihm zu entscheiden, ob er bei diesem Risikoprofil die Investition tätigt oder nicht.

Das Risikoprofil einer sicheren Anlage (z.B. einer Bundesanleihe) ist ein senkrechter Strich. Das Risikoprofil einer Investmentanlage hat bereits eine bestimmte Wahrscheinlichkeit eines Verlustes, während diese z.B. bei einer einzelnen Aktie sogar wächst. Dementsprechend sollte höchstwahrscheinlich auch die absoluten möglichen KW steigen. Und so weiter und so fort. Dieses Chancen-Risiko-Verhältnis und die Möglichkeiten deren extremer Ausprägungen visualisiert das Risikoprofil. Und das ist eine ganz Menge.

Wird nicht aber das Risikoprofil einfach auf subjektiven Einschätzungen der möglichen Ausprägungen der unsicher eingeschätzten Inputfaktoren aufgestellt? Das ist doch auch unsicher, oder nicht?

Ja! Das ist richtig, aber es ist die subjektive Einschätzung des Entscheiders bzw. der Entscheider, die hier mit berücksichtigt wird. Es ist also auf seinen bzw ihren persönlichen Einschätzungen basierendes Risikoprofil. Mehr kann man nicht erwarten, denn die absolute Wahrheit über die Zukunft können wir erst erfahren, wenn diese Zukunft Vergangenheit geworden ist.

Die *kritische Auseinandersetzung* mit der Risikosimulation a lá Monte Carlo ist in folgenden Stichpunkten festgehalten.

☺ Die Risikosimulation liefert eine gute Basis für die Entscheidungsfindung. Vor allem, da eine große Zahl von Inputgrößen hinsichtlich ihrer Wahrscheinlichkeitsverteilung integriert werden können. Darüber hinaus ist auch eine korrelative Bindung zwischen den einzelnen Inputgrößen ohne großen Aufwand integrierbar.

☺ Laut LÜDER erfreut sich die Risikoanalyse in der Praxis relativ großer Beliebtheit. Offensichtlich ist hier die hervorragende Visualisierung des Risikoprofils einer Investition. Mit einem ein wenig geübten Blick, ist dies sehr viel aussagekräftiger für eine Entscheidungsperson, als Zahlenkolonnen.

☺ Die Risikoanalyse macht Unsicherheit/Risiko transparent und berechenbar.

☺ Die individuellen/subjektiven Ansichten über die zukünftige Entwicklung bestimmter Größen sind durch dieses Verfahren darstellbar. Die subjektiv festgestellten und in den Verteilungsfunktionen aggregierten Wahrscheinlichkeitsfunktionen der einzelnen, als unsicher eingestuften Inputgrößen sind der unternehmensindividuelle Ausdruck der diesbezüglichen Zukunftserwartung der Unternehmensleitung.[96]

☻ Die Risikosimulation ist relativ aufwändig. Außerdem arbeitet sie nur mit einer gleichbleibenden Wahrscheinlichkeitsverteilung der einzelnen Inputgrößen. D. h., die Wahrscheinlichkeitsverteilungen der Variationen einzelner Inputgrößen bleibt über die gesamte Laufzeit der Investition konstant. Hier können sequentielle Investitionsplanungsmodelle (Entscheidungsbaum) weiterhelfen.

✑ Computereinsatz ist unbedingt erforderlich aber in der heutigen Zeit weder ein finanzielles, zeitliches noch fachliches Hindernis.

✑ Die Ergebnisse der Risikoanalyse dienen eindeutig der Entscheidungsvorbereitung und sind in diesem Zusammenhang als äußerst dienlich einzustufen. Von manchen Autoren kritisiert, führt die Risikoanalyse natürlich nicht zur Entscheidung, d.h. es ist keine Entscheidungsregel impliziert. Die Ergebnisse sagen nicht: Investition A ist klar Investition B aufgrund der Kurvenlage vorzuziehen. (Außer bei klarer Dominanz!). Allerdings lassen sich mit den Ergebnissen der Risikoanalyse Informationen ableiten, die Entscheidungen fundierter treffen lassen.

✑ Eine interessante Ergänzung kann durch die Kombination mit der Sensitivitätsanalyse erreicht werden. (s. hierzu S. 340 ff. Götze/Bloech). Hiermit werden die Vorteile der Sensitivitätsanalyse mit denen der Risikoanalyse kombiniert, da dann Aussagen über die Reagibilität der Zielgröße (KW) auf Veränderungen von Inputgrößen abgebildet werden kann.

---

[96] Häufig wird dieser subjektive Aspekt von vielen Autoren als Negativum angesehen. In diesem Skript wird es bewusst als Positivum angeführt. Die Verteilungsfunktionen sind eine visualisierte Form des „in-Formation-Bringens" von Daten. Dieses „In-Formation-Bringen" ist aber notwendigerweise immer ein subjektiver Aspekt von dem, was in der Allg. BWL normalerweise als Informationssammlung tituliert wird, in der zumeist etwas anmaßenden Ansicht, Informationen seien objektive Größen. Demzufolge ist dieses gemeinsame „In-Formation-Bringen" der Verteilungsfunktionen über das Nutzen von Expertenrunden und Kreativitätstechniken eine relativ „objektive" Sicht auf die Interpretation zukünftiger Entwicklungen.

12. Ergänzende Methoden zur Unterstützung der KW-Methode

Zum Abschluss dieses Kapitels stelle ich Ihnen noch Verfahren vor, die die Aussagekraft des Kapitalwertes ergänzen können.

Dynamische Amortisationsrechnung

Die statische Amortisationsrechnung wurde bereits unter den statischen Investitionsverfahren behandelt. Die dynamische Amortisationsrechnung ist mit dieser nahezu identisch, was die Vorgehensweise (nach der Kumulationsmethode) und die Vor- und Nachteile bzw. Anwendungsmöglichkeiten betrifft. Wichtigster Unterschied ist die Berücksichtigung des zeitlichen Anfalls der Cash Flows. Mit der dynamischen Amortisationsrechnung wird somit die Amortisationszeit im Rahmen des KW-Modells bestimmt.

> Die **dynamische Amortisationszeit** ist der Zeitraum, in dem das eingesetzte Kapital aus dem Cash Flow des Investitionsobjektes wieder eingenommen wird.

Demo-Aufgabe (Dynamische Amortisationsrechnung)

Folgende Investition ist gegeben:

t_0	t_1	t_2	t_3	t_4	t_5
-100	+28	+30	+35	+32	+35

Wie lang ist die Amortisationszeit? (bei i = 8 %)

kumulierter Barwert der Nettozahlungen	t_0	t_1	t_2	t_3	t_4	t_5
- 100.000	- 100.000	+28.000	+30.000	+35.000	+32.000	+35.000
- 74.074	+ 25.926	<====				
- 48.354	+ 25.720	<==============				
- 20.570	+ 27.784	<======================				
+ 2.950	+ 23.520	<===============================				
	+ 23.820	<=======================================				

Hieran erkennt man, dass sich die Investition voraussichtlich im 4. Jahr (dynamisch) amortisiert. Wer es noch genauer haben möchte, kann sogar den exakten Zeitpunkt berechnen, was allerdings das Ganze etwas auf die Spitze treibt:[97]

$$\text{Amortisationszeit} = 3 + \frac{- 20.570}{- 20.570 - 2.950} = 3{,}87457483 \text{ Jahre}$$

Ergänzend zu der unter der statischen Amortisationsrechnung aufgeführten kritischen Betrachtung sei *R. Schmidt genannt, der die „Dynamische Amortisationsrechnung" als abschreckendes Beispiel für ein Investitionsrechenverfahren bezeichnet. Sie erscheint nur als Ergänzungskriterium anwendbar, wenn überhaupt.*[98]

---

[97] D.h., wenn per 01.01.2006 diese Maschine angeschafft wurde, so kann man sich am Mittwochmorgen des 15. Oktober 2009, wenn – wie immer genau um 8Uhr 12 Minuten und 15 Sekunden – der Kaffee durch die Philips „Café Delice"-Kaffeemaschine durchgelaufen ist, kurz entspannt zurücklehnen, da man weiß, dass sich die Maschine samt aufgelaufener Zinsen exakt jetzt amortisiert hat. Ein wunderbares Gefühl.

[98] Diese Einschätzung basiert auf dem Mangel dieses Verfahren, weder eine relative noch eine absolute wirtschaftliche Vorteilhaftigkeit festzustellen. In der Praxis hat die dynamische Amortisationsrechnung große Beliebtheit! Über das „Warum?" kann natürlich nur spekuliert werden, doch spielt einerseits das *Prinzipal-Agent-Problem* hier mit hinein, andererseits das häufige

Nutzwertanalyse (qualitatives Verfahren)

Die Nutzwertanalyse ist die Analyse einer Menge komplexer Handlungsalternativen mit dem Zweck, die Elemente dieser Menge entsprechend den Präferenzen des Entscheidungsträgers bzgl. eines multidimensionalen Zielsystems zu ordnen. Die Abbildung dieser Ordnung erfolgt durch die Angabe der Nutzwerte der Alternativen. Die Nutzwertanalyse ist die einzige hier vorgestellte Methode, die keine monetären Größen in ihre Berechnung integriert. Dafür befasst sie sich ausschließlich mit qualitativen Größen. Sie ist eine wichtige Ergänzungsmethode zu den quantitativen Methoden, die die qualitativen Größen i.d.R. völlig vernachlässigen.

Die Nutzwertanalyse findet in sehr vielen Bereichen (Unternehmens-Ratings, Kreditwürdigkeitsprüfung oder gar dem TEST-Urteil der Stifung Warentest) ihre Verwendung. Die vier grundsätzlichen Schritte, aus denen sie besteht, sind:

1. *Zielkriterienbestimmung*
   Mindestanforderungen werden festgelegt
   Zielhierarchie wird aufgestellt[99]
2. *Gewichtung der Zielkriterien*[100]
3. *Teilnutzenbestimmung*
   a.) Messung der Zielerreichung
   b.) Transformation der Zielerreichung in Teilnutzen
4. *Nutzwertbestimmung*
   a.) Bestimmung der gewichteten Teilnutzen
   b.) Zusammenfassung zu einem Nutzwert

Demo-Aufgabe (Nutzwertanalyse)

Ein mittelständisches Unternehmen beabsichtigt, in sämtlichen Abteilungen die Arbeit durch den Einsatz von Personal-Computern effizienter zu gestalten. Nach einer Vorauswahl stellt sich heraus, dass nur zwei Angebote den Mindestanforderungen, z.B. Kompatibilität zu vorhandenen Rechenanlagen, genügen; unter diesen soll eine Entscheidung mit Hilfe der Nutzwertanalyse herbeigeführt werden. Auf Vorstandsebene wurde dabei folgender Kriterienkatalog und die nebenstehenden Kriteriengewichtung ermittelt.

Wechseln von Managementpositionen als Qualifikationsausweis von Führungskräften in westlichen Unternehmen (im Gegensatz zum *Senioritätsprinzip* z.B. in japanischen oder südkoreanischen Unternehmen). So gesehen kann eine Tendenz vermutet werden, dass auf Zeit verpflichtete Manager, ein starkes Interesse daran haben könnten, dass sich die von ihnen initiierten Projekte möglichst kurzfristig auf die Umsatz- und Gewinnentwicklung des Unternehmens positiv auswirken, so dass das Unternehmen beim eigenen Exit gut dasteht. Wenn ein Projekt bereits nach wenigen Jahren hohe Gewinne/Überschüsse erwirtschaftet, so kann der Initiator dies als Erfolg darstellen und somit Werbung in eigener Sache machen. Dieser Aspekt könnte sich durch die Orientierung am *„shareholder value"* verstärken.

[99] Wichtig hierbei: (1) operationale Formulierung der Zielkriterien (ordinale oder kardinale Messskala muss für jedes Zielkriterium angegeben werden können); (2) Vermeidung von Mehrfacherfassungen bzw. Projekteigenschaften und (3) Nutzenunabhängigkeit der Zielkriterien, d.h., die Erreichung eines Zielkriteriums hat nicht die Erreichung anderer Zielkriterien zur Voraussetzung.

[100] Zur Bestimmung der Kriteriengewichte kann man prinzipiell alle zu Intervall- und Verhältniszahlen führenden Skalierungsmethoden heranziehen.

Zielkriterium		Gewichtung		Zielkriterium		Gewichtung	
1.	Leistung	0,3		3.	Bildschirm	0,1	
1.1.	Kapazität		0,5	3.1	Auflösung		0,4
1.1.1.	*Größe Festplatte*		0,4	3.2	Regelbarkeit		0,4
1.1.2.	*Prozessortyp*		0,2	3.3	Verstellbarkeit		0,2
1.1.3	*MHz*		0,2	4.	Ausbaufähigkeit	0,15	
1.1.4.	*Zeitschrift Test - Ergebnis*		0,2	4.1.	Speicher		0,4
1.2.	Stand der Technik		0,5	4.2.	Steckplätze		0,6
2.	Tastatur	0,05		5.	Händlerservice	0,25	
2.1.	Deutsche DIN-Norm		0,4	5.1.	Beratung		0,2
2.2.	Spezialtasten		0,2	5.2.	Reparatur		0,2
2.3	Separater Ziffernblock		0,4	5.3.	Entfernung zum Service		0,2
				5.4.	Techn. Dokumentation		0,4
				6.	Reparaturanfälligkeit	0,15	

Zur Ermittlung der Teilnutzenwerte wurden 5 Zielerreichungsklassen gebildet, denen bestimmte Teilnutzenwerte zugeordnet sind. Daraus ergibt sich:

	Zielerreichungsklasse und Teilnutzen				
Kriterium	Klasse 1 (n=8)	Klasse 2 (n=6)	Klasse 3 (n=4)	Klasse 4 (n=2)	Klasse 5 (n=0)
1.1.1.	> 8 Gigabyte	> 6 Gigabyte	> 4 Gigabyte	> 2 Gigabyte	< 2 Gigabyte
1.1.2.	> 248	248	>/= 128	>/= 64	< 64
1.1.3	>550	>433	>333	>240	zu langsam
1.1.4.	sehr gut	gut	befriedigend		ausreichend
1.2.	neuster Stand	relativ neu	Stand 1998	Stand 1997	veraltet
2.1.	ja	-	-	-	nein
2.2.	ja	-	-	-	nein
2.3	ja	-	-	-	nein
3.1	1.900*1.200	> 1280 x 1.024	1.024*768	800*600	640x200
3.2	Kontrast + Helligkeit		Helligkeit	Kontrast	nicht vorhanden
3.3	horizontal u. vertikal		horizontal	vertikal	nicht vorhanden
4.1.	Haupt- u. periph. Speich anschließbar	Hauptspeicher anschließbar	periphere Speicher anschließbar	-	nicht vorhanden
4.2.	> 20 Zusatzfunkt.	10 - 20 Zusatzfunkt.	5 - 10 Zusatzfunkt.	-	keine
5.1.	sehr gut	gut	ausreichend	wenig qualifiziert	keine
5.2.	ja	-	nur kleinere	-	nein
5.3.	am Ort	5 -50 km	51 - 200 km	201 - 400	gr. 400 km
5.4.	ausführlich (dt.)	ausführlich (engl.)	ausreichend (dt.)	ausreichend (engl.)	nicht ausreichend
6.	kleiner 0,1	0,1 - 0,3	0,31-0,5	0,51-0,8	größer 0,8

Nach der Auswertung der Informationen der Händler und der Angaben von Referenzkunden, die bereits Erfahrungen mit den entsprechenden Geräten besitzen, liegen folgende Ergebnisse vor.

Kriterium	PC A	PC B
1.1.1.	7 Gigabyte	3,5 Gigabyte
1.1.2.	248	64
1.1.3	600	333
1.1.4.	gut	gut
1.2.	neuster Stand	relativ neu
2.1.	ja	nein
2.2.	ja	ja
2.3	ja	nein
3.1	1.280x1-024	1.280x1-024
3.2	Kontrast u. Helligkeit	Kontrast u. Helligkeit
3.3	vertikal	horizontal u. vertikal
4.1.	Hauptspeicher anschließbar	Hauptspeicher anschließbar
4.2.	18 Zusatzfunktionen	6 Zusatzfunktionen
5.1.	keine	sehr gut
5.2.	nein	ja
5.3.	580	am Ort
5.4.	ausreichend dt.	ausführlich dt.
6.	0,12 Störanfälle/Jahr	0,09 Störanfälle/Jahr

a.)   Berechnen Sie die Nutzwerte der beiden PC's.
b.)   Wie bewerten Sie das Ergebnis?
c.)   Hinterfragen Sie diese qualitative Methode kritisch (+ / -)!
d.)   Wie würden Sie die Anwendbarkeit der Nutzwertanalyse interpretieren?

Lösung:

a.)		Teilnutzen		gewichtete Teilnutzen	
Kriterium	Gewicht	A	B	A	B
1.1.1.	0,3*0,5*0,4 =0,06	6	2	0,36	0,12
1.1.2.	0,3*0,5*0,2 = 0,03	6	2	0,18	0,06
1.1.3.	0,3*0,5*0,2 =0,03	8	2	0,24	0,06
1.1.4.	0,3*0,5*0,2 =0,03	6	6	0,18	0,18
1.2.	0,3*0,5 =0,15	8	6	1,2	0,9
2.1.	0,05*0,4 =0,02	8	0	0,16	0
2.2.	0,05*0,2 =0,01	8	8	0,08	0,08
2.3.	0,05*0,4 = 0,02	8	0	0,16	0
3.1.	0,1*0,4 = 0,04	4	4	0,16	0,16
3.2.	0,1*0,4 = 0,04	8	8	0,32	0,32
3.3.	0,1*0,2 = 0,02	4	8	0,08	0,16
4.1.	0,15*0,4 = 0,06	6	6	0,36	0,36
4.2.	0,15*0,6 = 0,09	6	4	0,54	0,36
5.1.	0,25*0,2 = 0,05	0	8	0	0,4
5.2.	0,25*0,2 = 0,05	0	8	0	0,4
5.3.	0,25*0,2 = 0,05	0	8	0	0,4
5.4.	0,25*0,4 = 0,1	4	8	0,4	0,8
6.	0,15	6	8	0,9	1,2
Summe				5,32	5,96

b.) Das Ergebnis zeigt einen relativ geringen Unterschied; PC A ist besser in technischen Kriterien; PC B ist besser in den Serviceleistungen. Generell kann die Klasseneinteilung und/oder auch die Klassengewichtung das Ergebnis verfälschen; es fand keine Berücksichtigung finanzieller Kriterien statt, was auch gegen die Prämisse der Nutzenunabhängigkeit verstoßen hätte. Insgesamt fehlt hier die absolute Vorteilhaftigkeit.

c.) Kritische Betrachtung und Prämissen

    ⬧ Die Nutzwertanalyse kann nicht einziges Entscheidungskriterium sein, da sie nur nicht-monetäre Zielkriterien berücksichtigt. Es ist eine Rechnung zur Ermittlung der finanziellen Konsequenzen der Investition zusätzlich erforderlich.

    ⬧ Die Feststellung der absoluten Vorteilhaftigkeit einer Investition erfolgt durch einen Vergleich mit dem Anspruchsniveau des Entscheidungsträgers (d.h., grundsätzlich subjektive Ergebnisse aber auch individuelle Anpassungsfähigkeit).

    ⬧ Prämisse der Nutzenunabhängigkeit und der kardinalen Messbarkeit des Nutzens.

    ⬧ Sie ist aufwändig!

d.) Sie ist anwendbar für komplexe Nicht-Rendite-Projekte und Rendite-Großprojekte mit einer Vielzahl entscheidungsrelevanter aber in Wirtschaftlichkeitsrechnungen nicht erfassbaren Konsequenzen.

Wenn finanzielle Kriterien in den Kriterienkatalog der NWA mit eingehen, ist die Prämisse der Nutzenunabhängigkeit nicht mehr gegeben. Insofern ist es i.d.R. als alleiniges Bewertungskriterium nicht geeignet, doch kann es sehr wichtige zusätzliche Aspekte mit in die Entscheidungsfindung integrieren, so dass das NWA-Kriterium als Ergänzungskriterium angewendet werden kann.

So z.B. auch durch die Möglichkeit der Bildung von Kennzahlen (NW/Kapitaleinsatz; NW/Kosten).[101]

Methodenbeurteilung

Die Nutzwertanalyse ist eine relativ einfache, mit geringem Rechenaufwand durchführbare, aber dennoch zeitintensive Methode zum Vergleich alternativer Investitionsobjekte. Sie liefert gut interpretierbare und nachvollziehbare Ergebnisse und ist sehr flexibel anpassbar. Probleme bereiten jedoch die Definition der Zielkriterien und deren Gewichtung, da sie auf stark subjektiver Grundlage beruhen.

Die NWA erscheint gut anwendbar für mehrdimensionale Entscheidungsprobleme mit einer Vielzahl entscheidungsrelevanter aber in einer Wirtschaftlichkeitsrechnung nicht erfassbarer Konsequenzen.

---

[101] Die den **Scoring-Modellen** zugrunde liegende Bewertungsmethodik ist formal der Nutzwertanalyse ähnlich. Die Beurteilungskriterien (Eigenschaften) und das Wertskalensystem sind jedoch im Unterschied zur Nutzwertanalyse vorgegeben, so dass nur noch die Ausprägungen bestimmt und die Punktwerte zugeordnet werden müssen, um den Gesamtwert zu berechnen.

B. Finanzwirtschaftliche Grundlagen

Einführung in die Finanzierung

„Wenn man 50 € Schulden hat, so ist man ein Schnorrer.
Hat jemand 50.000 € Schulden, so ist er ein Geschäftsmann.
Wer 50 Millionen € Schulden hat, ist ein Finanzgenie.
50 Milliarden € Schulden haben – das kann nur der Staat. "[102]

Worum geht's?

1. Wie finanziert sich ein Unternehmen?
2. Nach welchen Zielen richten sich Finanzierungsentscheidungen?
3. Welche Aufgaben lassen sich für den Finanzbereich ableiten?
4. Wie deckt ein Unternehmen seinen Kapitalbedarf?
5. Eigenkapital ist teurer als Fremdkapital! Wie das?

Wir haben uns in den bisherigen Kapiteln vor allem um das Ausgeben von Geld gekümmert – Investitionen und ihre unterschiedlichen Bewertungsmöglichkeiten. Woher aber das Geld nehmen? Und damit wären wir auch schon beim Gegenstand dieses und der folgenden Kapitel. Finanzierung. Eine sehr einfache und zunächst einmal vollkommen ausreichende Definition von Finanzierung lautet: *Finanzierung ist Kapitalbeschaffung.*

Der Fluss des Kapitals durch das Unternehmen

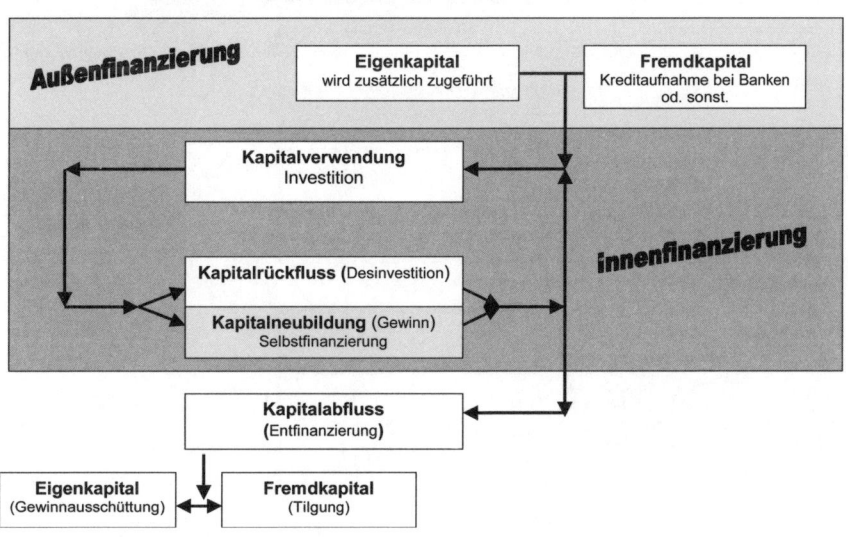

---

[102]   N.N. (nach Keuper, F.; S. 201)

Sicherlich kann dies auch komplizierter ausgedrückt werden, wie z.B.: Unter Finanzierung versteht man die Gesamtheit der Zahlungsmittelzuflüsse (Einzahlungen) und die beim Zugang nicht-monetärer Güter vermiedenen sofortigen Zahlungsmittelabflüsse. Diese Definition umfasst alle Formen der internen und externen Geld- und Kapitalbeschaffung einschließlich möglicher Kapitalfreisetzungseffekte, wie zum Beispiel den Verkauf von Anlagen, um liquide Mittel zu erhalten. Die obige 3 Wörter umfassende Definition reicht dafür aber auch aus.

1. Wie finanziert sich ein Unternehmen? Woher kommt das ganze Kapital für die vielen Investitionen?

Zunächst fallen einem 2 Alternativen ein, woher das Kapital kommen kann. Zu allererst zu nennen sind hier Kredite von z.B. Banken, Lieferanten oder oder, also *Fremdkapital*. Und dann wäre als Gesellschafter noch die Möglichkeit, in die eigene Privat-Schatulle zu greifen und dem Unternehmen eine Finanzspritze zu geben. Beide Möglichkeiten machen aber nicht mal die Hälfte des notwendigen Kapitals aus, das ein Unternehmen für die laufenden Investitionen benötigt.

Woher kommt das Kapital dann, wenn nicht durch FK oder durch eigene Finanzspritzen?

Durch die Innenfinanzierung! Sowohl Kredite, als auch neue Einlagen von alten oder neuen Gesellschaftern sind Gelder, die von außen ins Unternehmen – neu – getragen werden. Dementsprechend können diese Arten unter dem Terminus *„Außenfinanzierung"* zusammengefasst werden. Der größte Kapitalzufluss kommt aber aus dem laufenden Geschäft. Durch den Verkauf von Produkten (Umsätze), teilweise auch durch den Verkauf von Anlage- oder Umlaufvermögen. Da dies aus der betrieblichen Tätigkeit heraus geschieht, spricht man hier auch von der sog. *„Innenfinanzierung"*.

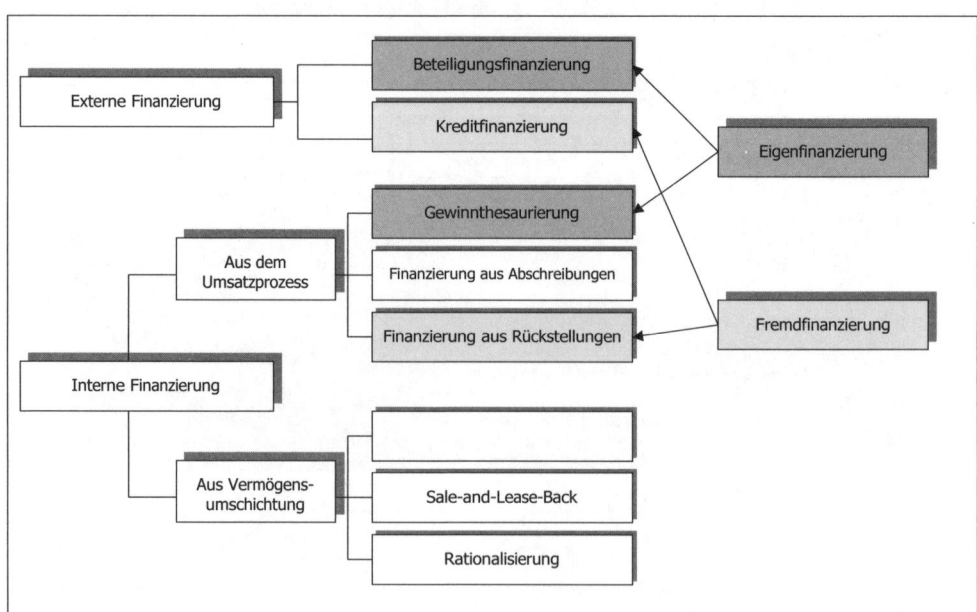

Dies sind schon einmal viele neue Begriffe. In was für einem Verhältnis sie zueinander stehen, soll das oben stehende Schaubild andeuten. Die andere wichtige, bereits angedeutete Unterscheidung der Finanzierungsarten ist die der Mittelherkunft. Hier werden Eigenfinanzierung und Fremdfinanzierung voneinander abgegrenzt. Wie der Name schon verrät umfasst *„Fremdfinanzierung"* alles Kapital, das von „Fremden" dem Unternehmen zur Verfügung gestellt wird, während *„Eigenfinanzierung"* sämtliche Formen der Unternehmensfinanzierung umfasst, die aus Eigenmitteln des Unternehmens bzw. der Unternehmer kommen.

2. Nach welchen Zielen[103] richten sich zu treffende Finanzierungsentscheidungen?

> *"Wer dem kurzfristigen Erfolg zu großen Wert beimisst, den wird ein Umschwung aus der Fassung bringen.*[104]

Grundsätzlich können die gleichen Ziele für die Finanzierungsentscheidungen angeführt werden wie bei Investitionsentscheidungen. Dementsprechend können wir auch hier das „magische Dreieck" Rentabilität, Liquidität und Risiko anführen. Im Schaubild bereits angedeutet, die beiden zentralen Ziele im Finanzbereich sind die Rentabilität und die Liquiditätssi-

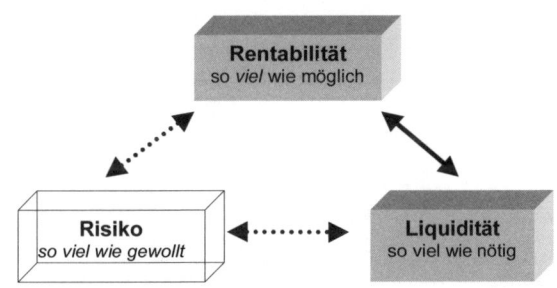

cherung. Im Folgenden möchte ich mich allerdings der guten Argumentation[105] von GERKE/BANK anschließen und anstatt von Rentabilität vom Oberziel der *Vermögensmaximierung*[106] mit dem unbedingten Begleitziel der *Liquiditätssicherung*[107] sprechen. Beide stehen in konkurrierender Zielbeziehung zueinander.

---

[103] Unter einem Ziel versteht man allgemein ein vorgestelltes und angestrebtes Ergebnis.

[104] Horaz

[105] Zur Argumentation der Unzweckmäßigkeit der Gewinn- bzw. Rentabilitätsmaximierung (GERKE/BANK,1998, S.21 ff.) sei folgendes eher stichpunktartig angemerkt: Behinderung durch unterschiedliche Gewinnbegriffe (z. B. kalkulatorischer Gewinn, pagatorischer Gewinn, Kapitalgewinn); unterschiedliche Gewinnbegriffe führen zu unterschiedlichen Rentabilitätsbegriffen; das Denken in periodenbezogenen Gewinnbegriffen behindert die systematische Verfolgung des Ziels „Vermögensmaximierung", da die kurzfristige Politik der Maximierung des Periodengewinns einer langfristigen Maximierung des Vermögens nicht gleichwertig ist.

[106] *Vermögensziel:* Bei konstanter periodenbezogener Ausschüttung für die Kapitalgeber soll der Endwert maximiert werden bzw. Anstreben eines maximalen Barwertes aus den zukünftigen cash flow (Unternehmenswert als Barwert aller zukünftigen Netto-Zahlungsströme, die den EK-Gebern zustehen). *Einkommensziel:* bei vorgegebenem Vermögensendwert sollen die periodenbezogenen Ausschüttungen maximiert werden. Untergeordnetes Bereichsziel für den Finanzbereich: *Minimierung der Kapitalkosten*, d.h. des (risikoadjustierten) Preises für die Überlassung von Geld. Determinanten der Kapitalkosten: eine allgemeine Zeitprämie für die Überlassung von Kapital (Zinsniveau); das Risiko, welches der Kapitalgeber eingeht; die Liquidierbarkeit des Finanzkontraktes; die Besteuerung des Finanzkontraktes.

[107] *Temporäre Illiquidität* signalisiert in einer Welt mit asymmetrischer Informationsverteilung den Vertragspartnern, dass der Fortbestand des Unternehmens prinzipiell gefährdet ist. Folglich werden höhere Kapitalkosten bzw. zusätzliche Sicherheiten berücksichtigt. *Permanente Illiquidität* hat i.d.R. die Eröffnung des Insolvenzverfahrens zur Folge, welches einen Konkurs, einen Vergleich oder eine Reorganisation nach sich zieht.

Weitere wichtige Unternehmensziele sind die Berücksichtigung von Risiken[108], die Erhaltung der Unabhängigkeit bei der unternehmerischen Entscheidungsfindung[109] sowie weitere vor allem auch nicht-monetäre Ziele, wie Prestige, Macht, Selbstverwirklichung etc.

3. Welche Aufgaben lassen sich für den Finanzbereich ableiten?

Ohne viele Worte zu verlieren, lasse ich das nachfolgende Schaubild für sich sprechen ☺.

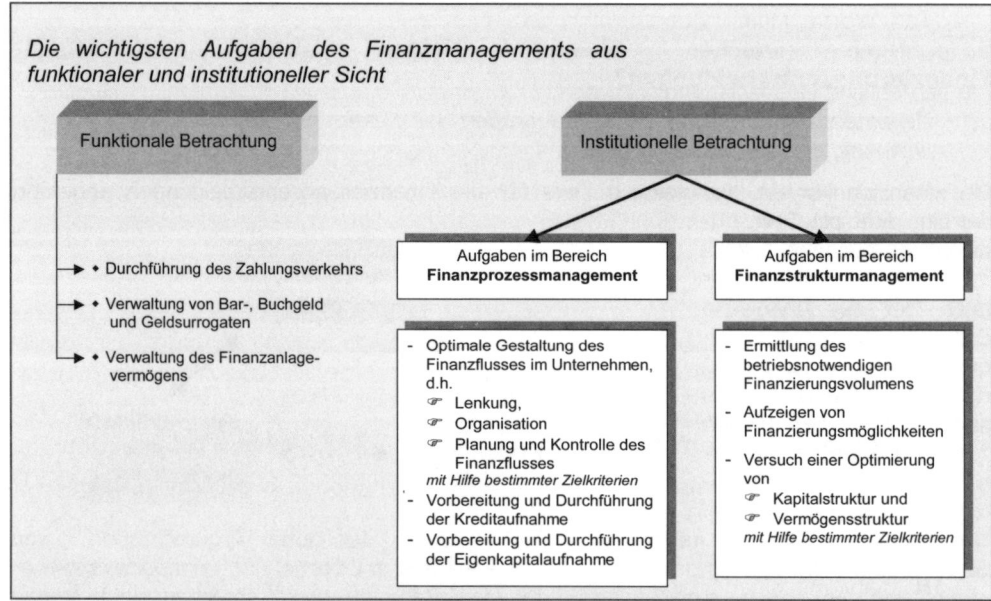

Als allgemeine Aufgabe des Finanzmanagement könnte formuliert werden: Finanzmanagement beschäftigt sich um den Ausgleich von Zahlungslücken bzw. Zahlungsüberschüssen aus den Aktivitäten des Leistungsbereichs (Aus- und Einzahlungen des Leistungsbereiches); d.h. der Kapitalbeschaffung von Eigentümern/Kreditgebern sowie der Rückzahlung von nicht mehr benötigtem Kapital bzw. der Durchführung von Finanzinvestitionen. Diese Tätigkeit verfolgt das Finanzmanagement unter Beachtung des Zieles des *finanziellen Gleichgewichts.*[110]

---

[108] *Zahlungsströme sind prinzipiell unsicher.* Risikoaverses Verhalten, also eine Präferenz der Sicherheit, ist eine notwendige Bedingung für die Verfolgung des Sicherheitsziels (konfliktäres Verhältnis: Vermögensmaximierung und Risikominimierung). Hedging ist eine Strategie, mit der Cash-Flow-Schwankungen eingegrenzt oder ganz aufgehoben werden, um so den Vermögenszuwachs zu maximieren. Als Gründe können u.a. angeführt werden: (1) Stabilisierung der betrieblichen CF zur Vermeidung von Kapitalrationierung; (2) Steuerlastminimierung (unterschiedliche Behandlung von Gewinnen und Verlusten sowie progressive Gewinnbesteuerung); (3) Erreichung eines bestimmten Diversifikationsniveaus.

[109] Zu beachten ist, dass verschiedene *Anspruchsgruppen (stakeholder)* unterschiedliche Interessen in Bezug auf ein Unternehmen haben (EK- und FK-Geber, Management, Arbeitnehmer, Gewerkschaften, Staat, Lieferanten, Kunden, interessierte Öffentlichkeit). Aufgabe der Unternehmensführung ist es unter Beachtung (nicht Befolgung!) der unterschiedlichen Ansprüche, den eigenen (!) Kurs zu verfolgen.

[110] GERKE/ BANK (1998, S. 32) differenzieren die Aufgaben des Finanzmanagement sehr gut wie folgt: *Informationsmanagement* (1) Aufbau von Informationssystemen (Finanzpläne, Finanzflussrechnungen, Kennzahlen); (2) Finanzmarktforschung (Marktprognosen, Kapitalgeber- und –nehmeranalysen); *Anlagemanagement (Asset Management)*: Strukturierung von Finanzinvestitionen (Finanzanlagen, Kassenhaltung); *Be-*

Die allgemeine Aufgabe des Finanzmanagements, die gerade genannt worden ist, liest sich prima, aber wie bewerkstelligt man das?

Die Antwort auf diese Frage ist ein erstes und sehr wichtiges, dabei aber auch trivial einfaches Instrument: Der Finanzplan.

> Ein **Finanzplan** ist eine zukunftsbezogene Rechnung, die für eine bestimmte Zeitspanne (Planungszeitraum) Ein- und Auszahlungen für jede zu definierende Periode (Tag, Woche, Monat, Quartal, Jahr) gegenüberstellt.

Die betriebliche Finanzplanung folgt dem *Bruttoprinzip*, d.h. Ein- und Auszahlungen sind zu den relevanten Zeitpunkten unsaldiert auszuweisen. Weiterhin gelten die Grundsätze der *Vollständigkeit*, der *Termingenauigkeit* und der *Betragsgenauigkeit*.

Der Finanzplan ist ein Instrument der operativen Finanzplanung und dient daher vorrangig der Liquiditätsplanung.[111] Um Ihnen die Erstellung eines Finanzplanes und dessen Ergebnisse aufzuzeigen, bediene ich mich folgender einfachen Beispielaufgabe:[112]

Demo-Aufgabe (Finanzplan)

Sie gründen ein Unternehmen und wollen Ihren Finanzierungsbedarf für das 1. Jahr ermitteln. Folgende Überlegungen sind anzustellen:

- Sie wollen ein gebrauchtes Auto (Marke „Geht noch") erstehen. Ein interessantes Angebot liegt Ihnen vor. Wert: 40.000 €. Die Restlaufzeit des Wagens beträgt 5 Jahre.

- Sie rechnen mit einem Arbeitsaufwand, der Sie dazu nötigt, zwei Halbtageskräfte einzustellen. Monatliche Belastung 2.400 €

- Sie rechnen mit einem Umsatz in den ersten Monaten von 12.400 € pro Monat. Im 2. Halbjahr mit einer Steigerung um 50 % (18.600 €). Die Zahlungsbedingungen bei vergleichbaren Handelsunternehmen lassen eine (50/30/20-Regel) vermuten. D. h. 50 % der Verkäufe werden bar und sofort bezahlt, 30 % der Verkäufe nach 1 Monat, 20 % nach 2 Monaten.

---

schaffungsmanagement (*Liability Management*): (1) Erschließung und Nutzung externer Finanzierungsquellen (Rechtsformwahl, Emission marktfähiger Finanzierungstitel, Kreditfinanzierung); (2) Erschließung und Nutzung interner Finanzierungsquellen (Ausschüttungspolitik, Rückstellungspolitik); (3) Erschließung und Nutzung von Finanzmärkten und Finanzinstitutionen (Banken, Börsen, Euromarkt); *Risikomanagement*: Bewertung und Steuerung von Risikopositionen (Anwendung der modernen Portfoliotheorie); *Intermediationsmanagement*: Angebot von Finanzdienstleistungen.

[111] Mit Hilfe des sog. *Finanzgebirges* kann das Ergebnis des Finanzplanes visualisiert werden. Dabei werden in einem Koordinatenkreuz die jeweiligen kumulierten Kapitalbeträge auf der Ordinate, die Perioden auf der Abzisse abgetragen. Die Punkte werden durch eine Linie verbunden. Somit ergibt sich ein sog. Finanzierungsberg zwischen der die Punkte verbindenden Linie und der x-Achse. Dieser Finanzberg muss durch entsprechende Finanzierungen gedeckt werden, um die Liquidität über die Jahre hinaus zu gewährleisten.

[112] *Probleme bzw. beachtenswerte Besonderheiten* dieser Art der Finanzplanung sind: (1) Zeitlich exakte Schätzungen der Zahlungsvorgänge sind sehr schwer, insbesondere je länger der Planungszeitraum wird! (Deswegen wird die Periodenlänge mit zunehmendem Zeithorizont größer, d.h., die ersten Monate wird mit einer Periodenlänge von z. B. 1 Woche gearbeitet, ab ½ - 2 Jahren mit einer Periodenlänge von 1 Monat, von 2 - 5 Jahren mit einer Periodenlänge von einem Quartal, danach jahresweise. Allerdings ist der Detaillierungsgrad von Branche zu Branche unterschiedlich. So planen bspw. Banken in der näheren Zukunft mit einer Periodenlänge von 1 Tag ; (2) Das zeitliche Raster der Planung muss relativ fein gestrickt sein, um die Struktur der Zahlungsvorgänge exakt abbilden zu können; (3) Zusätzlich zur Planung scheint das Halten einer Liquiditätsreserve notwendig, um eine Fehlprognose bei der Schätzung der Aus- u. Einzahlungen auffangen zu können.

- Der Einkauf der Waren kostet im 1. Halbjahr € 6.000 € pro Monat, im 2. Halbjahr € 9.000,-- pro Monat. Zahlungsbedingungen sofort und in bar.

- Sie benötigen ein Lager, dessen Miete 600 € beträgt und jeweils am Monatsanfang fällig ist.

- Sie haben einen 20.000 € Kredit von Ihrem Bruder bekommen. Vereinbarung: monatliche Tilgung: 2.000 €; Zinsen (monatlich 200 €).

Finanzplan mit bereits teilweiser Deckung durch Finanzmittel

Periode	Jan.	Febr.	März	April	Mai	Juni	Juli	August	Sept.	Oktober	Nov.	Dez.
Einzahlungen	€	€	€	€	€	€	€	€	€	€	€	€
Verkauf												
bar	6.200	6.200	6.200	6.200	6.200	6.200	9.300	9.300	9.300	9.300	9.300	9.300
1.Monat		3.720	3.720	3.720	3.720	3.720	3.720	5.580	5.580	5.580	5.580	5.580
2.Monat			2.480	2.480	2.480	2.480	2.480	2.480	3.720	3.720	3.720	3.720
Summe Einz.	**6.200**	**9.920**	**12.400**	**12.400**	**12.400**	**12.400**	**15.500**	**17.360**	**18.600**	**18.600**	**18.600**	**18.600**
Auszahlungen												
KFZ	40.000											
Löhne		2.400	2.400	2.400	2.400	2.400	2.400	2.400	2.400	2.400	2.400	2.400
Miete	600	600	600	600	600	600	600	600	600	600	600	600
Wareneinkauf	6.000	6.000	6.000	6.000	6.000	6.000	9.000	9.000	9.000	9.000	9.000	9.000
Sonst. I												
Sonst. II												
Summe Ausz.	**46.600**	**9.000**	**9.000**	**9.000**	**9.000**	**9.000**	**12.000**	**12.000**	**12.000**	**12.000**	**12.000**	**12.000**
Mittelbedarf (MB)	40.400	-920	-3.400	-3.400	-3.400	-3.400	-3.500	-5.360	-6.600	-6.600	-6.600	-6.600
Kumulierter MB	**40.400**	**39.480**	**36.080**	**32.680**	**29.280**	**25.880**	**22.380**	**17.020**	**10.420**	**3820**	**-2.780**	**-9.380**
Fremdmittel (FM)	20.000											
Tilgung		2.000	2.000	2.000	2.000	2.000	2.000	2.000	2.000	2.000	2.000	
Zinsen		200	200	200	200	200	200	200	200	200	200	
FM + Zins + Tilg.	-20.000	2.200	2.200	2.200	2.200	2.200	2.200	2.200	2.200	2.200	2.200	
Kapitalbedarf (KB) je Periode	20.400	1.280	-1.200	-1.200	-1.200	-1.200	-1.300	-3.160	-4.400	-4.400	-4.400	-6.600
Kumulierter KB	**20.400**	**21.680**	**20.480**	**19.280**	**18.080**	**16.880**	**15.580**	**12.420**	**8.020**	**3.620**	**-780**	**-7.380**

Das Ergebnis des Finanzplanes ist der (kumulierte) Kapitalbedarf, der nun noch durch Kredite oder durch zusätzliches Eigenkapital gedeckt werden muss. Beachten Sie bitte, dass die kräftigste Finanzierungsquelle, die vorhin angesprochene Innenfinanzierungskraft, bereits in den Finanzplan integriert ist.

4. Ok, nun wissen wir, was für Kapital wir wann brauchen. Wie decken wir nun unseren Kapitalbedarf?

Zwei Möglichkeiten bieten sich an: Eigenkapital oder Fremdkapital von außen. Die grundsätzlichen Unterschiede dieser beiden Alternativen zeigt nachfolgende Übersicht.

	Eigenkapital	**Fremdkapital**
Rechtsverhältnis	EK begründet ein Beteiligungsverhältnis (= Teilhabungsverhältnis)	FK begründet ein Schuldverhältnis (= Gläubigerverhältnis)
Haftung	EK-Geber haften je nach Rechtsform in Höhe der Einlage oder ggf. mit privatem Vermögen	FK-Geber haften als Gläubiger des Unternehmens nicht
Ertragsanteil	volle Teilhabe an Gewinnen und Verlusten	i.d.R. fester Zinsanspruch, kein GuV-Anteil
Unternehmensleitung	i.d.R. berechtigt	grundsätzlich ausgeschlossen
Verfügbarkeit für das Unternehmen	EK ist grundsätzlich zeitlich unbegrenzt verfügbar	FK steht grundsätzlich zeitlich begrenzt verfügbar
steuerliche Belastung	Gewinn wird belastet von ESt., KöSt., Gew.St,	FK-Zinsen sind z. T. steuerlich absetzbar
Finanzierungskapazität	durch Vermögenslage der Unternehmer beschränkt	unbeschränkt, je nach Sicherheiten, Bonitäts- oder Phantasielage.
Finanzierungskosten	teurer als FK (Opportunitätskosten)	billiger als EK
Rechte und Pflichten der Kapitalgeber bzw. sonstige Besonderheiten	- Geschäftsführungsanrecht bei Personenunternehmen - häufig keine Kündigung möglich - Gewinnbeteiligung - hohes Risiko bei Insolvenz - Anteil am wirklichen Vermögen	- kein Gewinnbeteiligungsanspruch - Kündigung möglich - Zinsen - beschränktes Risiko bei Insolvenz - meist nominelle Rückzahlung
Vor- und Nachteile für die Unternehmung	- kein Zinsaufwand - i.d.R. verbunden mit einer Erhöhung der Kreditwürdigkeit.	- Zinsaufwand - Offenlegung persönlicher und wirtschaftlicher Verhältnisse - meist Stellung von Sicherheiten

5. Eigenkapital ist teurer als Fremdkapital! Wie das?

Dies ist eine überraschende Aussage für viele meiner Studenten, wenn ich sie das erste mal mit obiger Übersicht konfrontiere. Hier ein paar Hinweise zur Argumentation. Das magische Dreieck gilt auch für die Finanzierung. EK haftet, FK nicht. Verlust greift zunächst immer erst das EK an. Dementsprechend ist EK riskanter als FK. Folglich muss es auch höher verzinst werden. Wo aber ist der Markt für EK? Welcher Markt verspricht mehr Rendite als der Markt für Fremdkapital (z.B. Schuldverschreibungen)?

Ich möchte und kann natürlich jetzt noch nicht auf all diese Fragen eingehen, allerdings kann ich Ihnen den Leverage-Effekt erläutern, der einen wichtigen Aspekt in dieser Finanzierungsfrage beleuchtet. Gleichzeitig nutze ich die Chance, Ihnen aufzuzeigen, warum wir Finanzierung und Investition, die eigentlich offensichtlich aneinander gekoppelt sind, getrennt voneinander betrachten und analysieren können. Dies bestätigt auch noch einmal die in KW-Berechnung zugrunde gelegte Prämisse, dass die Finanzierungsseite nur über den Zinssatz in die Investitionsbeurteilung integriert wird.

Lassen Sie uns zunächst grundsätzliche Überlegungen anstellen: Die Investitionstheorie gibt Aufschlüsse über die optimale Kapitalverwendung, währenddessen die Finanzierungstheorie Informationen über die Möglichkeiten der Kapitalaufbringung liefert. Betriebswirtschaftlich stellt sich nun die Frage nach einer Theorie der optimalen Bestimmung von Kapitalbeschaffung und Kapitalverwendung unter bestimmten Optimalitätskriterien. Diese sind in der Literatur die:

- Marktwertmaximierung des Unternehmens sowie die
- Minimierung der Kapitalkosten.

Und damit sind wir bereits beim Leverage-Effekt. Im Vordergrund der Analyse steht der Verschuldungsgrad (V), als Kennzahl der Kapitalstruktur des Unternehmens:

$$V = \frac{FK}{EK}$$

> Der **Leverage-Effekt** (englisch: leverage = Hebel) kommt aus der Begriffswelt der Kapitalstrukturregeln. Diese Regeln befassen sich mit der idealen Zusammensetzung von EK und FK. Der Leverage beschreibt, wie der Einsatz von FK bei der Finanzierung einer Investition auf die Rentabilität des EK wirkt. Ein positiver Leverage-Effekt tritt ein, wenn die Rentabilität des GK größer ist als der FK-Zins. Mit Hilfe des Leverage erhöht sich dann die EK-Rendite bei steigender Verschuldung.

Nehmen wir an, Sie haben ein lohnendes Investitionsobjekt gefunden und verfügen über eine begrenzte Summe EK. Außerdem sind Sie kreditwürdig, könnten also eventuell auf Fremdmittel zurückgreifen, um eine größere Summe zu investieren, als Sie das aus eigener Kraft aufbringen könnten. Machen Sie das?

Die Antwort lautet – unter rein ökonomischen Gesichtspunkten[113] – JA, WENN die Gesamtkapitalrentabilität (also die Investitionsrendite) über dem Fremdkapitalzinssatz liegt.

$$r_{EK} = r_{GK} + (r_{GK} - i) * \frac{FK}{EK}$$

Was heißt das nun? Eigentlich steckt ein ganz einfacher Zusammenhang dahinter[114]: Wenn Sie ein Investitionsobjekt gefunden haben, das 12 € Überschuss je 100 € Investitionsbetrag

---

[113] Meine Eltern – und wahrscheinlich ein Großteil ihrer Generation – hätten diese Frage eher skeptisch beäugt, weil Kredite nicht gut angesehen waren. Heutzutage ist man gegenüber Krediten etwas entspannter. Manchmal etwas zu entspannt, dazu aber später mehr.

[114] Bereits Karl Marx hat darauf hingewiesen in seiner heutzutage etwas schwerer zugänglichen Sprache: *„Gesetzt, die jährliche Durchschnittsprofitrate sei 20%. Eine Maschine im Wert von 100 £ würde dann, unter den Durchschnittsbedingungen und mit dem Durchschnittsverhältnis von Intelligenz und zweckmäßiger Tätigkeit als Kapital verwandt, einen Profit von 20 £ abwerfen. Ein Mann also, der 100 £ zur Verfügung hat, hält in seiner Hand die Macht, aus 100 £ 120 zu machen oder einen Profit von 20 £ zu produzieren. Er hält in seiner Hand ein mögliches Kapital von 100 £ Überlässt dieser Mann für ein Jahr die 100 £ einem andern, der sie wirklich als Kapital anwendet, so gibt er ihm die Macht, 20 £ Profit zu produzieren, einen Mehrwert, der ihn nichts kostet, wofür er kein Äquivalent zahlt. Wenn dieser Mann dem Eigner der 100 £ am Jahresschluss vielleicht 5 £ zahlt, d.h. einen Teil des produzierten Profits, so zahlt er damit den Gebrauchswert der 100 £, den Gebrauchswert ihrer Kapitalfunktion, der Funktion, 20 £ Profit zu produzieren. Der Teil des Profits, den er ihm zahlt, heißt Zins, was also nichts ist als ein besonderer Name für einen Teil des Profits, den das fungierende Kapital, statt in die eigne Tasche zu stecken, an den Eigner des Kapitals wegzuzahlen hat. Es ist klar, dass der Besitz der 100 £ ihrem Eigner die Macht gibt, den Zins, einen gewissen Teil des durch sein Kapital produzierten Profits, an sich zu ziehen. Gäbe er dem anderen die 100 £ nicht, so könnte dieser den Profit nicht produzieren, überhaupt nicht mit Beziehung auf diese 100 £ als Kapitalist fungieren.“* Marx, K., Das Kapital. Kritik der politischen Ökonomie. Dritter Band. Buch III: Der Gesamtprozess der kapitalistischen Produktion. In: Marx/Engels Werke Band 25, 1976, S. 351.)

abwirft, benötigen Sie nur noch einen FK-Geber, der sich mit z.B. 10 € Zinsen p.a. je 100 € ausgeliehenen Kapitals begnügt. Je 100 € FK-Einsatz werden im geschilderten Fall also 12 € Kapitalertrag erwirtschaftet, von denen Sie aber gemäß Kreditvertrag nur 10 € an den FK-Geber abführen müssen. Ihnen verbleiben 2 €, die Sie Ihrem Gewinn zuschlagen können. Wenn man nun davon ausgeht, dass Sie ein gegebenes EK halten, wird durch die zusätzliche (billige) FK-Aufnahme bewirkt, dass Sie mehr Gewinn mit ihrem − gleich gebliebenen − EK erwirtschaftet haben. Folglich steigt Ihre EK-Rendite ☺. Dieser Effekt wirkt um so stärker (d.h. die EK-Rendite erhöht sich um so mehr), je höher der FK-Anteil ist und je größer die Differenz zwischen der GK-Rendite und dem FK-Zinssatz ist.

Natürlich gibt es auch eine Kehrseite der Medaille.[115] So beharrt der FK-Geber auch dann auf Erhalt der ihm vertragsgemäß zustehenden Zinsen, wenn Ihr Investitionsobjekt nicht die erforderliche Ertragskraft aufweist. Wenn Sie also nur 7 € aus 100 € investierten Kapitals erzielen, müssen Sie die fehlenden 3 € aus eigener Tasche zahlen, um die Ansprüche des Kreditgebers zu befriedigen. Auch hier wirkt dann der Leverage-Effekt, allerdings nunmehr mit negativem Vorzeichen: Je höher der FK-Anteil und je unrentabler Ihr Investitionsvorhaben ist, um so stärker wird Ihr Gewinn und schließlich sogar Ihre EK-Substanz negativ beeinträchtigt. Hier spricht man dann vom sog. *Leverage-Risiko*.

Demo-Aufgabe (Leverage-Effekt)

Sie besitzen 500.000 € EK und haben 1.500.000 € FK bei 8 % Zinsen aufgenommen. Wie hoch ist Ihre EK-Rendite, wenn Sie eine GK-Rendite von 15 % in diesem Jahr erzielen?

$$r_{EK} = 15\% + (15\% - 8\%) * \frac{1.500.000}{500.000} = 36\%$$

Wie erhöht sich die EK-Rendite, wenn Sie nicht 1.500.000 € sondern 2.500.000 € aufgenommen hätten? (ceteris paribus)

$$r_{EK} = 15\% + (15\% - 8\%) * \frac{2.500.000}{500.000} = 50\%$$

„Das war ja einigermaßen interessant, Herr Bleis, aber die aufgeworfene Frage, warum EK teurer sein soll als FK haben Sie so noch nicht wirklich beantwortet!"

Ja und nein. Einerseits haben Sie Recht! Andererseits kann man aber bereits indirekt − anhand der hohen Verzinsung des EK − erkennen, dass EK teurer ist als FK, da der Gewinn[116] als „Verzinsung des Eigenkapitals" angesehen werden kann. Aber gut. Versuche ich es anders darzustellen. Es können grundsätzlich zwei Arten von Risiken unterschieden werden: Das Geschäftsrisiko (business risk) und das Finanzierungsrisiko (financial risk)

> Das **Geschäftsrisiko** ist das Risiko, das die Investition in sich trägt.
> Das **Finanzierungsrisiko** ist das Risiko der Kapitalstruktur.

Wie kann man beide getrennt voneinander betrachten? Hierzu ein Beispiel: Die Rendite einer Investition weist folgendes Risiko − je nach (erwartetem) Umweltzustand − auf:

---

[115] Und vielleicht ist das der „intuitiv" gefühlte Grund, warum u. a. meine Eltern Krediten eher skeptisch gegenüberstanden.

[116] Hier muss man wieder ein bisschen vorsichtig sein, was man als Gewinn versteht. Dazu aber später mehr.

Umweltzustand	Wahrscheinlichkeit des Eintritts der jew. Umweltzustände	erwartete Rendite (r_{GK})
schlecht	1/3	4 %
geht so	1/3	8 %
gut	1/3	12 %

Die Umweltzustände wurden mit Wahrscheinlichkeiten bedacht, was dem „normalen" betriebswirtschaftlichen Umgang mit zukünftigen Risikosituationen entspricht. Dies ergibt folgende tabellarische Übersicht, wenn gilt: Investitionsbetrag = 100; FK = 50 und Kreditzins = 6%. Was folgt daraus für die EK-Rendite?

Umweltzustand	Wahrscheinlichkeit des Eintritts der jew. Umweltzustände	erwartete Rendite (r_{GK})	EK-Rendite (r_{EK})
schlecht	1/3	4 %	2 %[117]
geht so	1/3	8 %	10 %[118]
gut	1/3	12 %	18 %

Variiert man nun den Verschuldungsgrad ceteris paribus, so kann man das Risiko der Eigenkapitalfinanzierung an der Streuung der Eigenkapitalrendite ablesen.

V=FK/EK Umweltzustand	0 / 100	25 / 75	50 / 50	75 / 25
Schlecht	4%	3,33%	2%	-2%
geht so	8%	8,67%	10%	14%
gut	12%	14%	18%	30%

Nimmt man die Differenz der EK-Rendite bei guten und schlechten Umweltzuständen als Risikograd, so gilt: *Bei stärkerer Verschuldung ist die erwartete EK-Rendite riskanter/unsicherer als bei geringerer Verschuldung.* Unter der Annahme, dass im Markt eine riskantere Investition mit einer höheren Rendite ausgestattet sein muss, beantwortet dies die von Ihnen erneut aufgeworfene Frage.

Gleichzeitig nutze ich die Chance auf eine weitere – von mir aufgeworfene Fragestellung – zu antworten. Sie lautete: *„Können Investition und Finanzierung – obwohl eigentlich logisch miteinander unweigerlich verbunden – für sich getrennt analysiert werden?"*

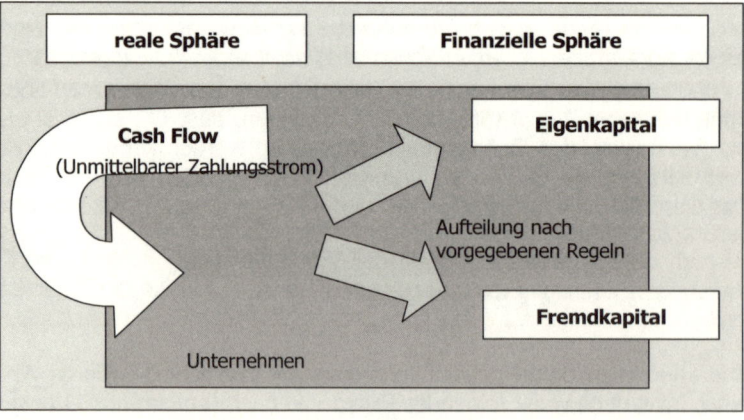

Für die Bedeutung von geschäftlichem und finanziellem Risiko:

---

[117]   „**schlechter**" Umweltzustand R_{EK} = (r_{GK} * GK - i * FK) / EK → r_{EK} = (100 * 0,04 - 0,06 * 50) / 50 = **2 %**

[118]   „**geht so**"-Umweltzustand r_{EK} = (100 * 0,08 - 0,06 * 50) / 50 = **10 %**

Die Antwort lautet: JA! Betrachten wir die beim Leverage sowie bei der Risikobetrachtung getroffenen Aussagen graphisch, so ergibt sich folgende Abb. In der realen Sphäre (business risk) wird mit Hilfe von Investitionen die GK-Rendite[119] erwirtschaftet. Eine Investition ist für sich gut oder schlecht. Man muss sie einzig – wie es bspw. die KW-Methode macht – mit einem Zinssatz vergleichen, den sie mindestens erreichen muss. Wie dieser Zinssatz sich zusammensetzt, wie viel EK oder FK man für eine Investition benutzt, interessiert die Rendite der Investition (GK-Rendite) nicht! Einzig die Frage, ob man sie durchführt oder nicht, misst man am „Überspringen" des festgelegten Zinssatzes (z.B. wacc).

Anders ausgedrückt: Wie der durch die Investition generierte Cash Flow anschließend auf die Kapitalgeber aufgeteilt wird interessiert die Investition nicht. Dementsprechend gilt:

> **Investitions- und Finanzierungsentscheidung sind separierbar.**

Kurz und knapp zusammengefasst:
- Die Finanzierung bestimmt lediglich die Aufteilung des Zahlungsstroms, sie verändert den Zahlungsstrom, der durch eine Investition generiert wird, nicht.
- Die Verfolgung einer „Leverage-Strategie" verändert die Risikoaufteilung zwischen Eigen- und Fremdkapitalgebern.
- Die Beurteilung eines durch eine Investition ausgelösten Zahlungsstromes sollte nur auf Basis des Geschäftsrisikos erfolgen.

Wenn Fremdkapital doch billiger ist, als Eigenkapital, könnte man sich doch einfach nur noch mit Fremdkapital finanzieren?

Das ist eine sehr gute Frage. Vor ca. 60 Jahren wären Sie dafür nur mitleidig belächelt worden, denn dort prägten die „Traditionalisten" die dementsprechende Antwort. Die Traditionalisten gingen (und gehen) von einer optimalen Kapitalstruktur aus. MODLIGIAN/ MILLER haben hier für einiges Aufsehen gesorgt, da sie die Meinung äußerten und – schlimmer noch – bewiesen, dass es vollkommen egal ist, wie man sich finanziert.

Und um Ihre Frage vorwegnehmend zu beantworten. Sie können Eigenkapital durch billigeres Fremdkapital ersetzen. Ihre Finanzierungskosten werden sich dadurch aber höchstwahrscheinlich nicht verringern. Wieso? Ok, riskieren wir einen kurzen Blick in die unterschiedlichen Standpunkte bei der „Kapitalstruktur-Diskussion".

Traditionelle These
Optimal ist die Kapitalstruktur, die die durchschnittlichen Kapitalkosten minimiert bzw. den Gesamtwert der Unternehmung maximiert, d.h., die Verschuldung soll so lange fortgeführt werden, bis die Vorteile der letzten Einheit eingesetztes FK gerade noch deren Nachteile übersteigen. Dabei wirken drei Effekte:
- Bei zunehmender Verschuldung wird „teures" EK durch „billiges" FK substituiert.
- Dafür wird das EK „riskanter", und die von den EK-Gebern geforderte Verzinsung steigt ab einem nicht näher bestimmten Niveau der Verschuldung an.
- Bei starker Verschuldung steigen auch die FK-Kosten, da Gläubiger ihre Kredite für riskanter zu halten beginnen und eine Risikoprämie fordern. Dies begründet sich wie folgt: Je mehr FK aufgenommen wird, umso prozentual kleiner wird das EK und somit der Schutz, der das FK vor drohenden Verlusten schützt.

---

[119] Man könnte hier auch – etwas salopp – Synonyme wie ROI (Return on Investment), „Interner Zinsfuß?" o.ä. anführen.

Die durchschnittlichen Kapitalkosten k(l) mit V für den Verschuldungsgrad sind das „Ergebnis" der Wahl der Ka-
pitalstruktur, die EK-
und FK-Kosten sind
die „Ursachen". Die
wesentliche Grundlage
der traditionellen The-
se bilden Vermutun-
gen über die Verhal-
tensweisen der Kapi-
talgeber: (1) *Wie neh-*
men sie das Risiko
wahr?, (2) Wie passen
sie die von ihnen „ge-
forderte   Verzinsung"
an das Finanzierungs-
risiko an.

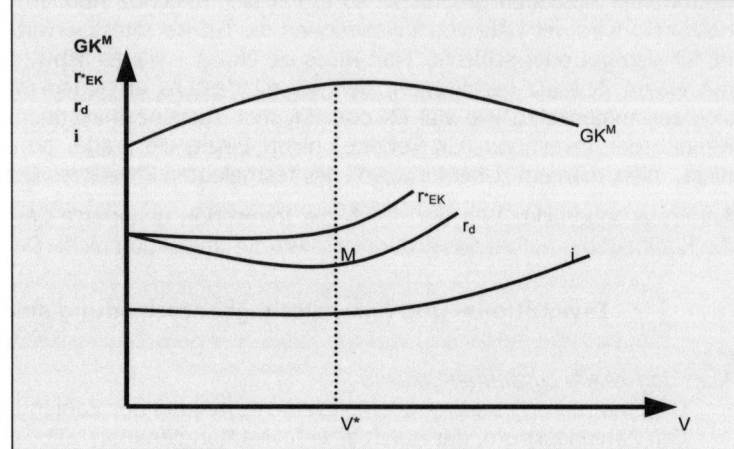

Wer die traditionelle These vertritt, wird zwar die Gleichsetzung des Risikos mit dem Verschuldungsgrad als wichtige Ursache des Risikos ansehen, daneben aber auch das von den
Kapitalgebern empfundene Risiko andererseits betrachten. Ob dies sinnvoll ist oder nicht,
steht hier nicht zur Debatte, doch ist die Verhaltensweise der Aktionäre Ursache dafür, dass
es eine optimale Kapitalstruktur gibt.

MODIGLIANI/MILLER-These oder: These von der „Irrelevanz" der Kapitalstruktur

Grundaussage und damit Startpunkt ihrer Überlegungen ist: Zwei Unternehmen, die sich
nur hinsichtlich des Finanzierungsrisikos unterscheiden, können auf einem vollkommenen
Kapitalmarkt keine unterschiedlichen Unternehmenswerte haben.

Hätten zwei Unternehmen, die sich nur hinsichtlich ihrer Kapitalstruktur unterscheiden, verschiedene Unternehmenswerte, bestünde solange eine risikolose Gewinnmöglichkeit, bis sie
sich ausgeglichen hätten. Dies ist der *Arbitragebeweis*, der mit folgender Aufgabe dargestellt werden soll.

Demo-Aufgabe (Arbitragebeweis von MODIGLIAN/MILLER)

Gegeben sind folgende 2 Unternehmen, die sich nur hinsichtlich ihres Verschuldungsgrades
unterscheiden. Diese Situation beschreibt, was die „traditionelle These" als normal unterstellt. Das verschuldete Unternehmen bezahlt einen höheren Eigenkapitalkostensatz, da es
ein höheres Risiko trägt.

	U-AG	V-AG
Erwarteter Bruttogewinn Y	150.000	150.000
Fremdkapital FK	0	700.000
Zinssatz (i)	-	10 %
Eigenkapital EK (Marktwert)	1.000.000	500.000
Gesamtwert	1.000.000	1.200.000
Eigenkapitalkostensatz[120] r_e	**15 %**	**16 %**

---

[120]   Bruttogewinn = Gewinn + Zinsen. Bei: r_e = Gewinn/ EK gilt: r_e (U-AG)= 150.000/ 1.000.000 = 15 % bzw.
        r_e (V-AG)= (150.000-70.000)/ 500.000 = 16 %

Doch diese Situation ist nicht im Gleichgewicht! Und genau darauf machen MODIGLIA-NI/MILLER aufmerksam.

Beweis:

Aktionär „Hugo" besitzt 1% der gesamten Aktien der V-AG, was einen Wert von 5.000 € darstellt. Er bekommt dafür 16 % Zinsen bzw. 800 €. Wenn er die V-AG-Aktien verkaufen würde, und in U-AG Aktien investieren würde, so hätte er 5.000 € an Wert und bei einer r_e von 15 % 750 €. Doch kann man diese Situationen nicht vergleichen, da er bei der V-AG ein Kapitalstrukturrisiko trägt. (Verhältnis 7/5)

Wenn man diese Anlagemöglichkeiten in Aktien miteinander vergleichbar machen will, kann z.B. angenommen werden, dass sich Aktionär „Hugo" privat im Verhältnis 7/5 verschuldet. Dies würde bedeuten, dass er neben dem frei gewordenen Betrag von 5.000 € noch einen Kredit aufnimmt in Höhe von 7.000 €. Somit bildet er künstlich den Verschuldungsgrad der V-AG ab und beteiligt sich mit diesen insgesamt 12.000 € an der U-AG. Dies bringt ihm bei einem r_e von 15 % 1.800 €. Hiervon müsste er (i) = 10 % für seinen privaten Kredit in Höhe von 7000 € abziehen (= 700 €). Netto würde ihm ein Betrag von 1.100 verbleiben. D.h. der Tausch von Aktien der verschuldeten Unternehmung gegen private Verschuldung und Aktien des unverschuldeten Unternehmens hat ihm eine Wertsteigerung von € 300 gebracht. Dies ist ein Arbitragegewinn, d.h. ein Gewinn ohne zusätzliches Risiko. Solange die Möglichkeit eines Arbitragegewinns besteht, liegt ein Ungleichgewicht vor. Arbitragegewinne sind nur dann ausgeschlossen, wenn die Marktwerte der beiden Unternehmen gleich sind; d.h.

$$EK_U = EK_V + FK$$

Nehmen wir an, dass der Marktwert der U-AG mit 1.000.000 richtig bewertet wurde (es geht auch der entgegengesetzte Fall), und dass sich der Börsenkurs bzw. der Marktwert des Eigenkapitals der V-AG daran anpasst, wenn das gegebene Ungleichgewicht der beschriebenen Ausgangssituation von den Marktteilnehmern zum Verschwinden gebracht wird. Im Gleichgewicht müsste gelten:

$$1.000.000 = 300.000 + 700.000$$

Dieser Werteverfall der V-Aktie kommt durch anhaltenden Verkauf dieser Aktie zustande. Ist der Marktwert von 300.000 erreicht, herrscht Gleichgewicht, wie zu zeigen ist.

Dann müsste die Eigenkapitalrendite der V-AG bei 26 2/3 % (150.000 - 70.000)/300.000) liegen. D.h. „Hugo" würde für seine 1% bzw. 3.000 € Anteile im Jahr 800 € bekommen.

Verkauft „Hugo" nun seine V-Aktien bringt ihm dies einen Erlös von 3.000 €. Verschuldet er sich im Verhältnis 7/3, so nimmt er einen Kredit in Höhe von 7.000 € auf, und legt die gesamten 10.000 € in U-Aktien an. Für diese 10.000 € würde er 15% (re) bekommen, was 1500 € entsprechen würde, abzüglich der zu zahlenden Zinsen (1.500–700) ergibt sich ein Nettogewinn von 800 €.

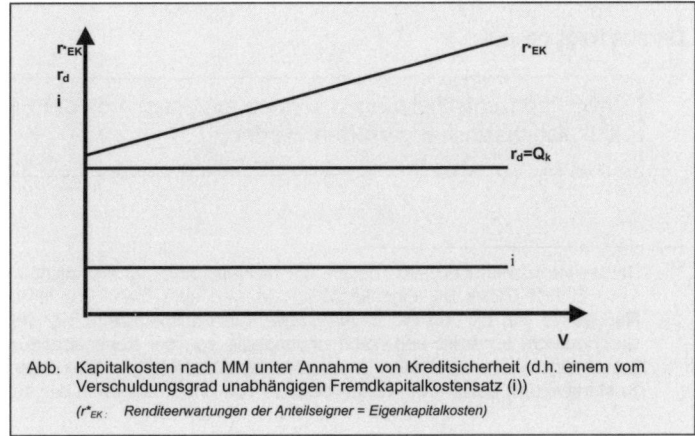

Abb. Kapitalkosten nach MM unter Annahme von Kreditsicherheit (d.h. einem vom Verschuldungsgrad unabhängigen Fremdkapitalkostensatz (i))

(r^*_{EK}: Renditeerwartungen der Anteilseigner = Eigenkapitalkosten)

Aus diesem sog. *homemade-leverage-Effekt* bildet sich die wichtigste MM-These ab:

1. MM-These: Die Gesamtwerte von zwei Unternehmen in einer Risikoklasse (Unternehmen mit dem selben Geschäftsrisiko [business risk]), die gleiche erwartete Bruttogewinne aufweisen, unterscheiden sich trotz unterschiedlicher Kapitalstrukturen nicht.[121]

Gemäß der traditionellen These steigen die Eigenkapitalkosten an und als Resultat auch die durchschnittlichen Kapitalkosten r_d. Demgegenüber besagt die MM-These: Im Gleichgewicht sind der Gesamtwert der Unternehmung und damit notwendigerweise auch ihre durchschnittlichen Kapitalkosten konstant.

Fazit:

Der Verlauf der Kapitalkostenkurve gemäß der traditionellen These ergibt sich aus recht plausiblen Annahmen über die Verhaltensweisen von Kapitalgebern. Wenn aus diesen Annahmen der u-förmige Verlauf der Kapitalkostenkurve resultieren soll, muss man aber zudem unterstellen, dass es keinen wirksamen Marktmechanismus gibt, der ein Gleichgewicht zwischen den Marktwerten von unterschiedlich stark verschuldeten Unternehmen herbeiführt.

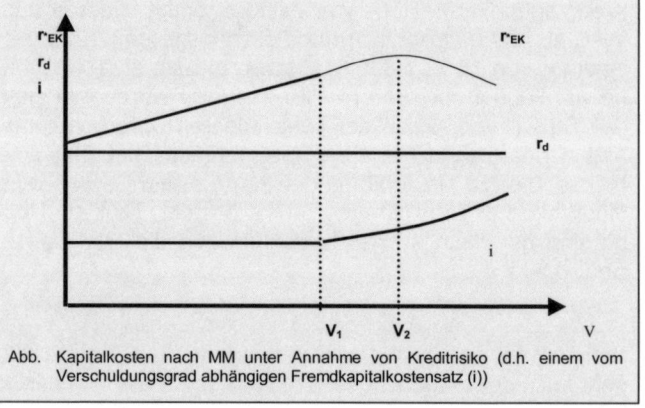

Abb. Kapitalkosten nach MM unter Annahme von Kreditrisiko (d.h. einem vom Verschuldungsgrad abhängigen Fremdkapitalkostensatz (i))

MODIGLIANI/MILLER als die Begründer der Gegenthese kümmern sich überhaupt nicht um die Verhaltensannahmen. Sie argumentieren ausschließlich mit Gleichgewichtsüberlegungen. Sie zeigen, dass die mit der traditionellen These beschriebene Situation ein Ungleichgewicht darstellt (Arbitragebeweis). Infolge des Arbitrage werden die Gesamtwerte der Unternehmungen gleich großer Unternehmen einer Risikoklasse gleich. Daraus – und nicht aus Verhaltensannahmen – folgt, dass die Eigenkapitalkosten eine linear steigende Funktion (bei Kreditsicherheit) des Verhältnisses von FK zu EK sind (Leverage-Effekt) und dass die durchschnittlichen Kapitalkosten im Gleichgewicht unabhängig von der Verschuldung gleich sind. Es gibt auf einem vollkommenen Kapitalmarkt keine optimale Kapitalstruktur.

Daraus folgt erneut:

> Investitionsentscheidungen können mit einem von der Finanzierung unabhängigen Kalkulationszinsfuß getroffen werden.

---

[121] Die weiteren wichtigen MM-Thesen, die hier allerdings vorerst nicht weiter vertiefend behandelt werden, sind: *2. MM-These*: Die Eigenkapitalkosten sind eine lineare Funktion des Verschuldungsgrades (V) der Marktwerte von EK und FK. *3. MM-These:* Die Kapitalkosten einer verschuldeten Unternehmung sind im Gleichgewicht konstant und somit unabhängig von der Kapitalstruktur. Sie gleichen den (Eigen-)Kapitalkosten einer unverschuldeten Unternehmung aus derselben Risikoklasse, und der erwarteten Rendite des zu Marktwerten bewerteten Gesamtkapitals von Unternehmen in der Risikoklasse.

Eigenkapitalfinanzierung

„Wer gut essen will, kauft Aktien. Wer gut schlafen will, kauft Anleihen."[122]

Worum geht's?

1. Was ist Eigenkapital?
2. Wie können sich Unternehmen außerhalb der Börse mit EK versorgen?
3. Wie beschaffen sich Unternehmen mit Hilfe der Börse Eigenkapital?
4. Was ist eine Aktie?
5. Wo werden Aktien gehandelt?
6. Wie kommt eine AG an neues Eigenkapital?
7. Was ist ein Bezugsrecht wert?

Nachdem wir im vorigen Abschnitt die Systematik und einige grundlegende Betrachtungsweisen im Zusammenhang mit der Finanzierung kennen gelernt haben, widmen wir uns nun speziell der Beschaffung von Eigenkapital.

EK ist nicht gar so einfach zu besorgen, weil es riskanter als FK ist. Prinzipiell kann man die Schwierigkeit auch an den unterschiedlichen Rechtsformen festmachen. Diese können unterteilt werden in Rechtsformen, die emissionsfähig sind, die also über die Börse an ein großes Potenzial möglicher EK-Geber herankommen können; und jenen überwiegend vorhandenen Rechtsformen, die diesen Weg nicht beschreiten können. Nach Klärung einer grundlegenden Frage beginnen wir mit nicht-emissionsfähigen Unternehmen.

1. Was ist Eigenkapital?

Eigenkapital	Mezzaninekapital[123]	Fremdkapital
Ist an Gewinnen und Verlusten beteiligt	Mischform zwischen EK und FK	Weder an Gewinnen noch Verlusten beteiligt (i.d.R.)
Fordert keine Sicherheiten	Ausgestaltung wie FK, aber:	Festgelegte Zinsen (i.d.R.)
Beansprucht Stimmrechte	- immer langfristig	Fordert Sicherheiten (i.d.R.)
Wird im Insolvenzfall nachrangig bedient	- keine Sicherheiten	Keine Mitsprache
	- im Insolvenzfall nachrangig	Vorrangig im Insolvenzfall
☺ langfristig	☺ stärkt die EK-Basis	☺ keine Abgabe von Gesellschaftsanteilen
☺ keine laufenden Zinszahlungen	☺ flexible Ausgestaltung (i.d.R. laufende Zinszahlungen, Tilgung zumeist am Laufzeitende)	☺ i.d.R. kein Mitspracherecht

---

122 Andre Kostolany

123 Mezzaninekapital umfasst Finanzmittel, die kein echtes EK darstellen, aber die wichtigsten Eigenschaften (Langfristigkeit, Nachrangigkeit) von EK aufweisen. Formen sind u. a. die atypische stille Gesellschaft, langfristige, nachrangige Darlehen und Genussrechte. (Genussscheine sind eine recht seltene Finanzierungsform. Genussrechte sind flexibel, weil gesetzlich kaum geregelte Konstruktionen. Weiteres hierzu im Kapitel „FK-Finanzierung" unter sonstigen langfristigen Möglichkeiten.)

EK nennt man Finanzmittel, die dem Unternehmen langfristig zur Verfügung stehen und die im Insolvenzfall nachrangig (d.h. nach allen Gläubigern) bedient werden. Die Einbringung eigener Finanzmittel gilt für viele Investoren als Zeichen für persönliches „Commitment"[124]. Vom Eigenkapital abzugrenzen sind das Mezzaninekapital und das Fremdkapital, wobei nachfolgende Übersicht die wichtigsten Unterschiede aufzeigt.

2. Wie können sich Unternehmen außerhalb der Börse mit EK versorgen ?

Einzelunternehmung

Es gibt keine Mindestvorschriften für das EK. EK-Erweiterungsmöglichkeiten sind:

☞ Kapitalzuführung zum EK aus dem Privatvermögen des Einzelunternehmers. Dies kann i.d.R. nur als eine beschränkte EK-Finanzierungsmöglichkeiten angesehen werden.

☞ Möglichkeiten der Innenfinanzierung, vor allem durch Einbehaltung von Gewinnen, die aber steuerlich nicht besonders behandelt werden.

☞ Möglichkeit der Aufnahme eines stillen Gesellschafters.[125]

☞ Verbreiterung der EK-Basis durch Umwandlung in eine Personengesellschaft.[126]

Offene Handelsgesellschaft (OHG)

Es gibt keine Mindestvorschriften über die Höhe des EK bzw. des jeweiligen Anteils. Möglichkeiten der EK-Erweiterung sind:

☞ Einbringung neuen Kapitals durch die bestehenden Gesellschafter. Hier ist das Finanzierungspotenzial aufgrund der Anzahl tendenziell größer als beim Einzelunternehmen.

☞ Aufnahme neuer Gesellschafter oder stiller Gesellschafter. Probleme bei der Aufnahme neuer Gesellschafter – die Neuaufnahmen sehr häufig scheitern lassen – sind:

  ♦ Kollision mit den Interessen der Leitungsbefugnis

  ♦ Höheres Konfliktpotential durch mehr Gesellschafter (*Praxis: 2-4 OHG-Gesellschafter*)

  ♦ Bereits vorhandene stille Reserven sowie der Firmenwert bergen das größte Konfliktpotential hinsichtlich der Bewertung des von den neuen Gesellschaftern einzubringenden Kapitals.

Kommanditgesellschaft (KG)

Es gibt keine Mindestvorschriften über die Höhe des EK bzw. des jeweiligen Anteils. Möglichkeiten der EK-Erweiterung sind:

---

[124] Commitment (dt. Verpflichtung) bezeichnet das Ausmaß, in dem sich eine Person mit einer bestimmten Organisation (Organizational Commitment) identifiziert und sich selbst den Zielen dieser Organisation gegenüber verpflichtet fühlt. Commitment ist somit als eine innere Einstellung der Akteure zu sehen.

[125] Stille Beteiligungen sind bei allen (!) Rechtsformen möglich. Ein *stiller Gesellschafter* ist ein Partner, der nach außen für Geschäftspartner nicht erkennbar ist. Er kann Geldgeber sein, der am Gewinn beteiligt ist und der ansonsten keine Rechte und Pflichten hat. Diese Art der stillen Beteiligung wird "typische stille Gesellschaft" genannt. Sie ist gekennzeichnet dadurch dass der stille Gesellschafter (1) dem Unternehmen sein Kapital zur Verfügung stellt, ansonsten aber keine Rechte und Pflichten hat. Die Einkünfte des stillen Gesellschafters werden als Einkünfte aus Kapitalvermögen bewertet.

Es geht aber auch anders. Hat sich der stille Gesellschafter andere Rechte gesichert und Pflichten übernommen, ist er "*atypisch still*" beteiligt. (bspw. wenn er am Gewinn/Verlust oder an den stillen Reserven des Unternehmens oder an der Geschäftsführung beteiligt ist). Die Einkünfte eines atypischen stillen Gesellschafters zählen zu den Einkünften aus Gewerbebetrieb.

Zusammengefasst ist die Situation eines stillen Gesellschafters eher mit der eines Darlehensgebers (nur lukrativer, aber auch riskanter) zu vergleichen, während der atypische stille Gesellschafter (steuerlich) eher die Rolle eines Kommanditisten hat.

[126] Dadurch wird der Einzelunternehmer entweder zur GbR oder OHG.

☞ Die Anzahl der Komplementäre wird aus den bei der OHG erwähnten Gründen auch hier begrenzt bleiben.

☞ Die Aufnahmemöglichkeit von Kommanditisten erleichtert die EK-Aufbringung sehr.

☞ Als reine Kapitalanlage weist die Kommanditeinlage aufgrund ihrer schweren Veräußerlichkeit Nachteile auf.[127]

Gesellschaft mit beschränkter Haftung (GmbH)

Kapitalgesellschaften haben im Gegensatz zu den bisher angeführten Personengesellschaften ein Mindestkapital. Mindesthöhe des EK der GmbH ist 25.000 € bzw. 100 € des jeweiligen Anteils. Möglichkeiten der EK-Erweiterung sind:

☞ Die Haftung der Gesellschafter ist auf ihre Einlage begrenzt, wenn keine speziellen Vereinbarungen über Nachschusspflichten vorgesehen sind.[128]

☞ Die Anteile sind nicht so fungibel wie die Anteile einer an der Börse notierten AG, da kein organisierter Markt besteht und die Übertragung einer notariellen Form bedarf.

☞ Darüber hinaus gilt auch hier die große Bewertungsproblematik hinsichtlich der stillen Reserven bzw. des Firmenwertes, die bereits bei der OHG angeführt wurde.

Eingetragene Genossenschaft (eG)[129]

Besonderheit ist hier das Kündigungsrecht der Genossen zum Ende des Geschäftsjahres, so dass die eG nicht nur eine schwankende EK-Basis[130] hat, sondern die Eigenkapitalgeber auch ihren Anteil recht schnell wieder liquidieren können.

☞ Gesellschafter (Genossen), denen die Einflussnahme auf die eG wichtig ist, sehen das gesetzlich verankerte Mitspracherecht nach Köpfen negativ an.

☞ Für den reinen Kapitalanleger scheinen die eingeschränkte Fungibilität der Anteile sowie die Schwierigkeiten bei der Risikobeurteilung der Kapitalanlage negativ zu sein.

Gibt es weitere Möglichkeiten der EK-Aufnahme?

Business Angels sind vermögende Privatperson, die jungen Unternehmen Eigenkapital, Management-Know-how und Businesskontakte zur Verfügung stellen, aber nicht hauptberuflich oder gewerblich als Venture Capitalist tätig sind. Da die Beiträge dieser vor allem im angloamerikanischen Raum verbreitet vorkommenden Finanzierung in der Seed- und Start-

---

127 Als Ausnahme kann die KGaA angeführt werden, die aber eigentlich eine besondere Form der AG ist.

128 Nachschusspflicht ist eine im Gesetz vorgesehene und im Gesellschaftsvertrag festgesetzte Verpflichtung der Gesellschafter einer GmbH oder der Genossen einer eG bei Bedarf über die Einlage hinaus zusätzliche Einzahlungen zu leisten. Möglich.

129 Kurz einige zusätzliche Informationen zu dieser häufig und zu Unrecht etwas stiefmütterlich behandelten Rechtsform. Die eingetragene Genossenschaft ist eine einfache und handhabbare Gesellschaftsform. Die Gründung wird durch fehlende Mindestkapitalvorschriften erleichtert. Sollte später einmal der Bedarf entstehen, die Genossenschaft in eine Kapitalgesellschaft umzuwandeln, so besteht diese Möglichkeit. Die Eigentümlichkeiten der Genossenschaften bieten spezifische Vorteile, die andere Gesellschaften nicht aufweisen. Hervorzuheben sind: (1) Der Bestand der Genossenschaft ist nicht gefährdet, wenn einzelne Gesellschafter sich zurückziehen, (2) es herrscht nicht das Kapital, (3) es bestehen keine Mindestkapitalvorschriften. Andererseits bietet die Genossenschaft (1) Haftungssicherheit und (2) den Status einer Gesellschaft. Die Genossenschaft eignet sich mithin als Rechtsform vor allem für junge innovative Unternehmen mit wenig Eigenkapital, aber auch zur risikofreien Ansammlung von Kapital zum Zwecke der Bewältigung gemeinsamer Aufgaben oder Investitionen, wenn in ausreichendem Maße Eigenverantwortung und –initiative vorhanden sind.

130 Dadurch sind die eG zu verstärkter Finanzierung aus der Bildung von Reserven angewiesen.

phase von Wachstumsfinanzierungen nicht systematisch erfasst werden können, werden sie in den USA als "Informal Venture Capital" bezeichnet.

Venture Capital (VC)[131], auch Wagniskapital oder Risikokapital genannt, dient der Finanzierung neuartiger, riskanter zugleich aber zukunftsträchtiger, chancenreicher Projekte oder Technologien. VC wird meist jungen, wachstumsträchtigen Unternehmen zur Verfügung gestellt, die sich nicht selbst finanzieren können bzw. von Banken keine ausreichenden Kredite erhalten. I.d.R. stellen sog. VC-Fonds[132] oder VC-Gesellschaften das Kapital im Sinne von Beteiligungskapital gegen Gesellschafteranteile am Unternehmen zur Verfügung. I.d.R. sind es Minderheitsbeteiligungen von bis zu 49%. Zielsetzung ist, die Anteile nach einigen Jahren gewinnbringend zu verkaufen, denn nur dann hat sich das Investment gerechnet.

Die **Kleine AG**[133] ist eine Gesellschaft mit einer kleinen Zahl von Aktionären, die für die finanzielle Grundausstattung sorgen. Existenzgründer haben auch die Möglichkeit, allein eine Kleine AG zu gründen; als alleiniger Aktionär und Vorstand, jedoch mit drei zusätzlichen Aufsichtsräten. Die Kleine AG kann eine Alternative zu anderen Rechtsformen, vor allem zur GmbH, sein. Eine weitere Erleichterung besteht darin, dass der Aufsichtsrat bei Neugründung einer AG mit einer Beschäftigtenzahl von bis zu 500 Mitarbeitern mitbestimmungsfrei ist. Die "kleine AG" ist somit von der Handhabung ähnlich einfach wie die GmbH, kann jedoch wesentlich leichter EK aufnehmen und hat aufgrund der Unabhängigkeit ihres Vorstandes ein effektives Managementinstrument.

Grauer Kapitalmarkt: Eine einheitliche Definition dieses Begriffes gibt es nicht. Hauptsächlich ist damit der Teil des Kapitalmarktes gemeint, der keiner staatlichen Kontrolle unterliegt. Dementsprechend vorsichtig sollte hier agiert werden.

3. Wie beschaffen sich Unternehmen mit Hilfe der Börse Eigenkapital?

Bevor wir uns etwas ausführlicher dem interessanten und vielschichtigen Feld der Aktien widmen, kurz noch ein kleiner Überblick der beiden damit verbundenen Rechtsformen.

Kommanditgesellschaft auf Aktien (KGaA)

Die KGaA ist eine mit eigener Rechtspersönlichkeit ausgestattete juristische Person. Sie verfügt – als Unterschied zu einer AG – über mindestens einen persönlich haftenden Gesellschafter, der mit seinem gesamten Vermögen für die Verbindlichkeiten der Gesellschaft haftet. Die mind. 4 Kommanditaktionäre haften mit ihren Einlagen, die in Aktien verbrieft sind. Die Geschäftsführung sowie die gerichtliche und außergerichtliche Vertretung der Gesellschaft erfolgt durch den Komplementär.[134] Die Eignung der KGaA für die EK-Aufnahme ist mit der der AG vergleichbar.

---

131 VC wird in den USA nur als Bezeichnung für die Finanzierung von schnell wachsenden Unternehmen in der Frühphase verwendet – in Europa dagegen manchmal als Sammelbegriff für alle Finanzierungsarten.

132 Dies sind Fonds, aus denen das Kapital für die Investments bereitgestellt wird. Investoren des Fonds können sowohl institutionelle Anleger (Kreditinstitute, Versicherungen, Staat, Pensionsfonds) als auch Privatpersonen sein.

133 *Die kleine AG an sich gibt es nicht.* Obwohl der Gesetzgeber im Gesetz über die kleine AG eine Reihe von Vereinfachungen im Aktiengesetz eingeführt hat, gibt es keine Gruppe von Regelungen, die speziell auf eine "kleine AG" anwendbar wäre. Sofern das Gesetz überhaupt zwischen verschiedenen Typen von AG unterscheidet, sind das börsennotierte und nicht börsennotierte AG.

134 Wegen der risikoreichen persönlichen Haftung des Komplementärs hatte die KGaA als Gesellschaftsform lange Zeit wenig praktische Bedeutung. Nachdem der Bundesgerichtshof es allerdings 1997 für zulässig erachtete, dass – wie bei der GmbH & Co. KG – als persönlich haftender Gesellschafter der KGaA eine GmbH auftritt, ist die GmbH & Co. KGaA zu einer interessante Gesellschaftsform für mittelständische, familienge-

Aktiengesellschaft (AG)

Das Aktiengesetz bildet die gesetzliche Grundlage für AG. Die AG ist eine Kapitalgesellschaft mit eigener Rechtspersönlichkeit, ist also eine juristische Person. Zur Gründung einer AG ist ein Grundkapital von mindestens 50.000 € erforderlich. Die Organe der Gesellschaft sind die Hauptversammlung, der Aufsichtsrat und der Vorstand. Der Gewinn einer solchen Gesellschaft unterliegt der Körperschaftsteuer.

Es besteht eine sehr gute Eignung zur Aufnahme von EK für die Rechtsform der AG, vor allem, wenn die Anteile an der Börse notiert sind. Hierfür sprechen die Aufteilung des Kapitals in kleine und kleinste Teilbeträge, was ein großes Potential möglicher EK-Geber fördert, die hohe Verkehrsfähigkeit (Fungibilität) der Anteile sowie die detaillierte rechtliche Ausgestaltung im Aktiengesetz, was eine hohe Rechtssicherheit schafft.

4. Was ist eine Aktie?

Eine Aktie ist ein Wertpapier und verbrieft den Anteil an einer Gesellschaft (in Deutschland an einer AG bzw. KGaA). Auf die Aktie und damit auf den Aktionär entfällt also ein entsprechender Anteil des Gesellschaftsvermögens. Der Aktionär übernimmt indes auch die Haftung bis zur Höhe seiner Einlage. Als Gegenwert stehen dem Inhaber der Aktie diverse Rechte zu. Der Aktionär kann seine Beteiligung an der AG nicht kündigen, allerdings hat er die Möglichkeit eines Aktienverkaufes (zumeist über die *Börse*).

Die Ausgabe von Aktien wird als *Emission* bezeichnet. Aktien, die gemeinsam emittiert werden, bezeichnet man als *Tranche*. Aktien werden zunächst bei der Gründung eines Unternehmens und später normalerweise im Rahmen einer Kapitalerhöhung ausgegeben. Der Anteil einer Aktie am Unternehmen kann als *Nennwert* angegeben werden, also z.B. "50 €". Er beträgt dann 50 € am Grundkapital. Bei der *nennwertlosen Aktie* entspricht der Anteil am Grundkapital dem Anteil an den Aktien. Bei 1.000 Aktien und 100.000 € Grundkapital entspricht eine Aktie also einem Anteil von 1/1000 am Grundkapital und damit am Unternehmen. Der theoretische Nennwert wäre in diesem Fall 100 €.[135]

Das Unternehmen kann über die Dividende die Aktionäre am Gewinn des Unternehmens beteiligen. Die *Dividende* ist eine pro Aktie geleistete Zahlung an die Aktionäre. Die Höhe der Dividende wird auf der HV des Unternehmens festgelegt. Sie berechnet sich prozentual auf den Nennwert.[136]

---

führte Unternehmen geworden (Urteil des BGH vom 24.02.1997, Aktenzeichen: II ZB 11/96). Beispiele für diese Rechtsform in der Praxis sind Henkel KGaA, Merk KGaA, Claas KGaA oder Merkur Bank KGaA.

[135] Seit dem 1. Januar 1998 sind im deutschen Aktienrecht nennwertlose Aktien oder "Stückaktien" zugelassen. Die *Stückaktie* unterscheidet sich gegenüber den bisher in Deutschland erhältlichen Aktien dadurch, dass sie keinen Nennwert mehr hat. Deshalb kann sie – abgesehen von einem Mindestbetrag – beliebige Werte darstellen. Grundsätzlich kann der Anteil einer Stückaktie am Grundkapital als rechnerischer Nennwert aufgefasst werden. Dementsprechend werden derartige Stückaktien auch als *unechte nennwertlose Aktien* bezeichnet. [Im Gegensatz zu den in den USA üblichen Quotenaktien, die als echte nennwertlose Aktien einen bestimmten Anteil am Reinvermögen (abzüglich der Schulden) verbriefen.]

[136] Während der Nennwert der auf der Aktie aufgedruckte Betrag ist, ist der Kurswert der Wert dieser Aktie an der Börse. Die Differenz dieser beiden Werte wird Agio (Aufgeld) genannt. Begründet wird dieses u.a. durch stille Reserven, Phantasie (Zukunftsaussichten) oder Gewinn- und Kapitalrücklagen der AG.

Warum werden Aktien gekauft?

Hierfür sprechen vielerlei Motive. Einerseits ist es die Möglichkeit, Einfluss auf die Geschäftsführung zu nehmen. Allerdings dominieren – vor allem bei den vielen Kleinaktionären – das Spekulations-[137] und Gewinninteresse[138].

Welche Rechte hat ein Aktionär?

Jeder Aktionär kann auf der HV seine gesetzlich verankerten *Stimmrechte* ausüben. Die Anzahl der Stimmen, die ein Aktionär auf sich vereint, richtet sich nach dem Nennwert seines Aktienbesitzes. Der Aktionär muss nicht selbst auf der HV anwesend sein, er kann sein Stimmrecht auch von einem Dritten, z. B. einem Kreditinstitut, ausüben lassen (Depotstimmrecht). Für Vorzugsaktien wird häufig das Stimmrecht ausgeschlossen. Mit Ausnahme des Stimmrechts haben die Aktionäre hierbei aber weiterhin alle anderen Rechte.

Wenn eine AG Kapital benötigt, kann sie *neue (junge) Aktien* ausgeben. Das Recht, diese jungen Aktien zu erwerben, haben in erster Linie die Besitzer *alter Aktien* dieses Unternehmens. Es wird ihnen ein *Bezugsrecht* eingeräumt, und zwar im Verhältnis zur Anzahl ihrer alten Aktien.[139]. Lautet das Bezugsrecht z. B. auf 5:1, so heißt das: ein Aktionär kann für je 5 alte Aktien eine junge Aktie beziehen, und zwar i.d.R. zu einem Vorzugspreis (Bezugskurs). Will er die jungen Aktien nicht kaufen, so kann er sein Bezugsrecht selbständig an der Börse verkaufen.[140]

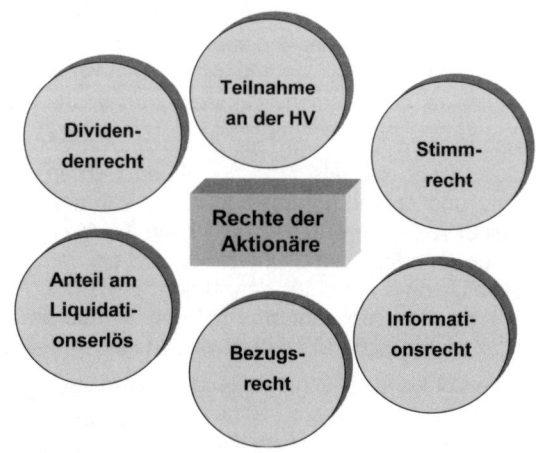

Das *Dividendenrecht* ist der auf eine einzelne Aktie entfallende ausgeschüttete Gewinnanteil des Bilanzgewinns einer AG. Die Dividende wird entweder in Prozent des Nennwertes oder in Währungseinheiten pro Stück ausgedrückt. Über die Verteilung beschließt die HV. In Deutschland wird die Dividende jährlich gezahlt, in anderen Ländern häufig pro Quartal (Quartalsdividende).

---

[137] *Spekulationsgewinne steuerlich betrachtet*: Erzielt ein Aktionär als Differenz zwischen An- und Verkauf (abzüglich der Verkaufsgebühren) einen Überschuss, so ist dieser bis zum Wert von 512 € steuerfrei. Liegen zwischen dem Tag des Ankaufs und der Wiederveräußerung der Aktie mind. 12 Monate, ist der gesamte "Spekulationsgewinn" steuerfrei. Verluste aus Spekulationsgeschäften können auch mit Überschüssen aus anderen Einkunftsarten verrechnet werden.

[138] Zunächst einmal unterliegt der Gewinn einer AG der Körperschaftsteuer. Darüber hinaus sind Einkünfte aus Kapitalvermögen seit dem Jahr 2000 insgesamt in Höhe des so genannten "Sparerfreibetrags" von 1 550 € (Ledige) beziehungsweise 3 100 € (Verheiratete) steuerfrei. Seit dem 1.1.2001 gilt das sog. Halbeinkünfteverfahren (inländische Dividenden ab 1.1.2002) – die volle Erfassung wird somit durch eine hälftige Berücksichtigung abgelöst.

[139] Das Bezugsrecht stellt eine Art Vorkaufsrecht zur Verhinderung der Verwässerung ihrer Anteile dar. Das soll heißen, dass jeder Aktionär durch den entsprechenden Zukauf junger Aktien, die Möglichkeit besitzt, seinen Anteil und damit auch seinen Einfluss auf das Unternehmen weiterhin in gleichem Maße aufrecht zu erhalten.

[140] Hierfür gibt es extra eine i.d.R. zweiwöchige Bezugsrechtshandelsfrist.

Wie wird eine Aktie bewertet?

Dies ist eine sehr wichtige Frage. Ob es nun die Aktien von Microsoft, Siemens oder einem „no name"-Unternehmen sind, die wichtigste Bewertungsgröße, mit der der Wert eines Unternehmens gemessen wird, sind die Einkünfte (cash flow, Gewinne). Große Börsen, wie die Wall Street, sind geradezu vernarrt in diese Zahlen, so dass sich Investoren auf die Unternehmensberichte, die in den USA 4x jährlich erscheinen, stürzen, um wichtige Zeichen zu erkennen, wie gut es um den Gesundheitszustand des Unternehmens bestellt ist, oder ob ein fähiger „Arzt" eine gute Medizin[141] für ein krankes Unternehmen verabreicht hat.

Die Investoren und dementsprechend auch der Markt honorieren sowohl schnelle als auch konstante Einkommenswachstumsraten. Mmmh, na ja, und dann gibt es natürlich noch die Unternehmen, die bisher keinen Gewinn gemacht haben und dies auch in naher Zukunft nicht machen, aber großartige Gewinne, wahrscheinlich viel später abwerfen werden. Dies akzeptieren die Börsen, vor allem, wenn sie in euphorischer Stimmung sind, für eine gewisse Zeit. Allerdings in schlechter werdenden Zeiten oder wenn die ach so gewinnträchtige Zukunft doch länger auf sich warten lässt, verlieren viele Investoren doch den Glauben an solche Unternehmen, wie unlängst viele „New Economy"-Unternehmen erfahren mussten. Am Ende zählt für einen Investor doch meist nur der Gewinn bzw. der Cash Flow. (Sic!)

Bisher habe ich nur von Gewinnen und Aufwärtstrends gesprochen. Was ist mit Verlusten oder Abwärtstrends?[142] Na ja, das hört man gar nicht gern. Denn Verluste oder Schrumpfungsraten sind gleichbedeutend mit Wertvernichtung und werden fast immer sofort von der Börse mit sinkenden Werten abgestraft.[143]

Was für Aktien werden unterschieden?

Es gibt eine Vielzahl von Aktienarten. Zunächst sind die *Stammaktien* zu nennen, die dem Inhaber die normalen, durch das Aktiengesetz festgelegten Anteilsrechte gewähren. Das Börsenkürzel für Stammaktien ist „Stämme".

Eine AG kann daneben auch Aktien ausgeben, die mit besonderen rechtlichen Vorzügen ausgestattet sind, z. B. mit der Garantie einer Mindestdividende oder mit einem Dividendenvorzug. Diese Aktien werden *Vorzugsaktien* genannt. Häufig sind die *stimmrechtslosen Vorzugsaktien* in Gebrauch, bei denen der Aktionär kein Stimmrecht in der HV hat. *Mehr-*

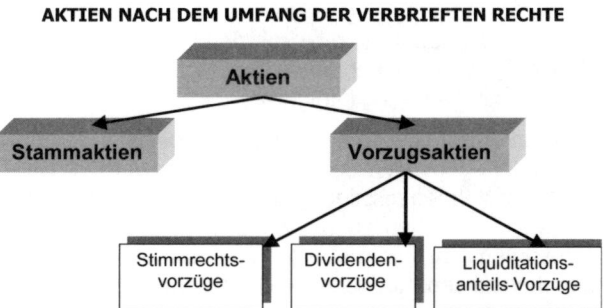

AKTIEN NACH DEM UMFANG DER VERBRIEFTEN RECHTE

---

141 Wobei häufig das etwas altertümliche anmutende „Blut ablassen" als kurierende Methode angesehen wird.

142 Wunderbar verpackt in dem neudeutschen Wort „negatives Wachstum", indem man dem unangenehmen Beigeschmack des Wortes „negativ" noch ein positives Wort beistellt. Diese Vorgehensweise ist in vielen neudeutschen Begriffswundern, wie „Gesundschrumpfen" o. ä. wieder zu finden.

143 Die Deutsche Telekomaktie gibt hier ein schönes Beispiel. Bei ihrer ersten Emission für 14,57 € (11/1996), die zweite Tranche (6/1999) für 39,50 €, die dritte Tranche (6/2000) für 66,50 € ! ausgegeben, zwischendurch bei 85 € gelandet, dümpelt sie momentan (2005) wieder bei 14 €. Das sind keine Erfolgsgeschichten, die man erleben möchte.

stimmrechtsaktien sind unzulässig.[144] *Kumulative Vorzugsaktien* gewähren ihren Inhabern in günstigen Geschäftsjahren Entschädigungen für Dividendenausfälle in vorangegangenen, dividendenlosen Jahren. *Kumulative stimmrechtslose Vorzugsaktien* verbriefen ihren Inhabern das Aufleben des ausgeschlossenen Stimmrechts, wenn die Vorzugsdividende in einem Jahr nicht oder nicht vollständig gezahlt und der Rückstand im nächsten Jahr nicht neben dem vollen Vorzug dieses Jahres nachgezahlt wird. Das Stimmrecht behalten Vorzugsaktionäre dann, bis die Rückstände nachgezahlt sind.

Prioritätsaktien verbriefen ihren Inhabern einen Dividendenanspruch vor Bedienung der übrigen Aktionäre.

In Deutschland ist die *Inhaberaktie* die übliche Form des Aktie. Inhaberpapiere können ohne große Formalitäten an einen anderen Inhaber übertragen (verkauft, verschenkt, vererbt) werden. Dies geschieht einfach durch Einigung und Übergabe. Allein der Besitz des Papiers dokumentiert das Recht aus dem Papier.

AKTIEN NACH DER ÜBERTRAGBARKEIT DER RECHTE

Demgegenüber ist eine *Namensaktie* ein Wertpapier , das auf den Namen einer bestimmten Person ausgestellt ist. Der Besitzer einer Namensaktie ist im Aktienbuch eingetragen, der Verkauf ist etwas umständlicher (Einigung – Indossament und Übergabe). Namensaktien gibt es häufig bei Versicherungs-AGs, bei denen das Kapital nicht voll eingezahlt ist und die Aktionäre somit eine mögliche Nachschuss-Verpflichtung haben.

Eine *vinkulierte Namensaktie* ist ein Wertpapier, das auf den Namen eines bestimmten Gläubigers ausgestellt ist. Im Gegensatz zum Namenspapier ist in der Satzung verankert, dass die Übertragung der vinkulierten Namensaktie der Zustimmung der Gesellschaft (Vorstand/Aufsichtsrat) bedarf. Damit wird erreicht, dass (1) die Zahl der Aktien, die ein einzelner Aktionär erwerben kann, beschränkt bleibt, (2) die Weitergabe an nicht ausreichend zahlungsfähig erscheinende Käufer verhindert wird und (3) ist dies wichtig bei sog. Nebenleistungs-AGs, d.h., mit den Rechten der Aktie sind auch Pflichten verbunden, so z. B. die Lieferung einer jährlichen Menge an Zuckerrüben im Falle einer Zuckerfabrik. (Sicherung der Lieferungsfähigkeit!)

AGs verschaffen gelegentlich ihren Mitarbeitern die Möglichkeit, Aktien des Unternehmens zu besonders günstigen Bedingungen zu erwerben. Diese *Belegschaftsaktien* dienen damit sowohl der Vermögensbildung in Arbeitnehmerhand als auch dem Zweck, die Mitarbeiter enger an den Betrieb zu binden und sie mehr für das wirtschaftliche Wohlergehen des Unternehmens zu interessieren (Corporate Identity). Daneben wird die Ausgabe von Belegschaftsaktien durch steuerliche Vergünstigungen gefördert.

Die *Berichtigungsaktie* wird auch Zusatzaktie oder Gratisaktie genannt. Wenn eine AG ihr Aktienkapital aus eigenen Mitteln, z. B. aus den Reserven, erhöht, so erhalten alle Aktionäre für eine bestimmte Anzahl von Aktien je 1 Zusatzaktie. Sie müssen dafür zwar nichts bezahlen, erhalten die Aktien also tatsächlich gratis, aber doch nicht geschenkt, da der Kurs der Aktien sich fast automatisch reduziert. Wurde z. B. 1 Zusatzaktie auf je 3 alte Aktien ausgegeben, so haben die 4 Aktien zusammen etwa denselben Kurswert wie vor Ausgabe

---

[144] Der Wirtschaftsminister des Bundeslandes, in dem die Gesellschaft ihren Sitz hat, kann Ausnahmen zulassen, soweit es zur Wahrung überwiegend gesamtwirtschaftlicher Belange erforderlich ist.

der Zusatzaktie die 3 alten Aktien. Die Dividende erhält der Aktionär jedoch künftig für 4 Aktien. Die Ausgabe von Berichtigungsaktien lässt daher auf einen besonders guten Geschäftsverlauf schließen. Oft dient sie auch dazu, eine „schwer" gewordene Aktie (sehr hoher Kurs) leichter zu machen, um im Falle einer zukünftigen Kapitalerhöhung einen attraktiveren Kurs anbieten zu können.

Erhöht eine AG ihr Grundkapital, so gibt sie *junge Aktien* aus. Diese haben i.d.R. gegenüber den alten Aktien einen Dividenden-Nachteil. Deshalb werden die jungen Aktien an der Börse eine Zeitlang gesondert gehandelt. Am Tag „ex Dividende" werden die jungen Aktien den alten gleichgestellt. Werden Aktien das erste Mal an der Börse platziert, spricht man von *neuen Aktien*.

5. Wo werden Aktien gehandelt?

Nachdem das Anlegervertrauen in 2002 nach monatelangem Crash auf Raten besonders bei High-Tech-Aktien stark erschüttert wurde, reagierte die Deutsche Börse: Neue Indizes, die für mehr Qualität stehen sollen, wurden eingeführt. Grundsätzlich hat der deutsche Aktienmarkt nun zwei Segmente mit unterschiedlichen Transparenzstandards. Aber zunächst ein kleiner Abgesang auf ein euphorisch aufgenommenes Segment.

„Adieu Neuer Markt": Die Deutsche Börse hatte den Neuen Markt im April 1997 als Segment für Wachstums- und Technologiewerte ins Leben gerufen. In der Boomphase der New Economy zählte das Segment über 350 Unternehmen. Im März 2000 notierte der Auswahlindex Nemax50 bei 9665 Punkten. Seit 2001 jedoch machte der Neue Markt vor allem Schlagzeilen wegen der dramatischen Kurseinbrüche sowie Bilanz- und Kursmanipulationen bei einzelnen Gesellschaften. Seit seinen Höchstständen verlor er bis Ende 2002 mehr als 95 Prozent.

Der Börsenrat der Frankfurter Wertpapierbörse (FWB) beschloss am 19. 11. 2002 die neue Segmentierung des Aktienmarktes. Mit der Neustrukturierung ab 01. 01 2003 entstand für Aktien und aktienvertretende Zertifikate – neben dem General Standard mit den gesetzlichen Mindestanforderungen des Amtlichen Marktes oder Geregelten Marktes – das neue Segment Prime Standard mit einheitlichen Zulassungsfolgepflichten.

Der *General Standard* ist ein Segment für Aktien und aktienvertretende Zertifikate innerhalb des Amtlichen Handels und Geregelten Marktes der FWB. Unternehmen im General Standard müssen die gesetzlichen Mindestanforderungen des Amtlichen Handels bzw. Geregelten Markts erfüllen. Damit ist der General Standard in erster Linie ein Segment für kleine und mittlere Unternehmen, die überwiegend nationale Investoren ansprechen wollen.

Im Gegensatz dazu ist der *Prime Standard* auf Unternehmen zugeschnitten, die sich auch gegenüber internationalen Investoren positionieren wollen. Sie müssen über das Maß des General Standard hinaus hohe internationale Transparenzanforderungen erfüllen.[145] Die Zulassung zum Prime Standard erfolgt auf Antrag des Emittenten. Entscheidungsgremium ist die Zulassungsstelle. Die von der Deutschen Börse beschlossenen neuen Indexkonzepte beziehen sich *ausschließlich auf den "Prime Standard"*. Genauer betrachtet sind es keine neuen Indizes, sie entstanden eher aus einer Verkleinerung der bisherigen Indizes.

---

[145] (1) Quartalsberichterstattung, (2) Anwendung internationaler Rechnungslegungsstandards (IFRS oder US-GAAP), (3) Veröffentlichung eines Unternehmenskalenders mit den wichtigsten Terminen, (4) Durchführung mindestens einer Analystenkonferenz pro Jahr, (5) Ad-hoc Mitteilungen und laufende Berichterstattung in englischer Sprache.

Der Deutsche Aktienindex *DAX*[146] bleibt dabei in seiner qualitativen und quantitativen Aus-gestaltung unverändert. Unterhalb des DAX führt die Börse ein neues Branchensystem ein, das streng nach Technologie- und "klassischen" Werten trennt. Anstelle des noch bis Ende 2004 berechneten Auslaufmodells Nemax 50 tritt der *TecDAX*[147], der nur noch 30 High-Tech-Unternehmen umfasst und gleichzeitig der einzige Technologieindex sein wird. Das bedeutet, dass alle Technologieunternehmen in der deutschen Börsenlandschaft sich um einen Platz im TecDAX bemühen. Wer den Sprung nicht schafft, ist "indexlos".

Ausschließlich für die klassischen Branchen wie Industrie, Finanzen, Pharma und Handel bleiben die Nebenwerte-Indices MDAX und SDAX reserviert. Der für mittlere Unternehmen vorgesehene *MDAX*[148] sowie der auf kleinere Unternehmen orientierte *SDAX*[149] umfassen noch 50 Werte.[150]

Die unterschiedlichen Marktsegmente

Man kann vier Stufen des Wertpapierhandels unterscheiden: (1) den Telephonverkehr, (2) den Freiverkehr, (3) den Geregelten Markt und (4) den Amtlichen Handel.

Der *Freiverkehr* ist der Handel in amtlich nicht notierten Werten. Es ist ein Teilmarkt des Effektenhandels: (a) auf der Grundlage des §78 BörsenG (geregelter Freiverkehr) sowie (b) im außer- und nachbörslichen Bereich (*Telefonverkehr*). Wertpapiere, die in den geregelten Freiverkehr einbezogen werden, müssen bestimmte Voraussetzungen erfüllen, die im reinen Telefonverkehr (außerhalb der Börse) nicht vorzuliegen brauchen. Die Anforderungen an die Qualität der Wertpapiere bleiben hinter den zum Amtlichen Handel sowie zum Geregel-ten Markt zugelassenen Papieren zurück. Besonders Regionalwerte und Lokalwerte mit be-grenztem Wirkungskreis sowie Familiengesellschaften befinden sich im Freihandel.

Mit dem am 1. Mai 1987 in Kraft getretenen Börsenzulassungsgesetz wurde ein neues Bör-sensegment geschaffen: der *geregelte Markt*. Dieses Marktsegment ist zwischen dem amtli-chen Handel und dem geregelten Freiverkehr angesiedelt. Die Schaffung dieses Marktes zielt darauf ab, insbesondere kleinen und mittleren Unternehmen den Zugang zur Börse zu erleichtern. Dieses Ziel soll durch erleichterte – im Vergleich zum amtlichen Börsenhandel – Zulassungsvoraussetzungen[151] erreicht werden.

---

[146] Der DAX spiegelt die Wertentwicklung der nach Marktkapitalisierung 30 größten deutschen AGs wieder.

[147] Der Aktienindex TecDAX enthält die Aktien der 30 größten und liquidesten Technologie-Werte unterhalb des DAX. Dies können sowohl deutsche, als auch ausländische Unternehmen sein -- vorausgesetzt sie sind im Prime Standard notiert und gehören zu einer Technologie-Branche.

[148] Der Aktienindex MDAX enthält die Aktien von 50 Unternehmen aus klassischen Sektoren, die hinsichtlich Größe und Umsatz auf die DAX-Unternehmen folgen. Im MDAX versammeln sich damit mittelgroße Unter-nehmen, die so genannten Midcap-Unternehmen. Dies können sowohl deutsche, als auch ausländische Un-ternehmen sein, vorausgesetzt sie sind im Prime Standard notiert.

[149] Der Aktienindex SDAX enthält die Aktien der 50 größten und liquidesten Unternehmen aus klassischen Sektoren unterhalb des MDAX. Bis März 2003 bildete der SDAX das privatrechtliche Segment SMAX ab, das mit der Neustrukturierung des Aktienmarkts an der FWB entfiel.

[150] Die neuen Handelssegmente und die mit dem "Prime Standard" verbundenen Indizes basieren anders als bisher nicht auf privatrechtlichen Regeln, sondern auf dem 4. Finanzmarktförderungsgesetz und damit ei-ner öffentlich-rechtlichen Börsenordnung. Dadurch soll – so die Börse – die Durchsetzbarkeit der Regeln gesichert und das Vertrauen der Investoren gestärkt werden.

[151] Mindestemmissionsvolumen: 0,25 Mio. € Nennwert Aktien. Zulassungsvoraussetzungen sind (1) ein Emis-sionsvolumen von mind. 0,25 Mio. €, (2) ein Streubesitz von möglichst 25%, ausschließlich Stammaktien, (4) die Verpflichtung eines Betreuers für den Handel und (5) ein Zulassungsprospekt

Nicht jedes WP wird in den *amtlichen Handel* einbezogen. Es kann erst nach einem gesetzlich vorgeschriebenen Prüfungsverfahren zum Handel und zur amtlichen Notierung zugelassen werden. Dafür ist u. a. ein sog. „Prospekt" mit umfassenden Angaben über die wirtschaftlichen und finanziellen Verhältnisse des Unternehmens erforderlich. [152] Erst dann entscheidet eine Börsenkommission über die Aufnahme des Papiers in den amtlichen Handel.

6. Und wie kommt nun eine AG an neues Eigenkapital heran?

Die Maßnahme zur Finanzierung eines Unternehmens durch Erhöhung des EK bezeichnet man durchgängig als Kapitalerhöhung. Bei einer AG sind folgende Formen der Kapitalerhöhung möglich, bei denen den Altaktionären generell ein Bezugsrecht eingeräumt wird: (1) Die *(ordentliche) Kapitalerhöhung* mittels Ausgabe junger Aktien; (2) die *Kapitalerhöhung aus Gesellschaftsmitteln* (Berichtigungsaktien). Hierbei kommt es zu einer Umwandlung von offenen Rücklagen in Grundkapital. Da eine solche Aufsto-

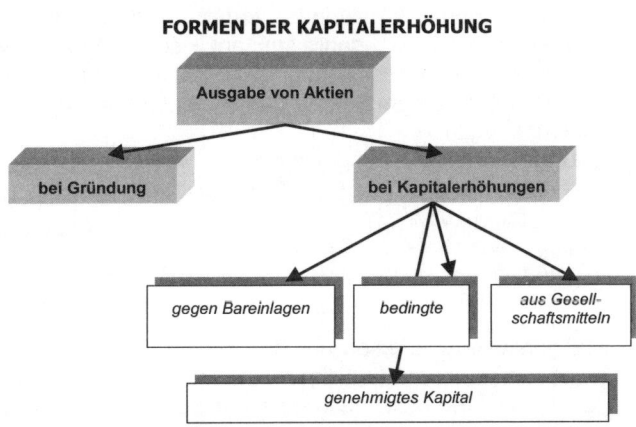

ckung nur formell vorgenommen und durch Umwandlung von Rücklagen in Grundkapital "bezahlt" wird, ohne dass der AG neue Mittel zufließen (kein Finanzierungseffekt!), stehen den Altaktionären Berichtigungsaktien zu. Ferner gibt es das "bedingte" Kapital (*bedingte Kapitalerhöhung*) als Hilfsmittel der Finanzierung bei Ausgabe von Anleihen mit Aktienbezugsrecht oder Umtauschrecht (Optionsanleihe, Wandelanleihe) sowie das "*genehmigte*" *Kapital*. Letzteres ist gewissermaßen Vorratskapital, d.h., der Vorstand ist laut Satzung ermächtigt, die Kapitalerhöhung bis zu einem bestimmten Betrag durch Ausgabe neuer Aktien gegen Einlagen zu erhöhen, ohne dass ein gesonderter HV-Beschluss erforderlich ist.[153]

7. Und was ist so ein Bezugsrecht wert?

Das Bezugsrecht hatten wir als eine Art Vorkaufsrecht auf junge Aktien kennen gelernt. Dieses Vorkaufsrecht hat auch einen Wert. Um diese Wertermittlung zu erklären, erstmal eine kleine Geschichte vorneweg:

Früher traf ich mich mit meinen Kommilitonen regelmäßig einmal in der Woche zu einem „Arbeitsumtrunk". Wir waren vier und jeder kaufte in der Regel Getränke für ca. 10 € ein. Wir lernten vielleicht nicht gar so intensiv, dafür erwarben wir kurzfristig tiefere Einsichten in die Materie. Es sprach sich herum und eines Tages kam ein guter Freund von mir dazu. Beim ersten Mal brachte er ebenfalls flüssige Leckereien mit. Der erste Besuch machte wohl

---

152 Mindestemmissionsvolumen von 2,5 Mio., voraussichtlicher Kurswert oder EK 2,5 Mio. €. I.d.R. nur bonitätsmäßig einwandfreie Großunternehmen (Streubesitz 25 %)

153 Beim genehmigten Kapital sind zwei Restriktionen zu beachten: Die *Volumensrestriktion* besagt, dass das genehmigte Kapital nicht mehr als 50 % des bei der Genehmigung bestehenden gezeichneten Kapitals überschreiten darf. Die Genehmigung darf auf maximal 5 Jahre ausgesprochen werden (*Zeitrestriktion*).

einen positiven Eindruck auf ihn. Er kam jedenfalls danach regelmäßig wieder. Dies wurde auch durchweg positiv von allen aufgenommen, einzig die Tatsache, dass er als Anhänger eher billigerer Ware pro Besuch nur für ca. 6 € flüssiges Arbeitsmaterial mitbrachte, aber gleichzeitig genauso beim Verzehr zulangte wie alle anderen, führte bei einigen – allerdings jeweils nur zu Anfang der Sitzung – zu leichten Irritationen. Einer aus der Runde war nicht nur ein sehr fairer Zeitgenosse, sondern konnte auch gut mit Zahlen umgehen. Einmal machte er den Vorschlag, dass „der Neue" neben seiner normalen Ration, jedem von uns auch noch einen „Willi" für -,80 € ausgeben müsste.

Er argumentierte: Wenn jeder von uns „Alten" einen Willi gratis bekommt, haben wir ja nicht eigentlich 10 € bezahlt, sondern – sozusagen – eine Ausschüttung von -,80 € erhalten, was unser investiertes „Kapital" auf 9,20 € für den Abend reduziert. Demgegenüber hat der „Neue" neben seinem Beitrag von 6 € auch noch vier mal -,80 € ausgelegt, was zusammen ebenfalls 9,20 € Beitrag macht. Nachdem wir alle seinen fairen Vor-schlag akzeptier-

$$Ausgleichszahlung = \frac{Einsatz der" Alten" - Einsatz der" Neuen"}{\dfrac{Anzahl" Alte"}{Anzahl" Neue"} + 1} = \frac{10 - 6}{\dfrac{4}{1} + 1} = 0,80€$$

ten und er uns auch noch sein Rechenverfahren darstellte, hatten wir vor und während unserer Sitzungen keine Kopfschmerzen mehr. Die Rechnung ging wie folgt:

Und genauso funktioniert das Bezugsrecht und die Ermittlung seines Wertes. Häufig werden junge Aktien am Markt billiger platziert, als die alten Aktien. Dies kann aus z. B. Marketing-gesichtspunkten geschehen oder um die Aktie insgesamt etwas „leichter" zu machen. Nach der Kapitalerhöhung sind die jungen Aktien allerdings zumeist gleichberechtigt mit den al-ten Aktien, was ein bisschen ungerecht ist, da sie ja billiger eingekauft wurden und nun die gleichen Rechte haben. Um hier einen fairen Ausgleich zu schaffen, gibt es die Berechnung des „inneren Wertes" des Bezugsrechts. Um also eine junge Aktie beziehen zu können bspw. bei einer Kapital-

$$BR = \frac{Kurs_{alteAktie} - Kurs_{jungeAktie}}{\dfrac{altesKapital}{neugeschaffenesKapital} + 1}$$

erhöhung im Verhältnis von 5:1 (z.B. wird das Grundkapital von 250 Mio. um 50 Mio. auf 300 Mio. € erhöht) benötigt ein „Neuer" neben dem Bezugspreis für die junge Aktie auch noch 5 Bezugsrechte (verbrieft in Dividendenscheinen). Diese muss er während einer i.d.R. zweiwöchigen Bezugsrechtshandelsfrist von verkaufswilligen (bezogen auf die Bezugsrech-te) Altaktionären beziehen. Die Berechnung des „inneren Wertes" dieses Bezugsrechtes, den die oben stehende Formel wiedergibt, hilft bei die Ermittlung eines fairen Wertes der Ausgleichszahlung.

Demo-Aufgabe (Bezugsrecht (BR))

Kapitalerhöhung im Verhältnis 5:1 (250 Mio. € auf 300 Mio. €). Kurs der Aktie an der Börse heute 230 €. Bezugskurs der jungen Aktie 200 €. Wie hoch ist der Wert des Bezugsrechts?

Dementsprechend wird der Aktienkurs am nächsten Tag (am Tag nach dem Beschluss der Kapitalerhöhung) – ceteris paribus – bei 225,-- liegen. (230 – 5). Dafür hat aber jeder Altaktionär auch 5 € mehr Cash in der Tasche. Die neuen Aktionäre brauchten für die junge Aktie zwar nur 200 € bezahlen, mussten aber obendrein

$$BR = \frac{230 - 200}{\dfrac{250}{50} + 1} = 5€$$

noch 5 Bezugsrechte á 5 € kaufen. Dementsprechend haben sie exakt 225 € für die Aktie bezahlt. Verstanden? Gut!

Allgemeiner Blick über die Fremdkapitalfinanzierung

„Am besten erkennt man den Charakter eines Menschen bei Geldangelegenheiten, beim Trinken und im Zorn."[154]

Worum geht's?

1. Was ist ein Kredit?
2. Welche Varianten kurzfristiger Unternehmens-Kredite gibt es?
3. Welche Alternativen gibt es im mittelfristigen Kreditbereich?
4. Welche Möglichkeiten gibt es im langfristigen Kreditbereich?
5. Was versteht man unter Kreditsubstituten?
6. Welche besonderen Finanzierungsmöglichkeiten bietet der Außenhandel?

Fremdfinanzierung umfasst alle Möglichkeiten der Kapitalbeschaffung von „Fremden", also von Personen oder Institutionen, die nicht Gesellschafter sind.[155] Das Wort, das einem dabei als erstes vorschwebt ist der Begriff Kredit.

1. Was ist ein Kredit?

„Kredit" stammt vom lateinischen Wort „credere" ab, was „glauben", „vertrauen" bedeutet. Darauf aufbauend muss der Kreditgeber Vertrauen in die Fähigkeit und Bereitschaft des Kreditnehmers haben, die Schuldverpflichtungen ordnungsgemäß zu erfüllen. Normalerweise ist diese Überlassung von Geld (Kaufkraft) mit dem Erhalt von Zinsen als Entgelt für die Nutzung verbunden. Dies ist aber nicht zwingend. Eine einfache Definition lautet:[156]

> **Kredit** ist die Überlassung von Geld (Kaufkraft) auf Zeit.

Rechtlich gesehen ist jeder Kredit, mit dem Bar- oder Buchgeld zur Verfügung gestellt wird, ein *Darlehen*. Während der Begriff Kredit sowohl auf die kurz-, mittel- als auch langfristige Überlassung von Geld bzw. Kapital angewandt wird, bezeichnet das Darlehen im allgemeinen Sprachgebrauch eher langfristige Ausleihungen. Das Darlehen ist ein schuldrechtlicher Vertrag, der den Darlehensgeber verpflichtet, einen bestimmten Geldbetrag oder eine Sa-

---

[154] Talmud

[155] Als Ausnahme ist hier das Gesellschafterdarlehen zu sehen, was unter besonderen Bedingungen als FK angesehen werden kann. Von einem Gesellschafterdarlehen spricht man, wenn Gesellschafter einer Personengesellschaft ihrem Unternehmen ein Darlehen überlassen. Hierbei ist zu prüfen, ob es sich um EK handelt oder ob das Darlehen dem Sonderbetriebsvermögen des Gesellschafters zuzurechnen ist. Wenn es sich um ein Darlehen im Sinn des § 607 (Sachdarlehen) bzw. § 488 (Gelddarlehen) BGB handelt, stellt es FK dar.

[156] Folgt man dieser Definition, so ist auch das Leihen von 50 Cent für eine halbe Stunde, um sich einen Kaffee aus dem Automaten zu ziehen, ein Kredit!

che dem Darlehensnehmer zur Verfügung zu stellen.[157] Der Darlehensnehmer ist verpflichtet, den Betrag oder Sachen gleicher Art und Güte bei Fälligkeit zurückzuzahlen bzw. -geben.

Welche Kreditformen können unterschieden werden?

Diese Frage ist nicht leicht zu beantworten, da es nahezu unbegrenzt viele Kreditarten gibt bzw. geben kann. Dementsprechend beantworte ich diese Frage in Kategorien.

Hinsichtlich der Fristigkeit werden *kurzfristige* (bis zu 1 Jahr), *mittelfristige* (Laufzeit 1 bis 5 Jahre) und *langfristige* Kredite (Laufzeit länger 5 Jahre) unterschieden.

Hinsichtlich der Rückzahlung werden der *Festkredit*[158], der *Ratenkredit*[159] und der *Annuitätenkredit*[160] unterschieden. Nehmen wir an, dass bei allen 3 Formen Zinsen zu zahlen sind und es sich um einen 5-jährigen Kredit über 100.000 € handelt, so ergeben sich folgende Kapitaldienstleistungen.[161]

Festkredit			
(Rest-) Kredithöhe[162]	Tilgung[163]	Zinszahlung (10 % p.a.)	Kapitaldienst (Zins + Tilgung)
100.000	0	10.000	10.000
100.000	0	10.000	10.000
100.000	0	10.000	10.000
100.000	0	10.000	10.000
100.000	100.000	10.000	110.000
Ratenkredit			
100.000	**20.000**	10.000	30.000
80.000	**20.000**	8.000	28.000
60.000	**20.000**	6.000	26.000
40.000	**20.000**	4.000	24.000
20.000	**20.000**	2.000	22.000
Annuitätenkredit[164]			
100.000	16.380	10.000	**26.380**
83.620	18.018	8.362	**26.380**
65.602	19.820	6.560	**26.380**
45.782	21.802	4.578	**26.380**
23.980	23.980	2.400	**26.380**

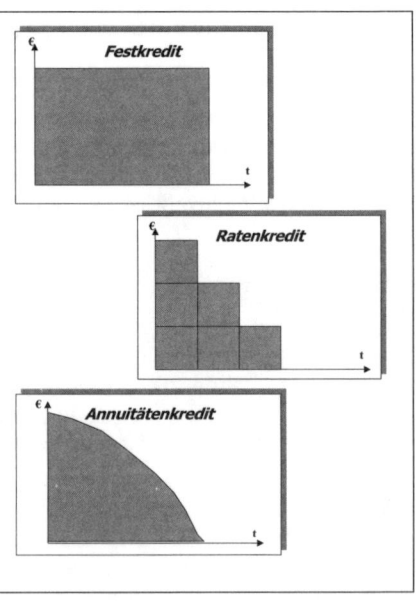

---

[157] Der Gesetzgeber unterscheidet seit 01.01.2002 in *Gelddarlehen* (§ 488 ff. BGB) und *Sachdarlehen* (§ 607 ff. BGB). Neu hinzugefügt wurden die Regelungen zum *Verbraucherkreditvertrag*. Dieser liegt vor, wenn der Darlehensgeber ein Unternehmer (z.B. Bank) und der Darlehensnehmer ein Verbraucher ist. (§§ 491ff. BGB.) Dies trifft auf den Großteil aller Darlehens- und Kreditverträge zu.

[158] Hierbei wird die gesamte Kreditsumme wird am Ende der Laufzeit zurückgezahlt.

[159] Die Rückzahlung erfolgt in Teilbeträgen (Raten).

[160] Die Rückzahlung erfolgt in gleich hohen Kapitaldienstbeträgen, was eine zunehmende Tilgungsleistung aufgrund des abnehmenden Zinsanteils zur Folge hat.

[161] Unter Kapitaldienst versteht man i.d.R. die Tilgung und die Zinszahlung.

[162] Die Kredithöhe zu Anfang des jeweiligen Jahres.

[163] Tilgung am Ende des jeweiligen Jahres

[164] Die Zahlen sind leicht gerundet. Die Annuität, berechnet durch Multiplikation des 5-jährigen Annuitätenfaktors [siehe Investitionsrechnung] mit der Kredithöhe ist exakt 26.379,75 €.

Werden Kredite nach der Art der zur Verfügung gestellten Mittel unterschieden, so sind die *Barkredite* als Geldleihe zu nennen. Hier wird Bar- oder Buchgeld zur Verfügung gestellt z.B. KK-Kredit, Diskontkredit. Demgegenüber stellt die *Kreditleihe* kein Geld, sondern Bonität (Kreditwürdigkeit) bereit. Beispiele sind der Akzeptkredit oder der Avalkredit.

Es gibt natürlich noch sehr viel mehr Unterscheidungsmöglichkeiten, so beispielhaft nach Zinszahlung, Finanzierungsgrund oder Kreditnehmer. Hier sei auf die vielfältig vorliegende Literatur oder das Internet verwiesen. Einzig die Unterscheidung nach der Art der Besicherung möchte ich zunächst noch ansprechen. Wird ein Kredit ohne besondere Sicherheitenstellung vergeben, so spricht man von einem *Blankokredit*. Kredite gegen besonders vereinbarte Personen- oder Sachsicherheiten, z. B. KK-Kredit gegen Stellung einer Bürgschaft, Ratenkredite in Verbindung mit einer Sicherungsübereignung oder Realkredite werden als *gesicherte Kredite* bezeichnet. Es ist nicht üblich einen Kredit voll zu besichern. Ist ein Kredit z.B. mit Sicherheiten bis zu 80 % der Kredithöhe „gedeckt", so spricht man auch von einem Kredit mit einem *Blankoanteil* von 20 %.

2. Welche Varianten kurzfristiger Unternehmens-Kredite gibt es?

Oh, da gibt es viele Möglichkeiten. Kredite von Geschäftspartnern (Lieferantenkredit, Kundenkredit), von Banken (Betriebsmittelkredit, Diskontkredit, Lombardkredit, Negoziierungskredit), vom Markt (Commercial Papers, Euronotes), aus dem Umlaufvermögen (Asset Backed Securities, Factoring) oder in Form einer Kreditleihe (Akzeptkredit, Avalkredit, Rembourskredit). Es gibt natürlich noch wesentlich mehr, aber ich möchte mich auf diese, häufig in Anspruch genommenen kurzfristigen Kreditformen konzentrieren.

Im Folgenden werde ich die Kredite in der oben angeführten Reihenfolge behandeln, wobei ich mich bei der Beschreibung im Text auf das „Wesen" des jeweiligen Kredites sowie auf seine Bedeutung für das Unternehmen konzentrieren werde. Weitere Aspekte, wie Vor- und Nachteile oder gar Konditionen, werde ich nur in Fußnoten anführen.

Der **Lieferantenkredit** wird dem Käufer einer Ware vom Verkäufer im Zusammenhang mit dem Warenabsatz gewährt. Dementsprechend ist das wesentliche Merkmal eines Lieferantenkredites die enge Verbundenheit zum Warenabsatz. Für den Käufer ist es ein ohne umständliche Formalitäten in Anspruch zu nehmender Kredit, der allerdings aufgrund der i.d.R. hohen Kosten nur in Liquiditätsengpasssituationen zu empfehlen ist. Der Lieferantenkredit ist die wichtigste Kreditform von Nichtbanken. Eine besondere Form des Lieferantenkredits ist der *Einrichtungskredit*, der z. B. von Brauereien an Gaststätten und von Mineralölgesellschaften an Tankstellen gewährt wird.

Wie teuer so ein Lieferantenkredit[165] u. U. sein kann, ist mit einer einfachen Rechnung zu belegen. Nehmen Sie an, Sie hätten die Möglichkeit, die gerade bezogene LKW-Ladung „Michael Moore beats George Bush"-Kampffiguren, nicht sofort zu bezahlen, sondern erst in 60 Tagen. Die Ware kostet dann 60.000 €. Bezahlen Sie sofort oder spätestens in 10 Tagen, so gewährt Ihnen der Lieferant ein Skonto von 3 %. Wie teuer ist dieser Lieferantenkredit?[166]

---

[165] An i.d.R. sehr hohe Zinskosten fallen die Kosten durch Skontoverlust für den Zeitraum des Zahlungsziels an. Der Lieferantenkredit ist schnell und bequem in Anspruch zu nehmen. Als Sicherheit dient meistens nur ein Eigentumsvorbehalt.

[166] Für die Berechnung des Effektivzinssatzes muss zunächst festgestellt werden, wie die *Kredithöhe* ist (60.000 * 0,97 = 58.200), *wie lange* der Kredit gewährt wird (50 Tage!, denn wenn man den Skonto zieht würde jeder betriebswirtschaftliche Centfuchser erst am 10. Tag bezahlen) und was für *Zinsen* für den

Der **Kundenkredit** wird fast nie in den Finanzierungsbüchern erwähnt, berechnet wird er aber ähnlich. Es ist ein Kredit, den der Kunde dem Lieferanten zum Beispiel bei Vorschusszahlung gewährt.[167] „Vorschuss kostet doch nix!" sagen Sie. Mmmh, das kommt ein bisschen darauf an. Stellen Sie sich vor, Sie sind der Lieferant und verlangen für die Warenlieferung aufgrund ihrer Machtstellung oder aufgrund sonstiger besonderer Umstände die Vorauskasse von 50 % des vereinbarten Preises von 1.000.000 €. Der Kunde willigt ein, aber erst nachdem er Ihnen ein kleines Preiszugeständnis abgerungen hat. Weil Sie normalerweise das Geld erst bei Lieferung (angenommen in 180 Tagen) bekommen würden, nun aber die Hälfte bereits bei Vertragsabschluss, gewähren Sie dem Kunden einen Sonderrabatt von 1,5 % auf den Verkaufspreis. Wie teuer ist der Kredit für Sie?[168]

Sie sehen an diesen beiden Beispielen, dass der effektive Zinssatz nicht immer offensichtlich gegeben ist, sondern man hier ab und an doch ein bissl die graue Masse zwischen den Ohren in Schwingung bringen muss. Vor allem, wenn die Preisfront breiter ist, will meinen, dass sich der Preis aus vielen Komponenten zusammensetzt. Bezüglich weiterer Aspekte verweise ich auf das Kapitel „Finanzinvestitionen".

Der **Betriebsmittelkredit** ist ein Dispositionskredit für Unternehmen. Es ist eine eingeräumte Kreditlinie auf dem laufenden Konto. Zwischenzeitliche Rückführungen gelten nicht als Tilgung. Die Zusage gilt i.d.R. für 1 Jahr, wird aber regelmäßig und „fast" automatisch verlängert. Der Betriebsmittelkredit dient dem Unternehmen zur Vergrößerung der Dispositionsfreiheit. Zinskosten werden nur in Höhe des in Anspruch genommenen Kreditbetrages berechnet, der Zinssatz ist aber verhältnismäßig hoch. Eine nicht ausgenutzte Kreditlinie ist Liquiditätpotenzial.

Der Betriebsmittelkredit ist ein ausgesprochen flexibles, aber auch teures Kreditinstrument. I.d.R. ist er nicht zweckgebunden und somit für alle Transaktionen einsetzbar. Diese Kreditform eignet sich auch als Saison- oder Überbrückungskredit. Ansonsten vor allem für kurzfristigen Finanzierungsbedarf des normalen Geschäftes. Da er meist als Blankokredit vergeben wird, schont er auch die Sicherheitenlage des Unternehmens.[169] Beachten sollte ein Unternehmer nicht nur die hohen Zinskosten, sondern auch die Abhängigkeit von dem Gutdünken der Bank, in die er sich bei hohem Betriebsmittelkredit begibt. Der kurzfristige Charakter und eine gewisse Kündigungswilligkeit von Seiten der Bank haben schon manches Unternehmen unverhofft in arge Schwierigkeiten gebracht.

Ein **Diskontkredit** ist ein kurzfristiger Kredit, den eine Bank durch Ankauf eines Wechsels (Diskontierung) vor dessen Fälligkeit unter Abzug des Diskonts gewährt. Hierbei werden die Zinsen für die Zeit vom Ankaufstag bis zum Fälligkeitstag direkt vom Nominalbetrag abge-

---

Kredit bezahlt werden (1.800 € Verzicht auf Skonto 3 % auf 60.000). Hat man dies, ergibt sich mit der Zinsformel der Effektivzinssatz von 22,27 %! Und das ist wahrlich teuer ☹.

[167]   Der Kundenkredit kommt i.d.R. im Schiffsbau, im Baugewerbe, im Auslandsverkehr und in der Maschinenindustrie (Groß- und Spezialmaschinen) aufgrund der immensen Vorleistungen und dem dementsprechend inhärenten Risiko vor. Als Sicherheit dient häufig ein Anzahlungsaval. Die Formalitäten sind eher gering. Häufig ist er im Kaufvertrag geregelt, z. B. mit Klauseln zum Produktionsfortschritt.

[168]   Hier muss ähnlich vorgegangen werden wir beim Lieferantenkredit. Was bekommen Sie an Preis weniger (= Zinsen ➔ 1,5% von 1 Mio. € sind 15.000 €). Der Kredit wird 180 Tage lang gewährt. Die Kredithöhe ist 50 % des zu zahlenden Preises (985.000 * 0,5 = 492.500). Dies eingesetzt in die Zinsformel ergibt sich ein Effektivzinssatz von 6,09 %. Das wäre ok! ☺

[169]   Der Zinssatz ist häufig einige Prozentpunkte teurer als ein „normaler" Kredit. Mögliche Kosten sind u. U. eine *Kreditprovision* von 3-4% vom zugesicherten Kredit, soweit er noch nicht in Anspruch genommen wurde, eine *Überziehungsprovision* in Höhe von 2 – 5 % zusätzlich auf den das Kreditlimit überschreitenden Betrag sowie *Kontoführungsgebühren* und/oder *Umsatzprovision*: z.B. 0,1% bis 1/8 % auf der Kontenseite mit dem größten Umsatz.

zogen. Dieser Abzug wird als Diskont bezeichnet. Normalerweise erfolgt ein solcher Wechselankauf im Rahmen einer Kreditlinie. Bis zu der festgesetzten Kreditgrenze kann durch Verkauf von Wechseln an die Bank der Diskontkredit in Anspruch genommen werden. Die Bank kann Wechsel bis zur Fälligkeit im Wechselportefeuille verwahren und dann zum Einzug geben oder sofort über das ESZB wieder liquidieren. Von Bedeutung für das Unternehmen ist der Diskontkredit, da später fällige Wechselforderungen sofort in verfügbare Bankguthaben umgewandelt werden.[170] [171]

Ein **Lombardkredit** ist eine Kreditgewährung gegen Verpfändung von beweglichen Sachen oder Rechten (*Faustpfandprinzip*).[172] Es wird ein *echter Lombard* (Darlehen über einen festen Betrag, der in einer Summe nach Fristablauf zu tilgen ist) von einem *unechten Lombard* (Durch Verpfändung gesicherter KK-Kredit) unterschieden. Für ein Unternehmen stellt der Lombardkredit eine schnelle kurzfristige Geldbeschaffung dar ohne das Negativum der Veräußerung der verpfändeten Sache. Die Bedeutung der klassischen Form des Lombardkredites geht zurück. Er wird mehr und mehr abgelöst durch Betriebsmittel- oder Eurokredite.

Commercial Papers (CP) sind Inhaberpapiere mit Laufzeiten zwischen 7 Tagen bis hin zu 2 Jahren. Rechtlich sind es voll übertragbare Zahlungsversprechen. CPs werden abdiskontiert ausgegeben. Mit den CPs umgehen Großunternehmen die Banken als Kreditgeber und emittieren eigene kurzfristige Notes am Kapitalmarkt (➔ Desintermediation). CPs sind für sie wundervoll flexible Kreditinstrumente, bezogen auf die Laufzeiten aber auch auf das Volumen. Zwar rücken die eher kurzen Laufzeiten die CPs in den kurzfristigen Kreditraum, allerdings werden sie über einen Rahmenvertrag eher zu einer Daueremission mit klar langfristigem Charakter. Die Zinsen orientieren sich an den Geldmarktsätzen, die bei normaler Zinsstruktur billiger sind.[173]

---

[170] Die Kreditkosten sind klar niedriger als bei einem Betriebsmittelkredit. Der Diskontkredit erfolgt häufig als laufende Inanspruchnahme im Rahmen einer Diskontlinie; Sicherheiten sind aufgrund der Wechselstrenge und seiner breiten Haftungsbasis i.d.R. keine weiteren notwendig.

[171] Mit Beginn der Europäischen Währungsunion am 1. Januar 1999 ging die Zuständigkeit für die Geldpolitik auf die Europäische Zentralbank (EZB) über. Damit verschwanden die Leitzinsen der nationalen Notenbanken, so auch der Diskontsatz der Deutschen Bundesbank.

Mit dem Diskontsatz ist auch das zinsgünstige Rediskontkontingent der Kreditinstitute bei der Deutschen Bundesbank ab 01. 01. 1999 entfallen. Allerdings kaufen die Banken weiterhin Wechsel an und reichen diese bei der EZB zur Refinanzierung ein. Die Zentralbank berechnet dafür jedoch nicht mehr einen besonders günstigen, sondern jenen, den sie auch bei anderen Formen der Offenmarktgeschäfte anwendet. Davon unbeeindruckt hat der Wechsel im Rahmen des *Auslandsgeschäftes* weiterhin eine sehr große Bedeutung.

Wichtig erscheint für die weitere Bedeutung des Wechsels, dass sie seit der Einführung des € als Kategorie-II-Sicherheit (marktfähige Sicherheiten mit besonderer Bedeutung für nationale Finanzmärkte und Sicherheiten) vom europäischen System der Zentralbanken (ESZB) akzeptiert werden. Dementsprechend können Banken diskontierte Wechsel bei den Landeszentralbanken (LZB) zur Kreditaufnahme nutzen. (*Ankaufbedingungen* sind: Laufzeit zwischen 1 – 6 Monaten, Schuldnersitz Deutschland, mind. ein Wechselverbundener muss notenbankfähig sein, Abzinsung mit 3-Monats-EURIBOR abzüglich 2 %.)

Mit dem Entfallen des Zinsvorteils hat die Bedeutung der Finanzierungsfunktion des Wechsels abgenommen. Folgende Vorteile des Wechsels werden u.a. unverändert bestehen bleiben: Sicherungseigenschaft, Bilanzverkürzung, Ausweitung des Kreditspielraums.

[172] An die Stelle des Faustpfandprinzips treten bei Ausfuhrgeschäften Warenwertpapiere z. B. das Konnossement.

[173] Der Zinssatz orientiert sich am EURIBOR zuzüglich eines Ab- bzw. Aufschlages von ¼ bis 1/16 %. Zusätzliche Kosten: Arrangierprovision, jährliche Gebühren der Zahlstelle, Druckkosten, Emissionskosten u.ä.. Es ist eine relativ schnelle Kapitalbeschaffung möglich, wenn ein Rahmenvertrag existiert. Eine Sicherheitengewährung erfolgt i.d.R. nicht aufgrund der erstklassigen Bonität des Emittenten. Schon aus Kostengründen sollten die Programme mind. 50 Mio. € umfassen, jede Tranche mind. ein Volumen von 2,5 Mio. € er-

Euronotes unterscheiden sich von Commercial Papers durch die Underwriter-Garantie. Damit verpflichten sich die Kreditinstitute, nicht platzierte Notes bis zu einem vorab festgelegten Höchstbetrag (Back-up-Line) zu übernehmen. Euronotes und CPs sind hybride Finanzinstrumente. Hybride Finanzinstrumente vereinigen Kredit-, Geld- und Kapitalmärkte.

Der **Akzeptkredit** ist eine *Kreditleihe*, d.h. die Bank akzeptiert innerhalb einer festgesetzten Kreditgrenze vom Kreditnehmer ausgestellte Wechsel. Dies ist gleichbedeutend mit einer Zurverfügungstellung der eigenen Kreditwürdigkeit. Der Akzeptkredit wird nur erstklassigen Firmen eingeräumt, über deren Zahlungsfähigkeit kein Zweifel besteht. Sie bekommen in dem Bankakzept ein vorzügliches und leicht verwertbares Kredit- und Zahlungsmittel. Die Wechsel werden meist vom KI selbst diskontiert (➔ Diskontkredit). Der Kunde kann das Akzept allerdings auch als Zahlungsmittel weitergeben.[174] Der Kunde verpflichtet sich, spätestens einen Tag vor Fälligkeit des Wechsels für Deckung auf seinem Konto zu sorgen.[175]

Der **Avalkredit** ist ebenfalls eine Kreditleihe. Die Bank stellt die eigene Kreditwürdigkeit zur Verfügung, indem sie eine Bürgschaft[176] übernimmt, oder eine Garantie[177] stellt. Die Bedeutung für das Unternehmen liegt im „Einsparen" liquider Mittel. Es werden keine Zinsen sondern Avalprovision berechnet.[178] Sicherheiten sind i.d.R. nicht erforderlich. Häufig findet der Avalkredit als Zollaval (Stundung von Zöllen), als Bietungsgarantie, als Lieferungs- und Leistungsgarantie oder als Gewährleistungsgarantie seine Verwendung.

3. Welche Alternativen gibt es im mittelfristigen Kreditbereich?

Viele der später genannten langfristigen Kreditformen mit einer mittelfristigen Laufzeit können hier genannt werden. Explizit zu nennen:

Medium Term Notes sind Commercial Papers mit einer Laufzeit von 2 – 10 Jahren. Sie können im Rahmen eines zeitlich nicht begrenzten Programms (Daueremission) revolvierend emittiert werden. Die Notes werden in kleinen Tranchen (Minimum ca. 40.000 €) von als Händler benannten Banken im Wege einer Privatplatzierung an institutionelle Investoren vermittelt.

---

reichen. Ein weiterer Vorteil für die Unternehmen liegt in der Diversifikation der Kreditgeber. I.d.R. Unternehmen mit Liquiditätsüberschuss (Versicherungen, Pensionskassen etc.)

[174] Beim Akzeptkredit muss das Innen- und Außenverhältnis unterschieden werden. Das *Außenverhältnis* betrifft das Verhältnis Dritten gegenüber, demjenigen, der das Akzept besitzt. Hier besteht eine Wechselverbindlichkeit der Bank, d.h. eine Verpflichtung zur Einlösung des Wechsels. Das *Innenverhältnis* ist das Verhältnis zwischen Bank und Kreditnehmer. Hier ist der Kunde Schuldner der Bank aus dem Kreditvertrag.

[175] Der Akzeptkredit stellt einen kostengünstigen Kredit dar; die Kosten des Akzeptkredites mit anschließender Diskontierung sind i.d.R. niedriger als beim Betriebsmittelkredit. Sie umfassen den Diskontierungszinssatz (bei Diskontierung), die Akzeptprovision (1,2 – 2 %) sowie die Bearbeitungsgebühr (0,5%). Die Prozentangaben werden jeweils auf den Wechselbetrag berechnet. Gute Bonität von Seiten des Kreditnehmers ist erforderlich.

[176] Bankbürgschaft: *akzessorisch*, Verbürgung für Umfang und Dauer einer Forderung.

[177] Bankgarantie: *abstrakt*, Übernahme der Gewähr für einen künftigen Erfolg oder noch nicht entstandenen Schaden = Eventualverbindlichkeit

[178] Die Kosten umfassen abhängig von Art und Laufzeit des Avals 0,25-3 % der Bürgschafts- oder Garantiesumme, die Provision wird sofort bei Kreditzusage fällig.

4. Welche Möglichkeiten im langfristigen Kreditbereich gibt es?

Hier sind einerseits die vielfältigen **langfristigen Schuldverschreibungen**[179] zu nennen, die wir im Kapitel „Finanzinvestitionen" ausführlich behandeln werden. Darüber hinaus könnten hier noch *Schuldscheindarlehen*[180], *langfristige Bankkredite*[181], *Gesellschafterdarlehen*[182] und das *Genussscheinkapital*[183] genannt werden.

5. Was versteht man unter Kreditsubstitute[184]?

Die Formen ABS, Leasing und Factoring werden trotz ihrer vielschichtigen Aspekte und steigenden Bedeutung ebenfalls nur kurz erläutert.[185] Bei den **Asset Backed Securities (ABS)** „poolt" das Unternehmen umfangreiche Finanzaktiva (z.B. Forderungen aus Hypotheken, Konsumentenkrediten, Leasingverträgen etc.) in die Form eines Treuhandvermögens. Die Ansprüche aus diesem Pool werden dann wertpapiermäßig verbrieft (➔ Securitization). So entstehen handelbare WP, die unter weitgehender Ausschaltung der Intermediärfunktion der Banken institutionellen Anlegern angeboten werden. Grundsätzlich werden das Fondzertifikatkonzept und das Anleihekonzept unterschieden.

Wesentlicher Vorteil der ABS für das Unternehmen ist die Erschließung zusätzlicher kostengünstiger Finanzquellen. Darüber hinaus verbessern sich die Finanzkennzahlen Liquidität und Verschuldungsgrad. Auch können die ABS ratingmäßig sogar höher eingestuft werden

---

179 Hierunter ist eine i.d.R. langfristige Kreditfinanzierung zu verstehen, die ein öffentlich-rechtlicher oder privat-rechtlicher Schuldner über die Börse von einer Vielzahl von Gläubigern generiert. Die Stückelung der Gesamtsumme erfolgt in Teilschuldverschreibungen.

180 Schuldscheindarlehen können als anleiheähnliche, längerfristige Großkredite definiert werden. Sie werden von Unternehmen bei bestimmten Kapitalsammelstellen (Nicht-Banken, vor allem Lebensversicherungen und Pensionskassen) aufgenommen. Vorteile sind u. a., dass auch nicht emissionsfähige Unternehmen an günstigere Zinssätze (¼ – ½ % über vergleichbaren Schuldverschreibungen) kommen, Emissions-, Verwaltungs-, Börsenkosten entfallen. Beachtenswert ist: Meist Beträge zwischen 1 -100 Mio. €. Im Bereich (1 – 5 Mio. €) deckt das Schuldscheindarlehen eine Nachfrage ab, die von Industrieobligationen (Mindestvolumen i.d.R. ab 5 Mio. €) nicht abgedeckt werden kann. Laufzeit der Schuldscheindarlehen i.d.R. 4 – 15 Jahre, wobei einige Jahre tilgungsfrei sein können. Schuldscheine sind nicht börsen-, girosammelverwahr- oder lombardfähig, können aber im Telephonhandel wie WP gehandelt werden. Schuldscheine sind keine Effekten, sondern lediglich Beweisurkunden.

181 Diese Form des langfristigen Kredites ist die von klein- und mittelständischen Unternehmen am häufigsten genutzte, da sie meist nicht über den direkten Zugang an den Kapitalmarkt verfügen, der u.a. bei Anleihen Voraussetzung ist.

182 Siehe hierzu die einleitenden Erläuterungen zu diesem Kapitel.

183 Eine AG kann bestimmten Personen besondere Genussrechte einräumen: etwa einen bestimmten Anteil am jährlichen Gewinn, am Liquidationserlös oder zum Umtausch oder Bezug junger Aktien. Dieses Recht wird in einer Urkunde, dem Genussschein, verbrieft. Genussscheine können auch auf andere Rechte lauten und an andere Personen ausgegeben oder verkauft werden, sind aber keine (!) Aktien. Der Inhaber eines Genussscheins hat bei der jährlichen HV der AG kein Stimmrecht. Genussscheine (auch: Genüsse) beinhalten keine Teilhaberrechte sondern Gläubigerrechte; sie stehen zwischen Eigenkapital und Fremdkapital (mal eher zum EK, mal eher zum FK – je nach Ausgestaltung). Dementsprechend wird das Genussscheinkapital bilanztechnisch auch nach den EK-Positionen und vor den Sonderposten mit Rücklagenanteil positioniert. Die Emission von Genussscheinen bedarf der ¾-Mehrheit der HV. Vorteil für das Unternehmen: (1) Schaffung eines Verlustpuffers (falls Verlustbeteiligung vorgesehen), (2) keine Mitspracherechte, (3) Genussscheine sind nur im Gewinnfalle zu bedienen, (4) steuerlich sind sie wie FK zu behandeln, wenn bestimmte Voraussetzungen gegeben sind. Die Ausstattungsmerkmale von Genüssen sind sehr vielfältig. Siehe hierzu auch die Anmerkungen im letzten Kapitel unter Mezzaninekapital.

184 Kreditsubstitute sind Finanzierungskonzepte, die die „normalen" Kreditformen ersetzen können.

185 Wer einen ausführlicheren Blick in diese – viele rechtliche und steuerliche Aspekte betreffenden – Formen werfen möchte, dem empfehle ich die einschlägige Literatur. (z.B. Wöhe/Bilstein, Perridon/Steiner).

als das sich darüber finanzierende Unternehmen. Wenn bewusst Forderungen gegenüber erstklassigen Adressen (AA) gepoolt werden, das eigene Rating aber z. B. nur ein (BB) aufweist.

Leasing bedeutet Vermietung bzw. Verpachtung beweglicher oder unbeweglicher Güter durch ein Finanzierungsinstitut (Leasing-Gesellschaft) oder durch den Hersteller der jeweiligen Güter. Leasing stellt eine Sonderform der Finanzierung dar, wobei anstelle von Kauf mit Eigen-, Fremd- oder Mischfinanzierung die Miete/Pacht tritt. Mögliche Einteilungsgesichtspunkte des Leasing können sein: Dauer und Kündbarkeit des Leasing-Vertrages (Financial- und Operating-Leasing), Stellung des Leasing-Gebers (direktes und indirektes Leasing), Art des Leasing-Gegenstandes (Immobilien-, Mobilien- und Personal-Leasing) etc..

Factoring bezeichnet den laufenden Ankauf kurzfristiger Forderungen aus Lieferungen und Leistungen durch ein Factoring-Institut (Factor). Dieses kauft die Forderungen seines Klienten nach Einreichung der Rechnungsdurchschrift (oder dv-technisch) an und schreibt diesem den Rechnungsbetrag umgehend gut. I.d.R. werden 10 % des Forderungsbetrages aus Sicherheitsgründen einbehalten. Factoring kann bis zu 3 Hauptfunktionen umfassen: die *Finanzierungsfunktion*, die *Delcrederfunktion* (Haftungs- bzw. Ausfallfunktion) und die *administrative Funktion* (Verwaltung, Einzug, Mahnung etc.). Der Factor verdient vor allem durch eine Umsatzgebühr sowie durch Zinsen, die bis zur Zahlung des Rechnungsbetrages seitens des Drittschuldners durch den Klienten entrichtet werden müssen. Der Factor kauft nicht jede Forderung an, sondern prüft die Drittschuldner auf Bonität.

6. Welche besondere Finanzierungsmöglichkeiten gibt es im Außenhandel

Der Außenhandel wartet mit zahlreichen neuen Kreditbegriffen auf. Wie Sie allerdings gleich sehen werden, stecken hinter vielen neuen Bezeichnungen viele der gerade besprochenen Kreditkonzepte.

Um eine bessere Vergleichbarkeit zu erhalten, nehme ich als Differenzierungsmöglichkeit der Finanzierungsmöglichkeiten die Finanzierungsdauer. Die „zusammenfassende Übersicht" soll uns als Gliederungsraster dienen.

Im Folgenden werde ich die Finanzierungsmöglichkeiten in der oben angeführten Reihenfolge behandeln, wobei ich mich bei der Beschreibung im Text auf das „Wesen" der jeweiligen Finanzierungsart, sowie auf seine Bedeutung für das Unternehmen konzentrieren werde. Weitere Aspekte, wie Vor- und Nachteile oder gar Konditionen, werde ich nur in Fußnoten anführen. Bei bereits bekannten Finanzierungsarten spreche ich nur die Besonderheiten dieser „ausländischen" Variante anspreche.

Kurzfristige Auslandsfinanzierungen

Anders als im Inland, werden im Auslandsgeschäft Kredite als **Lieferantenkredite** bezeichnet, die die Bank dem Exporteur zur Refinanzierung seines im Rahmen des Exportvertrages dem ausländischen Besteller (= Importeur) eingeräumten Zahlungszieles gewährt. *Es handelt sich also um eine Refinanzierung von Zahlungszielen per* Lieferantenkredit. Die Laufzeit ist häufig bis zu 5 Jahren, in Einzelfällen sind längere Laufzeiten denkbar.[186]

---

[186] *Sicherheiten:* Abtretung der Ansprüche aus dem Liefervertrag, ggf. zusätzliche Banksicherheiten oder gar. HERMES-Deckung. *Kosten für den Exporteur:* Zinsen, Bereitstellungsprovision und Bearbeitungsgebühr, ggf. HERMES-Deckungskosten sowie Kosten für Banksicherheiten. *Auszahlung/Rückzahlung:* Die Auszahlung erfolgt pro rata Lieferung/Leistung unter Vorlage der vereinbarten Dokumentation. Die Rückzahlung

Zusammenfassende Übersicht

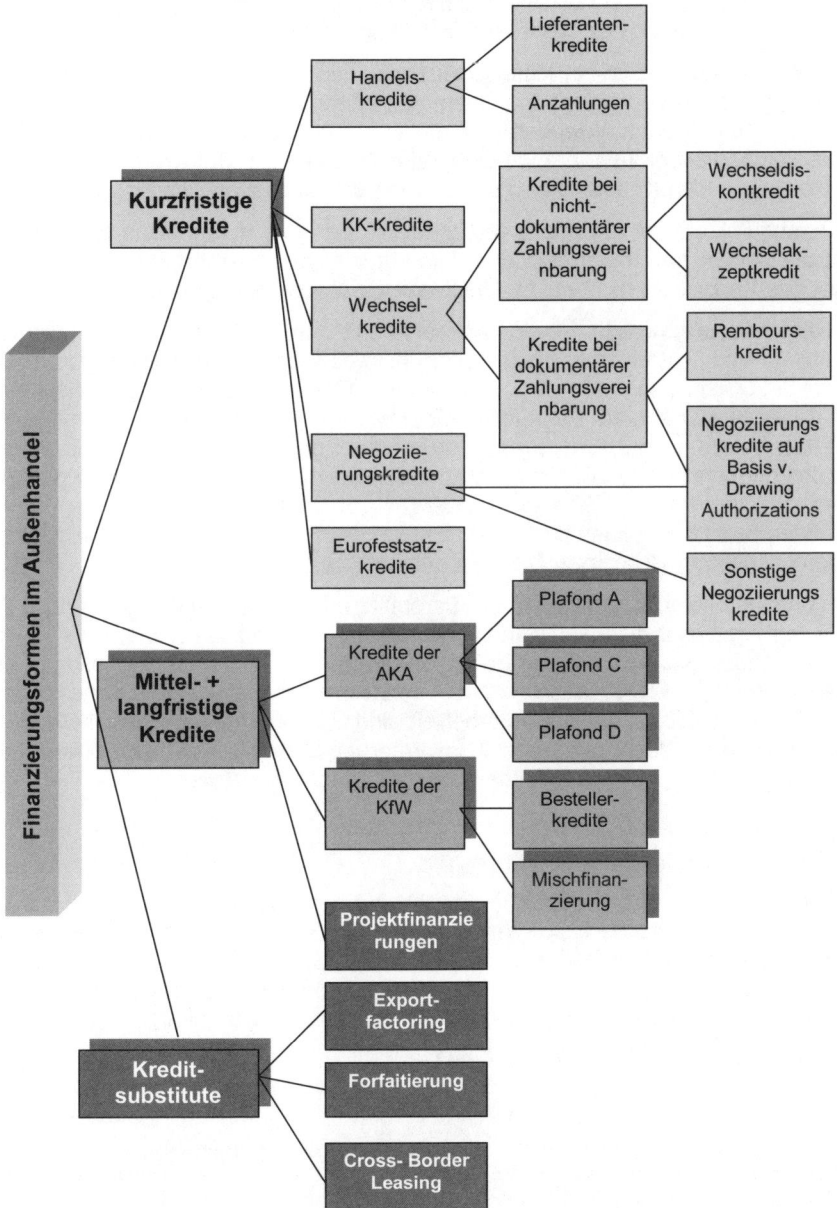

Ein **Wechselakzeptkredit** ist eine Kreditleihe, d.h., die Bank akzeptiert innerhalb einer festgesetzten Kreditgrenze vom Kreditnehmer ausgestellte Wechsel. Dies bedeutet das „Zur

erfolgt je nach Vereinbarung i.d.R. in gleichen, aufeinander folgenden Raten oder in einer Summe am Ende der Kreditlaufzeit.

Verfügung stellen" der eigenen Kreditwürdigkeit. Der Kunde kann das Akzept als Zahlungsmittel weitergeben, meist wird der Wechsel aber sofort vom akzeptierenden Kreditinstitut selbst diskontiert (➔ *Wechseldiskontkredit*). Der Kreditnehmer verpflichtet sich, spätestens einen Tag vor Fälligkeit des Wechsels für Deckung auf seinem Konto zu sorgen.

Der **Rembourskredit** ist ein klassisches Instrument der Auslandsfinanzierung. Er stellt einen Akzeptkredit in Verbindung mit einem Akkreditiv dar, d.h., das Akkreditiv ist nicht gegen Zahlung, sondern gegen Akzeptierung einer Tratte benutzbar. Die Tratte zieht der Exporteur auf die Remboursbank (avisierende Bank oder Drittbank). I. d. R. wird die akzeptierte Tratte vom akzeptierenden KI auch gleich diskontiert (➔ Negoziierungskredit).

Der Rembourskredit ist ein relativ teurer Kredit, der i. d. R. nur dann zum Einsatz kommt, wenn die Bonität des Importeurs dem Exporteur nicht ausreichend erscheint, ihm also das Akzept des Importeurs nicht reicht. Die Kreditgewährung erfolgt relativ schnell.[187]

Der **Negoziierungskredit** ist ein „Ankaufskredit". Im Auslandsgeschäft umfasst er meist den Ankauf von Tratten bzw. unter einem Akkreditiv begebener Dokumente. Diese letztgenannte Bevorschussung bedarf i. d. R. einwandfreier Dokumente und eine einwandfreie Bonität des Kreditnehmers. Als Sicherheiten werden häufig eine 30%ige Sicherheitsmarge sowie die Abtretung der Rechte und Forderungen genommen. Häufig sind keine weiteren Sicherheiten notwendig. Die Dauer des jeweiligen Kredites ist entweder die Laufzeit der Tratten oder der Postlauf der Dokumente, (bis zur Bank, die das Akkreditiv ausgestellt hat, auf dessen Basis die Dokumente eingereicht werden). Letztgenannte Möglichkeit ist auch für die Namensgebung als *Postlaufkredit* verantwortlich.

Euro(festsatz)kredit, d.h. an einem Europlatz aufgenommener Bankkredit in € oder FW. I. d. R. erfolgt dieser blanko, d.h. ohne Sicherheitenstellung, da er meist nur an erstklassige Adressen vergeben wird. Mindesthöhe: 50.000 €. Es ist ein sehr günstiger Kredit (z.B. LIBOR-Notierung). I.d.R. besser als die mindestreservebelasteten Inlandskredite, da die Banken an Europlätzen umsatzsteuerbefreit sind. Eurokredite sind sehr flexibel einsetzbar. Häufig werden sie auch genommen, um Währungsrisiken durch noch offene Rechnungen auszuschalten.[188] Der Zinssatz ist maximal für 12 Monate festgeschrieben.

Mittel- langfristige Auslandsfinanzierungen

Die AKA (Ausfuhrkreditanstalt mbH) gewährt zur Finanzierung von Exportgeschäften Lieferantenkredite an deutsche Exporteure und Finanzkredite an ausländische Besteller bzw. deren Banken. Diese Finanzierungen werden auch *AKA-Kredite* genannt. Je nach dem, wer den Kredit in Anspruch nimmt, greift die AKA in einen anderen Topf (Plafond). Nachstehende Übersicht zeigt die zur Zeit (2004) möglichen Kreditformen mit ihren Besonderheiten.

---

[187] Die *Kosten* für einen Rembourskredit sind vielfältig. Komponenten können sein, eine *Avisierungsprovision* (1‰ max. 150 €), eine *Dokumentenaufnahmeprovision* 3%, eine *Bestätigungsprovision* (für bestätigte Akkreditive) je nach Laufzeit; für die ersten 3 Monate 1,5 ‰, bis zum 6. Monat einschließlich 3 %, ab dem 7.Monat 1,5 ‰ für jeden weiteren Monat; bei Akkreditiven, die bei Sicht zahlbar sind: deferred payment: 1,5‰ pro Monat, bei unterschiedlichen Währungen: zusätzlich 0,25 % Courtage, bei Wechselfinanzierung: Diskont: Basiszinssatz + 0,5 bis 1,5 % je nach Rediskontfähigkeit sowie zusätzliche Spesen und Telexkosten je nach Anfall. Die Laufzeit des Rembourskredites ist unterschiedlich. Häufig liegt sie zwischen 90 – 360 Tagen, aber auch mittel- bis langfristige Kreditvereinbarungen sind möglich.

[188] d.h., erwarte ich eine Rechnung von 350.000 $ in 90 Tagen, so kann ich heute einen zinsgünstigen Eurokredit aufnehmen, um ihn nach 90 Tagen mit dem Rechnungsbetrag zurückzuführen.

	Plafond A	Plafond C	Plafond D
an wen?	an dt. Exporteure zur Refinanzierung von Exportaufwendungen während der Produktionszeit bzw. zur Refinanzierung von ausl. Abnehmern eingeräumten Lieferantenkrediten	Kredite an ausl. Besteller zur Ablösung von Exportforderungen deutscher Exporteure. In € gegeben zu var. Zins mit Laufzeit bis zu 10 Jahren	Kredite an ausl. Besteller zur Ablösung von Exportforderungen deutscher Exporteure In € oder FW gewährt zu var. Zins auf der Basis von LIBOR oder FIBOR.
Kredithöhe	Forderungen Zahlungseingänge Selbstbehalt (10-30%)	Auftragswert An- + Zwischenzahlungen	Auftragswert An- + Zwischenzahlungen
Laufzeit	mind. 1 J. ab 1. Inanspruchnahme	gem. Hermes-Deckung	gem. Hermes-Deckung
Refinanzierung	Konsortialbanken	Konsortialbanken	Konsortialbanken
Rückzahlung	gem. Fin.- u. Tilgungsplan	6 Mon. nach „Starting point" in gl. ½-Jahresraten	
Kreditart	Refinanzierung von Lieferantenkrediten	Finanzierung von Bestellerkrediten	

Daneben gibt es noch den **AKA Globalkredit**, der bei der Finanzierung mehrerer Exportgeschäfte im Rahmen einer fest zugesagten Kreditlinie erfolgt. Hierbei wird die Produktionszeit und das Zahlungsziel mehrerer – betragsmäßig auch geringer – Exportgeschäfte im Rahmen einer fest zugesagten Kreditlinie finanziert, die für die Gesamtlaufzeit voll in Anspruch genommen werden soll. Die dem Globalkredit zu unterlegenden Einzelgeschäfte sind in regelmäßigen Abständen, (1 – 3 Monate, je nach Laufzeit der Einzelgeschäfte), an die AKA zu melden.[189]

Kreditsubstitute im Auslandsgeschäft

Exportfactoring ist der Ankauf von kurzfristigen Forderungen aus Ausfuhrgeschäften durch Factoringgesellschaften. Exportfactoring ist für Exporteure geeignet, die einen gleich bleibenden Kundenkreis in bestimmten Ländern beliefern und ihren ausländischen Abnehmern Zahlungsziele bis 120 Tage einräumen. Das Factoring eignet sich dagegen nicht für Klein- oder Einzelexporte. Factoringgesellschaften finanzieren 80 – 90% der Rechnungssumme.

Gegenüber der Forfaitierung unterscheidet sich Factoring durch: (1) die Einbeziehung einer Vielzahl von Verträgen in den Factoringvertrag, (2) die Kurzfristigkeit der anzukaufenden Forderungen, (3) keine Unterlegung der Forderungen durch Bankavale, -garantien etc. und (4) die Einbehaltung einer Risikomarge bei Abrechnung an den Forderungsverkäufer.

---

[189] *Laufzeit*: mindestens 12 Monate, maximal 5 Jahre; *Kreditbetrag*: Dem Globalkredit sind Exportgeschäfte (Aufträge und Forderungen) über 130 % des Kreditbetrages zu unterlegen. Beispiel; *Finanzierungsfähiger Zeitraum*: Als finanzierungsfähig gilt der Zeitraum von Auftragserteilung bis zur Begleichung der Lieferforderung; *Sicherheiten*: Abtretung der Ansprüche aus den einzelnen, dem Globalkredit unterlegten Exportgeschäften nebst aller dafür vorhandenen Sicherheiten im Rahmen einer Mantel- oder Globalzession. HERMES-Deckung bei längeren Laufzeiten; *Auszahlung/Rückzahlung*: Die Auszahlung erfolgt nach Vorlage aller vertragsgemäßen Unterlagen direkt von der AKA an den Kreditnehmer (deutscher Exporteur) auf dessen Konto bei der kreditbeantragenden Hausbank. Nach Ablauf der Kreditlaufzeit ist der Kredit in einer Summe zu tilgen.

Forfaitierung[190] ist der Ankauf von mittel- und langfristigen Exportforderungen unter Verzicht des Rückgriffs auf den Forderungsverkäufer bei Nichtzahlung. („a forfait" = „in Bausch und Bogen"). Voraussetzung ist eine einwandfreie, unwiderrufliche, abstrakte und abtretbare Forderung, die i.d.R. mit Wechseln oder Bankgarantien geschützt ist. Bei der Forfaitierung wird die Forderung des Exporteurs gegen den Importeur, die nach vertragsgemäßer Lieferung entstanden ist, von einer Bank (= Forfaiteur) regresslos angekauft. Der Forfaiteur stellt somit die Finanzierung und übernimmt die mit der Rückzahlung verbundenen Risiken.[191]

Vorteile für den Exporteur: (1) Bilanzentlastung (das Zielgeschäft wird vollständig in ein Bargeschäft umgewandelt), (2) Liquiditätsverbesserung, (3) Schonung der Kreditlinie, (4) Verkauf des wirtschaftlichen und politischen Risikos, (5) Absicherung des Kursrisikos für den Zeitraum des Zahlungszieles bei Fremdwährungsforderungen, (6) günstiger Festzinssatzkredit, (7) Wegfall der Debitorenbuchhaltung, (8) einfache Abwicklung.

Cross-Border-Leasing bezeichnet ein Leasing über Staatsgrenzen hinweg, Leasinggeber und Leasingnehmer haben ihren Sitz also in unterschiedlichen Ländern. I. d. R. wird Cross-Border-Leasing durchgeführt, um aufgrund der unterschiedlichen Gesetzgebung in beiden Ländern Steuern zu vermeiden. Meist wird das geleaste Objekt wieder direkt an den Leasinggeber zurück vermietet.

---

[190] *Arten der Forfaitierung:* (1) Ankauf bankavalierter Solawechsel oder gezogener Wechsel, (2) Ankauf einer bankgarantierten Forderung, (3) Ankauf einer Akkreditivforderung, (4) Ankauf einer Forderung mit sonstigen Sicherheiten.

[191] *Laufzeit*: 180 Tage bis circa 7 Jahre; *Kreditbetrag*: Gesamtauftragswert + Käuferzinsen; *Inanspruchnahme* durch Vorlage der Dokumentation; *Sicherheiten:* Banksicherheit, eventuell Hermes-Deckung sowie Abtretung der Ansprüche aus dem Exportgeschäft, *Kostenbestandteile:* Refinanzierungskosten, Risikomarge, Respekttage, Bereitstellungsprovision.

Kreditsicherheiten

„Die Augenblicke der Krisen sind es, in denen der Mensch am deutlichsten sichtbar wird."[192]

1. Wozu dienen Kreditsicherheiten? Welche Arten können unterschieden werden?
2. Wie hoch sind die Beleihungsgrenzen unterschiedlicher Sicherheiten?

1. Wozu dienen Kreditsicherheiten? Welche Arten können unterschieden werden?

Kreditsicherheiten sollen den Kreditgeber gegenüber zukünftigen Risiken, wie: Tod, Arbeitsunfähigkeit, Arbeitslosigkeit, Konkurs (Aussonderungsrecht), schützen (Gläubigerschutz). Grundsätzlich zu unterscheiden sind Personal- von Sachsicherheiten.

Bei den *Personalsicherheiten* liegen schuldrechtliche Ansprüche vor. Neben dem Kreditnehmer haftet eine dritte Person für den Kredit. Beispiele sind die Bürgschaft, die Garantie oder der Schuldbeitritt[193].

Bei den *Sachsicherheiten* besitzt der Kreditgeber ein dingliches Verwertungsrecht an Forderungen, anderen Rechten, beweglichen Sachen oder an Grundstücken. Beispiele sind bei *beweglichen Sachen* die Sicherungsübereignung, die Sicherungsabtretung, das Pfandrecht oder der Eigentumsvorbehalt[194], bei *unbeweglichen Sachen* die Grundpfandrechte.

Hinsichtlich des Grades der Abhängigkeit der Kreditsicherheit von der gesicherten Forderung kann in akzessorische und abstrakte Sicherheiten unterschieden werden.

Akzessorische Sicherheiten sind vom Bestehen der Forderung abhängig. Mit Entstehung der Forderung entsteht auch der Sicherheitenanspruch. Beispiele für akzessorische Sicherheiten sind die Bürgschaft, das Pfandrecht und die Hypothek.

Abstrakte Sicherheiten hingegen sind gemäß BGB nicht forderungsabhängig. Sie sind treuhänderisch. Nach Tilgung des Kredites muss der Kreditgeber die Sicherheit wieder freigeben. Beispiele sind die Sicherungsübereignung, die Zession und die Grundschuld.

---

[192] Anaïs Nin

[193] Dies ist eine vertragliche Vereinbarung, bei dem einem Kreditvertrag eine weitere Person beitritt und gesamtschuldnerisch die Haftung für den Kreditbetrag übernimmt. Dem Schuldbetritt muss der Kreditgeber zustimmen.

[194] Ein Eigentumsvorbehalt liegt vor, wenn ein Käufer durch Übergabe einer beweglichen Sache zum Besitzer wird, der Verkäufer jedoch bis zur vollständigen Bezahlung Eigentümer bleibt. Nach Umfang des Eigentumsvorbehaltes können der *einfache* (Der Verkäufer hat bei Zahlungsverzug das Recht, seinen Rücktritt zu erklären und die Herausgabe der Sachen zu fordern. Aber Achtung! Dieser Eigentumsvorbehalt geht allerdings verloren, das Eigentum auf den Käufer über, wenn er die Sache verarbeitet oder mit einer anderen verbindet.), der *verlängerte* (Hierbei geht der Sicherungseffekt beim Weiterverkauf der Sachen nicht verloren. Dies funktioniert dergestalt, dass jene Forderungen vom Käufer dem Verkäufer im Voraus abgetreten werden, die beim Verkauf der unter Eigentumsvorbehalt stehenden Sachen entstehen werden.) und der *erweiterte* (Hierbei wird der Eigentumsübergang davon abhängig gemacht, dass der Käufer auch die Zahlungsverpflichtungen für die anderen vom Verkäufer gekauften Sachen erfüllt hat.) *Eigentumsvorbehalt* unterschieden werden.

Die Bürgschaft (BÜ)

> Die **Bürgschaft** ist ein Vertrag zwischen dem Bürgen und dem Gläubiger eines Drit-
> ten, in dem sich der Bürge dem Gläubiger gegenüber verpflichtet, für die Erfüllung der
> Verbindlichkeiten des Dritten einzustehen (§§ 765ff. BGB, §§ 349f. HGB). Dement-
> sprechend ist die Eignung einer Bürgschaft als Kreditsicherungsmittel durch die Kre-
> ditwürdigkeit des Bürgen bestimmt.

Die Bürgschaft ist in ihrer Höhe vom Bestand der Hauptschuld abhängig, das betrifft sowohl
ihre Erhöhung (z.B. durch Zinsen usw.) als auch ihre Verminderung (*Akzessorität*). Bürgschaften können betragsmäßig und zeitlich begrenzt werden. Die Erklärung einer Bürgschaft bedarf der Schriftform.[195] Es gibt sehr viele Arten von Bürgschaften, auf Ausgesuchte
möchte ich im Folgenden kurz eingehen.

Die *gewöhnliche Bürgschaft* (§ 765 BGB) wird durch einen Vertrag begründet, durch den
sich der Bürge verpflichtet, dem Gläubiger für die Erfüllung der Verbindlichkeiten des
Schuldners einzustehen. Hier sind Einreden des Bürgen möglich, z. B. Einrede der Vorausklage (§771 BGB). Bei der *selbstschuldnerischen Bürgschaft* hat der Bürge nicht das Recht,
Vorausklage gegen den Hauptschuldner zu verlangen.[196] Er ist sofort zur Zahlung verpflichtet, wenn der Hauptschuldner bei Fälligkeit die verbürgte Verbindlichkeit nicht zahlt.

Bei der *Ausfallbürgschaft* kann der Bürge erst dann zur Zahlung herangezogen werden,
wenn ihm der tatsächliche Ausfall vom Gläubiger nachgewiesen wird. Der Ausfall ist eingetreten, wenn der Gläubiger erfolglos eine Zwangsvollstreckung in das gesamte Vermögen
des Schuldners durchgeführt hat. Es gibt auch eine *modifizierte Ausfallbürgschaft*, bei der
im Bürgschaftsvertrag eine Vereinbarung getroffen worden ist, zu welchem Zeitpunkt der
Ausfall eingetreten ist.[197]

Bei der *Mitbürgschaft* haften mehrere Bürgen gemeinschaftlich für die Verbindlichkeiten
eines Schuldners. Jeder Bürge kann ganz oder teilweise in Anspruch genommen werden.
Der in Anspruch genommene Bürge hat neben der Forderung gegen den Hauptschuldner
einen Ausgleichsanspruch gegenüber den anderen Mitbürgen. Alle Bürgen unterschreiben
auf einem Formular. Bei der praxisunüblichen *Teilbürgschaft* haftet jeder Bürge nur für den
von ihm verbürgten Teilbetrag. Die *Rückbürgschaft* ist eine Bürgschaft gegenüber einem
anderen Bürgen, d.h. der Rückbürge haftet dem Bürgen für dessen Rückgriffsansprüche
gegenüber dem Hauptschuldner. Diese Form der Bürgschaft dient dem Schutz des Bürgen.
Bei der *Nachbürgschaft* haftet der Nachbürge dem Gläubiger, wenn der Hauptbürge seinen
Verpflichtungen aus der Bürgschaft nicht nachkommen kann.

Was sind dann Garantien?

Salopp gesagt ist die Garantie eine abstrakte Bürgschaft. Wie bei der Bürgschaft liegt hier
ein einseitig verpflichtender Schuldvertrag zugrunde. Der Garantiegeber verpflichtet sich

---

[195] Auch wenn für einen Vollkaufmann im Rahmen von Handelsgesellschaften dies nicht zwingend vorgeschrieben ist – ist es aus Beweisgründen stets zu empfehlen.

[196] Dies bedarf des Verzichtes auf die Einrede der Vorausklage im Vertrag. Der Vollkaufmann ist laut §349
HGB immer zu einer selbstschuldnerischen Bürgschaft verpflichtet.

[197] Bspw. wird der Ausfall als eingetreten angesehen bei Zahlungseinstellung des Hauptschuldners oder spätestens einen Monat nach Kreditfälligkeit. Bürgschaftsbanken übernehmen i.d.R. modifizierte Ausfallbürg-
schaften.

gegenüber dem Garantienehmer (1) für den Eintritt eines bestimmten Erfolges oder (2) für das Ausbleiben eines Misserfolges Gewähr zu leisten. Die Garantie ist nicht akzessorisch, sondern *abstrakt*. Sie hat im Außenhandel und bei öffentlichen Ausschreibungen besondere Bedeutung.

> Eine **(Bank)garantie** ist ein einseitigen Vertrag zwischen einer Bank als Garantin und einem Begünstigten als Garantienehmer, mit der die Bank dem Begünstigten verspricht, ihm eine Zahlung in bestimmter Höhe zu leisten, falls ein Dritter eine Leistung nicht erbringt oder sich ein sonstiges Ereignis (nicht) verwirklicht.

Bei einer *direkten Garantie* beauftragt der Kunde die Bank, eine Garantie unmittelbar zugunsten des Begünstigten abzugeben.

Direkte Garantie

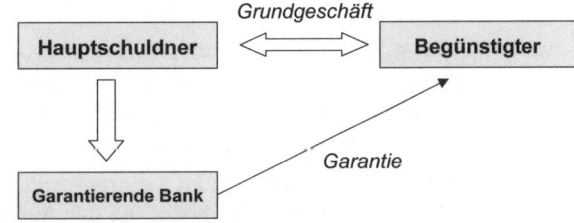

Bei einer *indirekten Garantie* wir eine zweite Bank eingeschaltet. Diese meist ausländische Bank wird von der auftraggebenden Bank aufgefordert, unter deren Rückhaftung und Gegengarantie ihrerseits eine Garantie abzugeben. In diesem Fall sichert die auftraggebende Bank die ausländische Bank vor dem Risiko eines Verlustes, der ihr aus der Inanspruchnahme der von ihr abgegebenen Garantie durch den Begünstigten entsteht. Die auftraggebende Bank muss sich verpflichten, „auf erste Anforderung"[198] der ausländischen Bank die Beträge zu zahlen, für die sie aus der von ihr abgegebenen Garantie vom Begünstigten in Anspruch genommen wird.

Indirekte Garantie

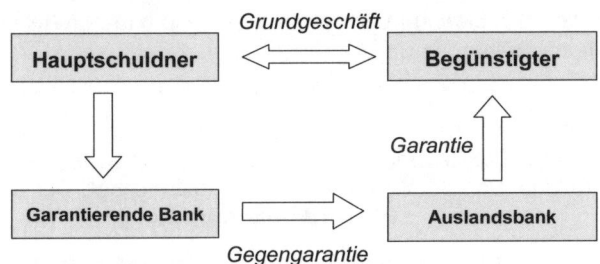

Als wichtigste Garantieformen sind zu nennen: Gewährleistungs-, Rücklieferungs- und Anzahlungsgarantie. Bei der *Anzahlungsgarantie* verpflichtet sich das KI gegenüber dem ausländischen Importeur zur Rückzahlung der Anzahlung, falls der deutsche Exporteur seine Lieferungs- oder Leistungspflicht nicht vertragsgemäß erfüllt. Bei der *Lieferungs- und Leistungsgarantien* verpflichtet sich das KI dafür zu sorgen, dass sein Kunde die festgelegten Lieferungen und Leistungen erbringt. Wenn dieses nicht der Fall ist, zahlt es eine vereinbarte Konventionalstrafe (Vertragsstrafe).

---

[198] Die "*Garantie auf erstes Anfordern*" ist eine Form der Garantie, die im internationalen Handelsverkehr und in der Bankpraxis üblich ist. Sinn der Zahlung auf erstes Anfordern ist es, dem Begünstigten sofort, d.h., ohne Zögern und ohne Mahnung, liquide Mittel unter grundsätzlichem Verzicht auf Aufrechnung zukommen zu lassen und Einwendungen gegen die Verpflichtung aus dem Hauptschuldverhältnis erst in einem Rückforderungsprozess geltend zu machen.[198] Grundsatz: „*Erst zahlen, dann prozessieren*".

Was sind Hermes-Garantien?

Die *Hermes Kreditversicherungs-AG* übernimmt als Mandatar der Bundesrepublik Deutschland Deckungsschutz für förderungswürdige Geschäfte. Versichert werden (1) wirtschaftliche Risiken, d.h., Zahlungsausfälle, sofern der Schuldner die Forderung nicht begleicht und (2) politische Risiken, d.h., Ausfälle bei Länderrisiken, die bei Konvertierungs- und/oder Transferproblemen sowie Zahlungsverboten bzw. Moratorien auftreten.

Deckung von Exportrisiken durch HERMES

nach der Person des Bestellers		nach der Abwicklungsstufe des Exportgeschäfts		
Private Besteller wirtschaftliche Risiken (z.B. Zahlungs- unfähigkeit) und politische Risiken	**Staatliche Besteller** nur politische Risiken	**Fabrikationsrisiken** in der Zeit zwischen Vertragsabschluß und Versand	**Ausfuhrrisiken** in der Zeit zwischen Versand und Eingang des Exporterlöses	**Kreditrisiken** in der Zeit der Zielgewährung

Versicherungsformen sind die *Fabrikationsrisikodeckung*, die das Risiko vor Versand der Ware versichert und vor Beginn der Fabrikation beantragt werden muss, sowie die *Ausfuhrrisikodeckung*, die das Risiko ab Versand der Ware bis zum endgültigen Zahlungseingang versichert, d.h. den Zeitraum des Zahlungszieles.

Gegenstand der Deckung ist die im Exportvertrag vereinbarte Geldleistung. Im Schadensfall muss der Deckungsnehmer für einen Teil des Ausfalls selbst aufkommen (i. d. R. 5 % oder 15 % Selbstbehalt).[199]

Die Sicherungsabtretung (Zession)

> Bei der **Sicherungsabtretung** wird das Eigentum an Forderungen und anderen Rechten formal an den Kreditgeber übertragen.

Nach außen hin bleibt der Sicherungsgeber jedoch verfügungsberechtigt, d.h. die Forderungen bleiben auch in seinen Büchern. Die Zession ist eine abstrakte Sachsicherheit. Bei der *stillen Zession* wird der Drittschuldner von der Abtretung nicht benachrichtigt. Der Drittschuldner zahlt mit befreiender Wirkung an den Zedenten. Der Zedent ist aber verpflichtet, den Zahlungseingang an den Zessionar abzuführen. Demgegenüber wird der Drittschuldner bei der *offenen Zession* von der Abtretung benachrichtigt. Dann kann der Drittschuldner mit schuldbefreiender Wirkung nur an den Zessionar zahlen.

Die Forderungsabtretung

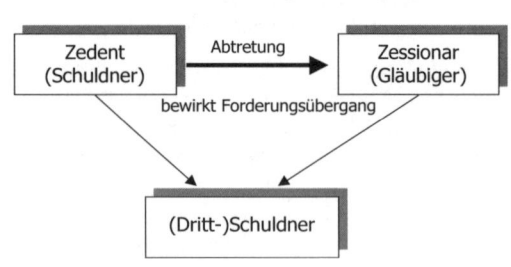

---

[199] Wesentliche Voraussetzungen für die Hermesdeckung sind u. a.: (1) Lieferungen/Leistungen müssen in der Regel im Wesentlichen deutschen Ursprungs sein (Zulieferungen EU max. 30 – 40 %, nicht EU max. 10 %); (2) der Antrag auf Deckung ist vor Risikoeintritt zu stellen; (3) die vereinbarten Konditionen müssen handelsüblich sein, insbesondere bei Zahlungszielen über 6 Monate hinaus.

Was kann abgetreten werden?

Es können Forderungen z. B. aus Warenlieferungen und Leistungen, aus Guthaben bei Kreditinstituten, aus Lohn- und Gehaltsforderungen bis zum Existenzminimum, Miet- und Pachtforderungen, Ansprüche aus Lebensversicherungsverträgen, Bausparverträgen oder andere Rechte z. B. GmbH-Anteile, Geschäftsanteile an OHG, KG, Sicherungsabtretung von Grundpfandrechten abgetreten werden.

Wird eine einzelne bestehende oder künftige Forderung abgetreten, so nennt man dies *Einzelzession*. Werden hingegen mehrere bestehende oder zukünftige Forderungen abgetreten, so handelt es sich um eine *Rahmenzession*. Hierbei werden die *Mantelzession*[200] und die *Globalzession*[201] unterschieden.

Was kann nicht abgetreten werden?

Es gibt ein *gesetzliches Abtretungsverbot*. So können nach § 399 BGB Forderungen nicht abgetreten werden, deren Inhalt sich durch die Abtretung ändern würde (z. B. Ansprüche aus Dienstleistungen). Darüber hinaus gibt es nach § 400 BGB unpfändbare Forderungen, z.B. Lohn- und Gehaltsforderungen innerhalb der Pfändungsfreigrenzen.

Vertragsparteien können ein Abtretungsverbot vereinbaren, wonach der Gläubiger einer Forderung nicht an einen Dritten abtreten darf ("*pactum de non cedendo*"). Dies beinhaltet insbesondere Vorteile für den Schuldner, denn er wechselt nicht seinen ihm bekannten Gläubiger (Verwaltungstechnische, administrative Vorteile). Liegt ein Abtretungsverbot vor und tritt der Zedent dennoch die Forderung ab, ist diese Abtretung unwirksam. Eine Ausnahme vom „pactum de non cedendo" macht § 354 a HGB bei Geldforderungen, wenn Schuldner und Gläubiger Kaufleute sind. Erfolgt trotz des vereinbarten Verbotes eine Abtretung, ist die Abtretung dennoch wirksam. Der Schuldner kann jedoch alternativ schuldbefreiend an den alten Gläubiger leisten.

Das Pfandrecht[202]

> Das **Pfandrecht** ist ein zur Sicherung einer Forderung bestimmtes dingliches Recht an fremden Sachen oder Rechten, das den Gläubiger berechtigt, sich durch Verwertung des pfandrechtlich belasteten Gegenstandes zu befriedigen.

Verpfändet werden können bewegliche (Edelmetalle, Schmuck) und unbewegliche Sachen (Grundstücke ➔ Grundpfandrecht), aber auch Rechte, wie Forderungen (Guthabenforderung gegen KI, Ansprüche aus LV), Wertpapiere oder Gesellschaftsrechte (GmbH-Anteile).

---

[200] Bei der Mantelzession gelten bestimmte Forderungen erst als abgetreten, wenn der Kreditnehmer eine Debitorenliste einreicht (konstitutive Wirkung). Dies hat den Vorteil für den Kreditgeber, dass hier niemals der Verdacht der Knebelung durch Übersicherung möglich ist, da der Kreditnehmer dies selber bestimmt.

[201] Bei einer Globalzession werden pauschal alle Forderungen der Kunden von z.B. A-G abgetreten. Der Vorteil für den Sicherungsnehmer liegt hier eindeutig darin, dass die Forderungen sofort bei Entstehung übergehen. Zur Kontrolle sollte der Kreditnehmer Rechnungskopien einreichen. Diese Debitoren-Aufstellung hat aber nur deklaratorische Wirkung. Bei der Globalzession besteht die Gefahr der Knebelung durch Übersicherung.

[202] Neben dem hier thematisierten vertraglichen Pfandrecht, das durch Vertrag zwischen Verpfänder und Pfandgläubiger entsteht, gibt es auch das *gesetzliche Pfandrecht*, das kraft gesetzlicher Bestimmungen entsteht, z. B. Vermieterpfandrecht, Pfandrecht des Spediteurs.

Das Pfandrecht an beweglichen Sachen entsteht grundsätzlich durch (1) Einigung (Vertrag) zwischen Eigentümer (Verpfänder) und dem Gläubiger (Pfandgläubiger) über die Entstehung des Pfandrechts und (2) Übergabe der Sache an den Pfandgläubiger (Faustpfandprinzip).[203]

Bei Pfandrechten an Rechten entsteht dieses durch (1) Einigung über die Entstehung des Pfandrechts und (2) (bei Wertpapieren) durch unterschiedlich durchgeführte Übergaben bzw. (bei Verpfändung von Forderungen) durch die Anzeige an den Schuldner lt. BGB §1280, d.h., das Pfandrecht muss erkennbar gemacht werden.

Die Sicherungsübereignung (SÜ)

> Die **Sicherungsübereignung** ist eine Übereignung von beweglichen Sachen durch den Kreditnehmer an den Gläubiger zur Sicherung der Forderung. Sie ist nicht gesetzlich geregelt, sondern aus der Praxis heraus als Ersatz für die Pfandrechtsbestellung entwickelt worden. Sie ist vor allem in den Fällen geeignet, wo der Kreditnehmer die Sicherheit zur Ausübung seines Berufes o. ä. weiterhin benötigt und die Übertragung unmittelbaren Besitzes unsinnig erscheint.

Bei der SÜ gibt es einen Bestimmbarkeitsgrundsatz: Das Sicherungsgut muss genau bestimmbar sein (Individualisierung) und jeder Außenstehende muss aufgrund der Vertragsunterlagen in der Lage sein, das Sicherungsgut eindeutig festzustellen.

Hier einige Beispiele, wie sicherungsungsübereignete Gegenstände bestimmbar gemacht werden können. *Kraftfahrzeuge* (Angabe von Kraftfahrzeugart, Fabrikat, polizeiliches Kennzeichen, Fahrgestellnummer); *Waren* (Raumsicherungsvertrag, genaue Bezeichnung der Waren und Vorräte und Angabe des Aufbewah-

Rechtsverhältnisse bei der Sicherungsübereignung :

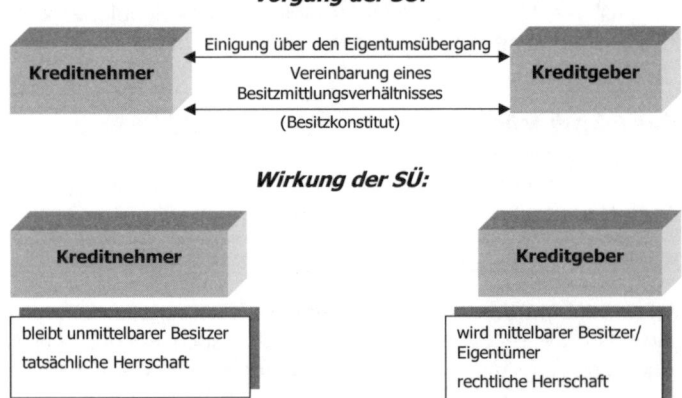

rungsortes, evtl. Skizze; Unterscheidung: Lager mit festem Bestand und Lager mit wechselndem Bestand: Einreichung monatl. Bestandsmeldungen und Einhaltung eines Mindestbestandes); *Maschinen* (- genaue Kennzeichnung durch Markierung, z. B. Anbringen von Schildern (Markierungsvertrag), Angabe der Fabrikmarken, Typbezeichnungen, Herstellernummern), *Einrichtungsgegenstände* (genaue Kennzeichnung durch Beschreibung im Sicherungsvertrag)

---

[203] Durch das Pfandrecht wird der Pfandgläubiger unmittelbarer Besitzer (tatsächliche Herrschaft über eine Sache), der Eigentümer, der den unmittelbaren Besitz überträgt, wird mittelbarer Besitzer (rechtliche Herrschaft über eine Sache).

2. Wie hoch sind die Beleihungsgrenzen unterschiedlicher Sicherheiten?

Nachfolgende Beleihungsgrenzen sind verhandelbar, da es weder gesetzliche Vorschriften noch einheitliche Richtlinien für die Bewertung von Kreditsicherheiten gibt, außer bei Hypothekenbanken und Versicherungen.

Aktien	50 % des Kurswertes
Aktienfonds	60 % des Kurswertes
Autos	65 % des Zeitwertes
Bundesschatzbriefe	100 % des Nennwertes
Bürgschaft einer Bürgschaftsbank	100% des Bürgschaftsbetrages
Bürgschaft von fremden Dritten	je nach Bonität
Edelmetalle	70% des Metallwertes
Forderungen gegen die öffentliche Hand	90% des Forderungsbetrages
Forderungen gegen sonstige Kunden	50-80% des Forderungsbetrages
Grundstücke	60-80% des Verkehrswertes
Ladeneinrichtung	40 % des Zeitwertes
Lebensversicherungen	100% des Rückkaufwertes
Maschinen und Geschäftsausstattung	50 % des Zeitwertes
Rentenfonds	75 % des Kurswertes
sonstige SV	60 bis 80 % des KW
Steuererstattungsansprüche	100% des Erstattungsanspruches
SV öffentlicher Stellen	90 % des Kurswertes
Warenlager	50% der Einstandspreise

Innenfinanzierung

„Denn das Echo ist die Seele der Stimme, die sich in Hohlräumen erregt."[204]

Worum geht's?

1. Was ist Innenfinanzierung?

2. Was ist Selbstfinanzierung?

3. Wie kann man sich aus Abschreibungen finanzieren?

4. Kann man den Finanzierungseffekt aus Abschreibungen auch messen?

5. Was ist Finanzierung aus Rückstellungen?

1. Was ist Innenfinanzierung?

Von Innenfinanzierung spricht man, wenn Unternehmen ihre Finanzierung aus dem selbst erwirtschafteten Kapital vornehmen. Dazu bedarf es zweier Bedingungen: (1) Einer Unternehmung fließen in einer Periode liquide Mittel aus normalen betrieblichen oder außerbetrieblichen Umsätzen zu. (2) Dem Zufluss der liquiden Mittel steht in der gleichen Periode kein auszahlungswirksamer Aufwand entgegen.

Die Differenz aus Ein- und Auszahlungen einer Periode bezeichnet man als finanzwirtschaftlichen Überschuss. Er kann am Ende einer Periode durch den *Cash Flow* ermittelt werden. Der Cash Flow gibt also Auskunft über die *Innenfinanzierungskraft* eines Unternehmens.

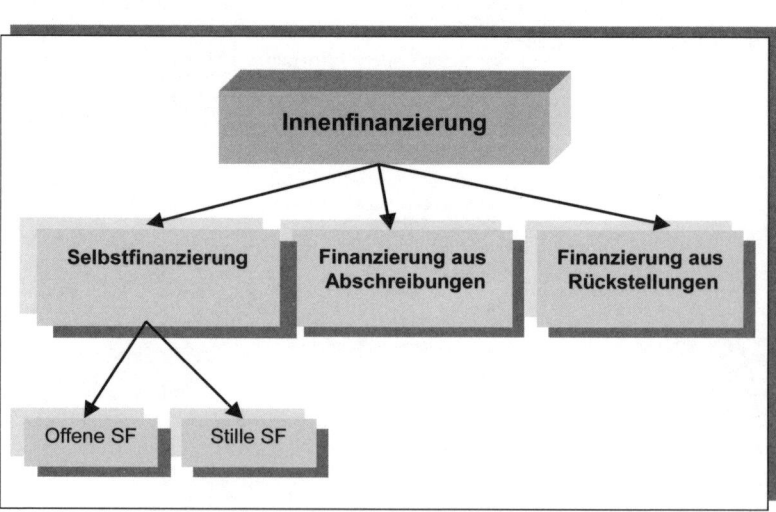

---

[204]   Michael Ondaatje, Der englische Patient, S.271

Die nun folgende Einteilung der Innenfinanzierung ist häufig nur gedanklicher Natur und kann in der betrieblichen Praxis wegen der teilweise fließenden Übergänge nicht immer exakt vollzogen werden.

2. Was ist Selbstfinanzierung?

> **Selbstfinanzierung** ist die Finanzierung aus Gewinnen, die im Unternehmen zurückbehalten werden. Hierbei wird die offene von der stillen Selbstfinanzierung unterschieden.

Bei der *offenen Selbstfinanzierung* werden die ausgewiesenen Gewinne entweder vollständig oder zumindest zu einem Teil einbehalten. Der einbehaltene Gewinn unterliegt der ESt. bzw. der KöSt. Wird der Gewinn ausgeschüttet und gleichzeitig eine Kapitalerhöhung um den Betrag des Gewinns durchgeführt, können in Abhängigkeit vom Steuersystem, Steuern gespart werden. Dieser letztgenannte Sachverhalt ist auch unter der "*Schütt-aus-hol-zurück-Methode*" bekannt.

Demgegenüber spricht man von *stiller bzw. verdeckter Selbstfinanzierung*, wenn es sich um die Einbehaltung nicht ausgewiesener Gewinne handelt. Stille Reserven unterliegen erst bei ihrer Auflösung der Besteuerung. Ihre Bildung erfolgt also aus dem unversteuerten Gewinn. Möglichkeiten, Gewinne nicht auszuweisen, bestehen u. a. in einer *Unterbewertung* von Aktiva, Unterlassung von Aktivierungen, niedrigerem Wertansatz von Vermögensteilen, der Zuschreibung bei Wertsteigerungen von Vermögensteilen oder der Überbewertung von Passiva.

Die Selbstfinanzierung gilt in einigen Situationen als vorteilhaft, da durch sie (1) Steuern gespart werden (Steuerstundung, dadurch Zinsgewinn und Liquiditätsgewinn bei der stillen Selbstfinanzierung), (2) die Krisenfestigkeit eines Unternehmens erhöht und durch ausbleibende Zinszahlungen eine risikoreicherer Unternehmensstrategie forciert werden kann (ein eher unsinniges Argument).

Aus Sicht des Management spricht für die Selbstfinanzierung: (1) Einbehaltene Gewinne können zum Dividendenausgleich für ertragsschwache Jahre verwendet werden; (2) Die Finanzierung ohne zusätzliche Kreditgeber oder Eigentümer bewahrt dem Unternehmer ein Maß an Unabhängigkeit; (3) Die EK-Basis wird gestärkt, was zu einer Einschränkung der Krisenanfälligkeit des Unternehmens führt.

3. Wie kann man sich aus Abschreibungen finanzieren?

Finanzierung bedeutet die Beschaffung von Geld auf Zeit! Abschreibungen sind „gedachte" Kosten/Aufwendungen, die ein Unternehmer einkalkulieren muss, da sie den Werteverzehr der z.B. genutzten Maschinen und Anlagen darstellt. „Einkalkulieren" bedeutet, dass diese Kostengröße mit in die Preiskalkulation eingeht. Werden die vom Unternehmen produzierten Produkte verkauft, so erhält das Unternehmen über den Preis/Umsatz alle Kosten wieder zurück und – hoffentlich – auch einen schönen Gewinn ☺.

Die anteiligen Gewinne, die über den Umsatzprozess in das Unternehmen zurück fließen, machen die Selbstfinanzierung aus. Es geht mir hier aber vor allem um die Kosten.

Handelt es sich um Personalkosten, Mietkosten oder ähnliches, so sind dies Kosten, die das Unternehmen an das Personal, an den Vermieter etc. auszahlen muss oder bereits ausgezahlt hat. Diesen steht ihre „Kosten"-entsprechende „Umsatz"-Einzahlung gegenüber.

Anders verhält es sich bei den auszahlungsunwirksamen Kosten, wie z.B. den Abschreibungen. Diese bekommt das Unternehmen über den Umsatzprozess vom Kunden „zurückerstattet", muss sie aber noch gar nicht wieder ausgeben. Die für den Ersatz z. B. einer Maschine angesetzten und in die Preisgestaltung einkalkulierten Abschreibungen benötigt das Unternehmen erst zum Ersatz der Maschine. In der Zwischenzeit – zwischen dem Rückfluss der Abschreibungen über den Umsatzprozess und dem Erwerb einer neuen, die alte ersetzende Maschine – stehen die gesammelten Abschreibungsbeträge dem Unternehmen zur Verfügung. Und genau das bezeichnet man als Finanzierung aus Abschreibungen.

MARX und ENGELS haben dies bereits

> 24. August 1867
>
> *"Dear Fred!*
>
> *...Bei diesem Schluß des Buches (Zirkulationsprozeß), den ich jetzt schreibe, muß ich Dich wieder, wie vor vielen Jahren, über einen Punkt angehen!*
>
> *Das fixe Kapital ist erst in natura zu ersetzen nach sage zum Beispiel zehn Jahren. In der Zwischenzeit retourniert sein Wert partiell und gradatim [stufenweise] mit dem Verkauf der damit produzierten Waren. Dieser progressive return für das fixe Kapital ist zu seiner Ersetzung (von repairs und dergleichen abgesehen) erst nötig, sobald es in seiner stofflichen Form, zum Beispiel als Maschine, tot ist. In der Zwischenzeit hat aber der Kapitalist in der Hand diese sukzessiven returns.*
>
> *Ich schrieb Dir vor vielen Jahren, es scheine mir, daß sich so ein Akkumulationsfonds bilde, da der Kapitalist das retournierte Geld doch in der Zwischenzeit anwende, bevor er das fixe Kapital damit ersetzt. Du sprachst Dich in einem Brief, somewhat superficially [ein wenig oberflächlich], gegen dies aus. Ich fand später, daß MacCulloch diesen sinking fund als Akkumulationsfonds darstellt. In der Überzeugung, daß MacCulloch nie etwas Richtiges denken kann, ließ ich die Sache fallen. Seine apologetische [die Kirche verteidigende] Absicht dabei ist schon von Malthusianern widerlegt worden, aber auch sie geben die Tatsache zu. Du, als Fabrikant, mußt nun wissen, was Ihr mit den returns für fixes Kapital vor der Zeit, wo es in natura zu ersetzen ist , macht. Und Du mußt mir diesen Punkt (ohne Theorie, rein praktisch) beantworten.*
>
> *Salut to Mrs. Lizzy. Salut.*   *Dein K. M.*

sehr früh erkannt und im Sinne der Arbeiterschaft eingefordert. Weshalb dieser Effekt auch zwischenzeitlich als Marx-Engels-Effekt bekannt war (heute meist Lohmann-Ruchti-Effekt genannt). Beleg dafür ist der abgedruckte Auszug aus einem Brief, den Karl Marx Mitte des 19. Jahrhunderts verfasste. [205]

4. Kann man den Finanzierungseffekt aus Abschreibung auch messen?

Auf jeden Fall kann der Effekt berechnet werden. Zwei Möglichkeiten, diesen Effekt darzustellen, sind der Kapitalfreisetzungseffekt und der Kapitalerweiterungseffekt.

Der **Kapitalfreisetzungseffekt** erwächst daraus, dass die Ersatzinvestitionen nicht sofort getätigt werden müssen. Die erwirtschafteten Abschreibungsgegenwerte fließen dem Be-

---

[205] Thomas Robert MALTHUS (1766-1834), englischer Nationalökonom und Begründer einer Bevölkerungstheorie (Malthusianismus), nach der die Bevölkerung stärker wächst als der Nahrungsspielraum. Um Armut zu vermeiden, empfiehlt der Malthusianismus die Geburteneinschränkung.

trieb aber während der gesamten Nutzungsdauer eines Wirtschaftsgutes zu und können bis zur Auszahlung für die Ersatzinvestition frei genutzt werden. Nachfolgendes Zahlenbeispiel zeigt anschaulich, um was für einen Betrag es sich dabei handelt.

Beispiel: Ein Betrieb beschafft in 5 aufeinanderfolgenden Jahren je 1 Maschine im Wert von 1.000 €, Nutzungsdauer: 5 Jahre, lineare Abschreibung. Ist der maximale Bestand an 5 Maschinen erreicht, wird keine weitere Maschine zusätzlich gekauft, sondern nur noch alte ersetzt.

Jahr (Ende)	1	2	3	4	5	6	7	8	9	10	11
Maschinen											
1	200	200	200	200	200	200	200	200	200	200	
2		200	200	200	200	200	200	200	200	200	
3			200	200	200	200	200	200	200	200	
4				200	200	200	200	200	200	200	usw.
5					200	200	200	200	200	200	
jährl. Abschr.	200	400	600	800	1000	1000	1000	1000	1000	1000	
liquide Mittel	200	600	1200	2000	3000	3000	3000	3000	3000	3000	
- Reinvestitionen	-	-	-	-	1000	1000	1000	1000	1000	1000	
freigesetzte Mittel	200	600	1200	2000	2000	2000	2000	2000	2000	2000	

Das Zahlenbeispiel zeigt sehr schön, dass sich die Maschinen ab dem 5. Jahr über die jährlichen Abschreibungen selbst die jeweils anfallenden Ersatzmaschinen beschaffen. Die kumulierten Abschreibungsbeträge der Jahre 1 - 4 (insg. € 2.000) sind zur Reinvestition nicht nötig. Dies ist ein aufgebauter „Kapitalfonds", über den das Unternehmen solange verfügt, bis der Maschinenpark wieder abgebaut wird.

Anders geht das Beispiel, das den **Kapitalerweiterungseffekt** aufzeigen will, vor. Hierbei werden die aus den Abschreibungen freigesetzten Mittel sofort in identische Maschinen investiert, was zu einer Erhöhung des Maschinenparks führt, ohne dass eine weitere Kapitalbeschaffung von außen notwendig wäre.

Beispiel: Ein Unternehmen besitzt vier nagelneue Maschinen, die je 20.000 € gekostet haben. Die Nutzungsdauer dieser Maschinen beträgt je 4 Jahre, die Abschreibung pro Jahr und Maschine 5.000 €.

Jahr	Abschreibung	Restliche liquide Mittel	Zugang	Abgang	Anzahl der Maschinen
0	/	/	4	/	4
1	20.000	/	1	/	5
2	25.000	5.000	1	/	6
3	30.000	15.000	1	/	7
4	35.000	10.000	2	4	5
5	25.000	15.000	1	1	5
6	25.000	/	2	1	6
7	30.000	10.000	1	1	6
8	30.000	/	2	2	6
9	30.000	10.000	1	1	6
10	30.000	/	2	2	6

Der *theoretisch mögl. maximale Kapazitätsfreisetzungseffekt* lässt sich mit Hilfe des Kapazitätserweiterungsfaktors prognostizieren:[206] Setzt man die Nutzungsdauer (4 Jahre) aus unserem Beispiel ein, ergibt sich ein Kapazitätsausweitungsfaktor von 1,6, d.h., die Kapazität kann maximal um 60 % erhöht werden.[207]

$$r = 2 * \frac{n}{n+1} = 2 * \frac{4}{4+1} = 1,6$$

Es ist zu sehen, dass der Kapazitätserweiterungseffekt maßgeblich von der Nutzungsdauer der einzelnen Maschinen abhängt. Unterstellt man eine unendliche Nutzungsdauer, so ist zu erkennen, dass sich die Kapazität maximal verdoppeln kann.

Kritisches Hinterfragen der Prämissen

Die Prämissen, die genannt wurden, sind zum Teil realitätsfern. (1) Insbesondere die Annahme der unendlichen Teilbarkeit der Anlagen ist in der Regel nicht gegeben. I.d.R. können neue Investitionen nicht sofort getätigt werden, da nicht genügend Mittel zur Finanzierung einer vollständigen Anlage angesammelt werden konnten. Durch die Verzögerung der Neuinvestition reduziert sich der Erweiterungseffekt. (2) Auch die Annahme konstanter Wiederbeschaffungskosten ist realitätsfern. Der zu erwartende Effekt reduziert sich bei steigenden Wiederbeschaffungskosten. (3) Ferner ist zu beachten, dass durch die erhöhte Kapazität auch mehr Produkte gefertigt werden, die am Markt kostendeckend abgesetzt werden müssen, damit Abschreibungsgegenwerte erwirtschaftet werden können. Können nicht entsprechende Einzahlungen realisiert werden, so stehen auch nicht die notwendigen Finanzmittel zu Verfügung. Absatzschwierigkeiten können den Effekt also einschränken. Letztlich ist (4) anzuführen, dass steigende Kapazitäten einen Anstieg des Umlaufvermögens nach sich ziehen (Ausweitung der Lagerbestände und Mehrbedarf an Roh-, Hilfs- und Betriebsstoffen). Ist die Finanzierung dieser nicht gewährleistet, ist die Ausweitung der Kapazität einer weiteren Restriktion unterworfen.

5. Was ist dann die Finanzierung aus Rückstellungen

Rückstellungen sind nach dem Handelsrecht Verbindlichkeiten, Verluste oder Aufwendungen, die hinsichtlich ihrer Entstehung oder Höhe ungewiss sind. Durch die Bildung von Rückstellungen sollen die später zu leistenden Zahlungen den Perioden ihrer Verursachung zugerechnet werden.

---

[206]   *Wie kommt man auf diese Formel?* Unter Annahme einer linearen Abschreibung ergibt sich vorerst der in jeder Periode gleich bleibende Abschreibungsbetrag a: (1) a = A/n. Dieser wird jeweils am Ende einer Periode während der gesamten Nutzungsdauer freigesetzt. Damit ergibt sich die gesamte Kapitalbindung während der gesamten Nutzungsdauer als (2) n a + (n − 1) a + (n − 2) a + ... + a = n / 2 (n a + a) = a n (n + 1) / 2. Dividiert man die gesamte Kapitalbindung durch die Nutzungsdauer n, so erhält man die durchschnittliche Kapitalbindung pro Periode als (3) a (n +1) / 2. Das durchschnittlich freigesetzte Kapital pro Periode berechnet sich dadurch, dass das durchschnittlich gebundene Kapital vom Anschaffungspreis A abgezogen wird: (4) A − a (n + 1) / 2 = n a − a (n +1) / 2 = a (n − 1) / 2. Um die Ausweitung der Kapazität zu berechnen, setzt man schließlich das am Anfang gebundene Kapital (n a) in Beziehung zum durchschnittlich gebundenen Kapital: (5) n a / [a (n + 1) / 2] = n / [(n + 1) / 2] = 2 n / (n + 1) = 2 / [1+ 1 / n] . Damit ergibt sich folgender Kapazitätsausweitungsfaktor: (6)   2 n / (n + 1) Vgl. Thommen, Jean-Paul, Allg. BWL: umfassende Einführung aus managementorientierter Sicht, (1991), S. 475

[207]   *Prämissen* für die Richtigkeit der Formel sind: (1) Die Abschreibung erfolgt in gleichen Jahresbeträgen (d.h. linear) und entspricht der Wertminderung, (2) Technik und Wiederbeschaffungskosten entsprechen denen der alten Maschinen, (3) Abschreibungsgegenwerte fließen über die Umsatzerlöse vollständig in das Unternehmen zurück und stehen somit für die Neuinvestition zu Verfügung, (4) Die Investitionsobjekte müssen soweit teilbar sein, dass die Investition auch tatsächlich vorgenommen werden kann, (5) Die zurück geflossenen Mittel werden sofort oder so schnell wie möglich wieder in Anlagevermögen investiert.

Das Wesen der Rückstellungen weist schon auf den Finanzierungsaspekt hin, den die Unternehmung durch sie erhält. Es entsteht eine Verpflichtung zu einer zukünftigen Zahlung. In der dazwischen liegenden Zeitspanne steht das Geld dem Unternehmen zur Verfügung. Je größer die zeitliche Spanne um so größer der Finanzierungseffekt.

Aus der bisherigen Beschreibung geht auch die Einordnung der Finanzierung aus Rückstellung hervor. Da die Rückstellungen der Begleichung zukünftiger Verbindlichkeiten dienen, handelt es sich um eine *Fremdfinanzierung*. Da die Rückstellungen i.d.R. aus der unternehmerischen Tätigkeit gebildet werden, ist es eine *Innenfinanzierungsform*.

Zwei Beispiele, bei denen der Finanzierungseffekt aus Rückstellungen am deutlichsten wird, sind die Steuerrückstellung und die Pensionsrückstellung. Hierbei ist die Steuerrückstellung eher kurzfristiger Natur, während die Pensionsrückstellung langfristigen Charakter hat.

C. Finanzinvestitionen und deren Implikationen

Beurteilung von Finanzinvestitionen

*"Wer dem kurzfristigen Erfolg zu großen Wert beimisst,
den wird ein Umschwung aus der Fassung bringen."*[208]

Worum geht's?

1. Was ist eine Schuldverschreibung?

2. Was ist eine (statische) Effektivverzinsung?

3. Wie rechnet man Effektivverzinsung dynamisch aus?

4. Effektivverzinsung bei nicht flacher Zinsstruktur!

5. Wie berechnet man Spot Rates?

6. Wozu braucht man Forward Rates?

7. Welche Risiken beinhalten die Schuldverschreibungen (noch)?

8. Duration – Möglichkeit der Begrenzung des Zinsänderungsrisikos?

1. Was ist eine Schuldverschreibung?

Eine *Schuldverschreibung*[209] (SV) ist eine i.d.R. langfristige Kreditfinanzierung, die ein öffentlich-rechtlicher oder privat-rechtlicher Schuldner über die Börse von einer Vielzahl von Gläubigern generiert. Die Stückelung der Gesamtsumme erfolgt in Teilschuldverschreibungen.

Um Ihnen die wesentlichsten Aspekte sowie die Bedeutung der Schuldverschreibung näher zu bringen, möchte ich zunächst kurz deren Entwicklungsgeschichte aufzeigen.

Banken verdienen – ausgesprochen einfach dargestellt – ihr Geld als *Finanzintermediäre* (Händler des Geldes). Im einfachsten Modell nehmen sie das Geld von einer Vielzahl von Sparern zu

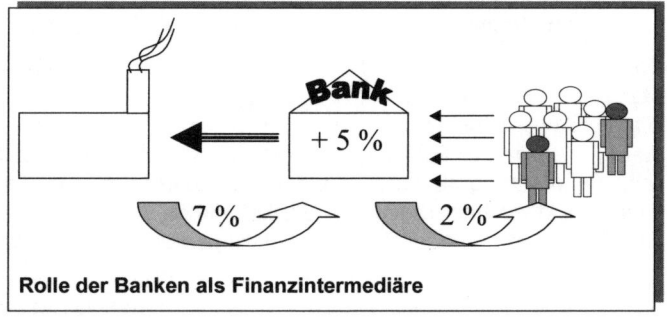

Rolle der Banken als Finanzintermediäre

---

208 Horaz

209 Die Begriffe Schuldverschreibung, Obligation, Rentenpapier und Anleihe werden hier synonym verwendet.

einem bestimmten Zins entgegen und vergeben dieses Geld wieder als Kredite an Kreditnehmer.[210] Folgende Funktionen rechtfertigen die Zinsmarge (im Beispiel 5 %). Banken
übernehmen u.a. die *Fristen-*, *Größen-* und *Risikotransformation.* Voraussetzung für die
Tätigkeit der Intermediation ist, dass für die Kunden einer Bank der direkte Weg über den
Finanzmarkt nicht möglich oder nur mit nicht vertretbaren Kosten bzw. Risiken verbunden
ist. Dies hat sich in den letzten Jahrzehnten immer mehr geändert, der Finanzdienstleis-
tungsmarkt zunehmend gewandelt. Grund sind eine Vielzahl von sog. Mega-Trends (Eman-
zipation der Kunden, Technologisierung etc.) Hierzu zählt auch eine immer stärker werdende *Systematisierung des Finanzmarktes*. Ohne näher auf die einzelnen Aspekte einzugehen,
sind im Folgenden drei Säulen der Systematisierung kurz genannt:

Securitization	Verbriefung von Forderungen, d.h. wertpapiermäßige Unterle-gung und Absicherung von Forderungen zwecks Handelbarkeit
Desintermediation	Die Liquidität fließt direkt vom Sparer zum Kapitalnachfrager un-ter Umgehung der Banken
Standardisierung	Finanzprodukte werden zunehmend vereinheitlicht und dadurch leichter handelbar

Diese drei Aspekte beeinflussen sich natürlich auch gegenseitig. Zusammen führen sie zu
einer immer stärker werdenden Koordinationsfähigkeit und Transparenz der Finanzmärkte.
Je weiter sich diese Trends entwickeln, um so mehr übernimmt der Markt die Funktionen,
auf die die Banken früher fast ein Monopol hatten. Das heißt, die Privatsparer benötigen die
Banken in immer mehr Bereichen immer weniger, was unter Umgehung (Desintermediation) der Banken zu einem direkten Treffen der Finanzteilnehmer über den Finanzmarkt
führt.

Die Schuldverschreibung
ist eine klassische erste
Form der Desintermedi-
ation, die in der neben-
stehenden Abb. gra-
phisch angedeutet wird.
Die Banken finden sich
in diesem Zusammen-
hang zunehmend nur
noch in der Position des
Provisionsempfängers
für die Vermittlung.

Durch die Instrumente
Mantel (Wertpapier),
Bogen (Zinsscheine und

Funktion der Schuldverschreibungen

Talon)[211] sowie der Funktion der Börse als Ort der Handelbarkeit (*Fungibilität*) ist es mög-
lich, die ursprünglich durch die Banken übernommenen Transformationsfunktionen dem
Finanzmarkt zu übertragen. Die Risikofunktion kann über *Rating* oder ebenfalls über den
Finanzmarkt mit Risikoabsicherungsinstrumenten (u. a. *Optionen*) begrenzt werden.

---

[210] Im Folgenden Beispiel soll vereinfacht nur von Privathaushalten als Anlegern und Unternehmen als Kredit-
       nehmern ausgegangen werden.

[211] Ein festverzinsliches Wertpapier besteht zumeist aus einem Mantel, als der Urkunde, die die eigentliche
       Forderung verbrieft und einem Bogen. Der Bogen besteht aus den Zinsscheinen sowie einem Talon (Er-
       neuerungsschein), der benötigt wird, wenn alle Zinsscheine eines Bogen verbraucht sind, die Laufzeit der
       Schuldverschreibung aber noch andauert und mit dem Talon ein neuer Bogen bezogen werden kann.

Welche Vorteile besitzt die Finanzierung durch Schuldverschreibungen?

Der wichtigste Vorteil für die Unternehmen ist die Zinskostensenkung durch Umgehung der Banken. Ein weiterer Vorteil ist: Die Schuldverschreibungen können vom Emittenten nach seinen Wünschen (Kapitalbedarf) ausgestattet werden. M.a.W., der spezielle Kapitalbedarf (Wann? Wie viel? Für wie lang? In welcher Währung? etc.) des Unternehmens kann mit einer speziellen Ausformulierung der Schuldverschreibung exakt abgebildet werden.

Diese Möglichkeit der individuellen, passgenauen Ausgestaltung von Anleihen hat natürlich – trotz der hohen Standardisierungsmöglichkeiten – eine Vielzahl von unterschiedlichen Formen zur Folge. Bei dieser Vielzahl der Arten sollten aber die zwei hierbei verfolgten grundsätzlichen Ziele der Unternehmen nicht aus den Augen verloren werden:

- Der Kapitalbedarf des Unternehmens sollte möglichst optimal abgedeckt sein. (→ Finanzgebirge bzw. Finanzplan)
- Die Ausstattungsmerkmale sollten so gewählt sein, dass die Zinslast sinkt.

Wie ist so eine Schuldverschreibung ausgestattet?

Aus den unterschiedlichen Merkmalsausstattungen ergeben sich natürlich sehr viele verschiedene Schuldverschreibungsarten.[212] Um hier ein wenig Ordnung zu schaffen, wird nun auf die wesentlichsten Ausstattungsmerkmale und ihre grundsätzlichen Varianten kurz eingegangen.

Bei der *Übertragung der Rechte* wird in Namens- und Inhaberpapieren unterschieden, wobei die Inhaberschuldverschreibungen aufgrund ihrer wesentlich einfacheren Übertragbarkeit die Normalform darstellen.

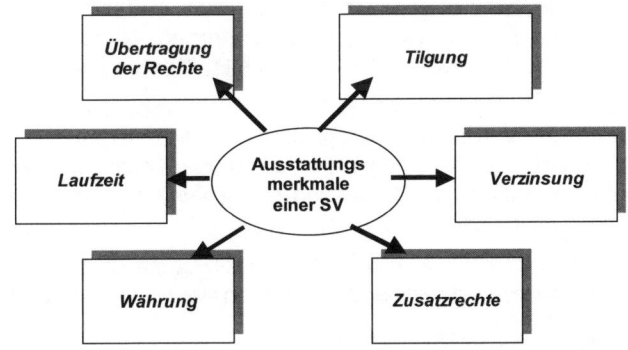

Jede beliebige *Laufzeit* ist möglich. Sie reichen von den ewigen Anleihen[213] über den relativ „normalen" Laufzeitbereich von 6 – 10 Jahren bis hin zu „Kurzläufern".[214]

Bezüglich der *Währung* gibt es natürlich einerseits die Möglichkeit, die Schuldverschreibung auf jede beliebige Währung laufen zu lassen. Andererseits können die Tilgungs- und/oder Zinszahlungen von diesen natürlich auch abweichen. Darüber hinaus können hier aber auch Wahlmöglichkeiten beim Emittenten oder beim Käufer eingeräumt werden, in welcher Währung sie bestimmte Zahlungen leisten oder geleistet haben wollen.

Der Normalfall hinsichtlich der *Tilgung* ist die End- oder Gesamtfälligkeit. Wie bei den Krediten ist aber auch eine Rückzahlung in Raten möglich. Üblich ist eine (entsprechend dem

---

[212] An der deutschen Börse gab es 1999 54.000 verschiedene Rentenwerte, weltweit waren es über 3.000.000!

[213] Diese Anleihen heißen auch *Perpetuals* und werden nie getilgt. Der Anleger profitiert ausschließlich durch die Verzinsung bzw. den Kupon.

[214] Von *Kapitalmarkt* spricht man bei einer Laufzeit der Papiere von 2 Jahren und länger. Der *Geldmarkt* deckt das „kurze Ende" ab mit Laufzeiten von einem Tag bis unter 2 Jahren.

Finanzplan) aufgestellte Rückzahlungsmodalität, die eine Kombination aus beiden beinhaltet, wobei sich aus den Faktoren: Rückzahlungswahlrecht, Rückzahlung per Auslosung, Rückkauf an der Börse, tilgungsfreie Zeit und von vornherein feststehende Ratenpläne natürlich sehr viele unterschiedliche Rückzahlungskonstruktionen ergeben.

Eine Wahlmöglichkeit des Emittenten liegt bei der *Verzinsung* in der Wahl zwischen einer Kuponanleihe und einer Null-Kupon-Anleihe (Zero-Bond). Bei der Kuponanleihe kann einerseits ein konstanter Zinssatz pro Kupon[215] gezahlt werden, andererseits kann von vornherein auch eine Zinsvariation (z. B. eine Zinsstaffel) festgelegt sein. Darüber hinaus kann der Zinssatz nicht als %-satz feststehen, sondern sich an einem Referenzzinssatz orientieren (z. B. EURIBOR + 2%) und somit über die Zeit variieren (variabel verzinsliche Anleihe = Floating Rate Notes). Zero Bonds demgegenüber zahlen gar keine Zinsen.

Gerade in jüngster Zeit gewinnen die *Zusatzrechte* zunehmend an Bedeutung. Diese Zusatzrechte können vielerlei Gestalt annehmen. Als Beispiele sind hier zu nennen: vorzeitige Kündigungsrechte, Options- oder Wandelrechte, Negativklauseln (bezüglich der Besicherung), Wahlrechte bezüglich der Währung, der Zins- und Tilgungszahlungen, Zinsbegrenzungen (z. B. Caps, Floors, Collars) und und und. Mit diesen Zusatzrechten kann sich der Charakter einer Anleihe grundlegend ändern.

Die wichtigsten Arten von Schuldverschreibungen

Im Folgenden möchte ich Ihnen die gängigsten SV-Arten jeweils kurz und knapp näher bringen. So ist die *Aktienanleihe* eine kurz laufende, i.d.R. hoch-verzinsliche Schuldverschreibung, die eine feste Verzinsung verbrieft, allerdings ein Rückzahlungswahlrecht (zum Nennwert oder in Form von Aktien) des Emittenten beinhaltet.

Floating Rate Notes sind Anleihen mit einer variablen Verzinsung. Es erfolgt eine Neufestsetzung der Verzinsung in regelmäßigen festgelegten Zeitabständen anhand eines Referenzzinssatzes (z. B. Euribor). Demgegenüber ist ein *Reverse Floater* ein Floating Rate Note, bei dem allerdings die Verzinsung spiegelverkehrt zur Marktzinsentwicklung verläuft. (Vereinbarung z. B.: 15% – Euribor)

Bei einer *Gewinnschuldverschreibung* besitzen die Käufer neben dem Zinsanspruch noch eine zusätzliche Gewinnbeteiligung, die sich an der Höhe der ausgeschütteten Gewinne orientiert.

Bei *Doppelwährungsanleihen* finden Mittelaufbringung und Rückzahlung in unterschiedlichen Währungen statt. Hier können sogar noch mehr Währungen eingebaut werden, wenn die Zinszahlungen z. B. in einer weiteren Währung gezahlt werden. Besondere Bedeutung haben hierbei auch die *Währungsoptionsanleihen*, bei denen der Anleger die Rückzahlungswährung aus einem vorgegebenen Währungskatalog auswählen kann.

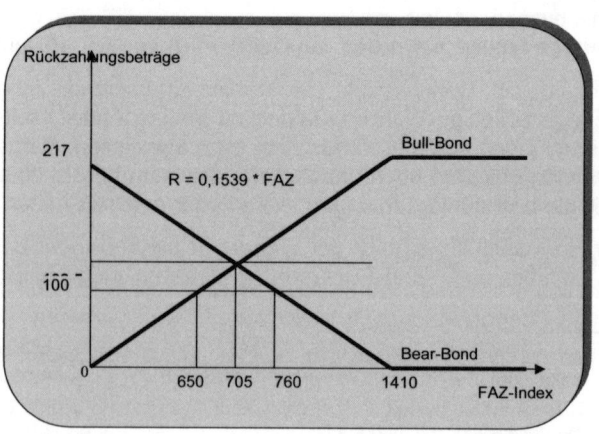

---

[215]   Dies sind die gängigsten Anleihen. Sie heißen entsprechend auch Standardanleihen bzw. straight bonds.

Charakteristikum der *Indexanleihen* ist die Kopplung der Rückzahlung und/oder der Zinszahlungen an eine festgelegte Bezugsgröße (Index). Dieser Index kann jeder beliebige Index sein. Besondere Bedeutung hat die *Bull & Bear-Anleihe*. Als Beispiel zur Verdeutlichung lassen Sie uns die 3 %-ige Bull- & Bear-Anleihe der Deutschen Bank betrachten. Die Rückzahlung erfolgt hier zu 0,1539 * FAZ-Index (Bull), wobei ein Cap angesetzt wurde bei FAZ-Index von 1410 bzw. 217 − 0,1539 * FAZ-Index (Bear).[216] Die Abb. zeigt die Aufspaltung des für den Emittenten vom Index unabhängigen (!) Rückzahlungsbetrages in zwei sich spiegelbildlich verhaltende Tranchen.

Kombizinsanleihen besitzen eine vorher festgelegte, aber nicht konstante Zinszahlungshöhe über die Jahre. Z. B. die ersten 5 Jahre 0 % Zinsen, danach 5 weitere Jahre 15 % Zinsen. Besondere Kombizinsanleihen sind die *Gleit-* oder *Staffelzinsanleihen*, die mehr als zwei Kuponhöhen aufweisen.

Null-Kupon-Anleihen (Zerobond) sind Schuldverschreibungen, die keinen Zinskupon besitzen. Die Zinszahlung erfolgt am Ende der Laufzeit. Die Differenz zwischen Ausgabekurs und Rücknahmekurs entspricht der Zinszahlung während der Laufzeit des Zerobonds incl. den Zinseszinsen.

Optionsschuldverschreibung wird eine Schuldverschreibung mit festem Zinssatz genannt, wobei der Käufer ein Recht (Option) besitzt, innerhalb einer bestimmten Frist (Optionsfrist) Aktien zu einem bestimmten Kurs zu erwerben.

Die *Wandelschuldverschreibung* ist eine Schuldverschreibung mit festem Zinssatz, wobei der Käufer ein Recht besitzt, innerhalb einer bestimmten Frist seine Schuldverschreibung in Aktien zu einem bestimmten Kurs zu wandeln.

Grundzusammenhang zwischen Kursen und Nominalverzinsung

Unter *Nominalverzinsung* ist der Zinssatz zu verstehen, der für eine Schuldverschreibung festgelegt wurde. Es ist der Zinssatz, der auf dem WP steht. Mit diesem Prozentsatz werden die Kuponzinsen auf den Nominalwert berechnet.

Schuldverschreibungen werden i.d.R. an der Börse gehandelt, sind also fungibel. Dementsprechend kann man auch vorzeitig an sein in der Schuldverschreibung gebundenes Kapital heran, indem man sie an der Börse verkauft. Hierbei kann allerdings ein kleines Problem auftreten. Stellen wir uns vor, Sie haben eine nominal 5 %ige SV vor 2 Jahren in einer sog. Niedrigzinsphase erworben, möchten sie nun aber vorzeitig verkaufen. Heute gibt es aber für vergleichbare Wertpapiere satte 7 %. Unter sonst gleichen Umständen würde jeder Kaufwillige an der Börse nach den 7 %-igen Titeln greifen und keiner Ihre 5 %-ige Schuldverschreibung nehmen.

Das Regulativ, das auch die 5%ige SV gleich attraktiv und somit fungibel (handelbar) werden lässt, ist der *Kurswert der Anleihe*. Der Kurswert wird in % ausgedrückt und beschreibt den Kaufpreis für z. B. nominal 100 € Schuldverschreibung. Liegt der Kurswert beispielsweise bei 98,5 %, so besagt dies, dass der Käufer für 100 € Schuldverschreibung nur 98,50 € bezahlen muss. Die 1,50 € Ersparnis sind zusätzlicher Ertrag für den Käufer, da die Schuldverschreibungen hier zu 100 % zurückgezahlt werden. Die Differenz zu 100% wird auch *Disagio* (Abschlag) genannt bzw. wenn der Kurswert über 100 liegt (z. B. 103,25%), so ist der Wert, der mehr gezahlt werden muss (3,25 €), das sogenannte *Agio* (Aufgeld).

---

[216] Abb. In Anlehnung an Perridon/Steiner S. 204

Der **Kurswert** einer Schuldverschreibung (Wertpapieres) und das allgemeine **Markt-
zinsniveau** stehen in einem *inversen Verhältnis* zueinander.
Steigt das Marktzinsniveau, fällt der Kurswert der SV.
Sinkt das Marktzinsniveau, steigt der Kurswert der SV.

In den folgenden Abschnitten möchte ich zunächst die „einfache" weil statische Effektivverzinsung ansprechen. Sie ist nicht ganz exakt, ergibt aber gute Näherungswerte. Mir dient
sie hier vor allem zur Darstellung wichtiger Aspekte, die bei jeder Berechnung der Effektivverzinsung mit berücksichtigt werden sollten. Bei der statischen Effektivzinsberechnung
wird gerade die konkrete Behandlung dieser unterschiedlichen Aspekte deutlicher, da die
Rechenmethode einfacher ist als die später betrachtete dynamische Effektivverzinsung.

2. Was ist eigentlich eine (statische) Effektivverzinsung?

Oben bereits angedeutet stellt die Nominalverzinsung nur die Zinszahlungen bezogen auf
den Nominalbetrag dar. Die Effektivverzinsung repräsentiert die tatsächliche Verzinsung,
also die Verzinsung, die man (als Käufer) effektiv mit Kursgewinnen, Zinsen etc. erzielt hat
bzw. als Emittent bezahlen muss. Die Nominalverzinsung weicht immer dann von der Effektivverzinsung ab, wenn der Ankaufskurs und/oder der Rückzahlungskurs von 100 % abweichen. Zusätzliche Variablen für eine diesbezügliche Differenz zwischen Nominal- und Effektivverzinsung sind (2) die Laufzeit der Anleihe, (3) mögliche vorzeitige Tilgungsmöglichkei-
ten (➔ mittlerer Verfall), (4) steuerliche Aspekte; (5) Stückzinsen sowie (6) Währungsge-
winne bzw. –verluste

Die *„Praktikerformel"* repräsentiert den mathematischen Ausdruck der statischen Effektivverzinsung. Es ist eine einfache Faustformel für die überschlagsmäßige Berechnung endfäl-
liger Anleihen, die zu recht guten Näherungswerten für Renditen festverzinslicher Wertpapiere kommt. Ihre – aus didaktischen Gründen – etwas aufgefächerte Formel ist:

$$\mathrm{Re}\,ndite_{p.a.} = \left(\frac{No\min alzinssatz\,(\%)}{Kaufkurs\,(\%)} + \frac{\dfrac{Tilgungsbetrag\,(\%) - Kaufkurs\,(\%)}{Re\,stlaufzeit\,(Jahren)}}{Kaufkurs\,(\%)} \right) * 100$$

Demo-Aufgabe (Praktikerformel)
Ein Anleger kauft eine festverzinsliche Anleihe zum Kurs von 94 %. Nominalverzinsung ist 5
%. Die Anleihe ist endfällig zu 100% in 8 Jahren. Wie hoch ist die Effektivverzinsung?

Lösung:

$$\mathrm{Re}\,ndite_{p.a.} = \left(\frac{5\%}{94\%} + \frac{\dfrac{100\% - 94\%}{8\,Jahre}}{94\%} \right) * 100 = 6,12\%$$

Was sind und wie berücksichtigt man Stückzinsen bei der Effektivverzinsung?

Anleihezinsen werden ausschließlich zu den jeweiligen Kuponterminen gezahlt. Sie werden dementsprechend dem Gläubiger bezahlt, der zu diesem Zeitpunkt im Besitz der Anleihe bzw. im Besitz des Kupons ist. Verkauft ein Gläubiger seine Anleihe, so verlangt er die ihm bis zum Verkaufsdatum zustehenden Zinsen vom Käufer. Diese Zinsen werden *Stückzinsen* genannt.

$$\text{Re}\,ndite_{p.a.} = \left(\frac{No\min alzinssatz\,(\%)}{Kaufkurs\,(\%)+Szückzinsen} + \frac{\dfrac{Tilgungsbetrag\,(\%)-Kaufkurs\,(\%)}{\text{Re}\,stlaufzeit\,(Jahren)}}{Kaufkurs\,(\%)+Stückzinsen} \right) *100$$

Wichtiger Rechenhinweis: Im Folgenden wird der Einfachheit halber mit der *30/360 Zinsberechnung* gerechnet![217]

Um die Berechnung der Effektivverzinsung mit Stückzinsen zu illustrieren, ergänze ich die vorstehende Demo-Aufgabe um weitere Angaben.

Demo-Aufgabe (Praktikerformel mit Stückzinsen)

Ein Anleger kauft am 16.Februar 2001 eine festverzinsliche Anleihe zum Kurs von 94 %. Nominalverzinsung ist 5 %. Die Anleihe ist endfällig zu 100% in 8 Jahren am 01.Juli 2008. Die Zinszahlung erfolgt ganzjährig jeweils zum 01. Juli. Wie hoch ist die Effektivverzinsung?

Lösungsweg:

Zunächst muss die Zeit für die Stückzinsen berechnet werden. Es sind 225 Tage.[218] Dies bedeutet: Dem Verkäufer stehen für 225 Tage Zinsen zu, die der Käufer ihm neben dem Kurswert bezahlen muss. Da dieser Zinsbetrag das eingesetzte Kapital erhöht, ergänzen die Stückzinsen (in % ausgedrückt) den Kaufkurs hinsichtlich des eingesetzten Kapitals in der Formel.[219] Eingesetzt in die Formel bedeutet dies:

$$\text{Re}\,ndite_{p.a.} = \left(\frac{5\%}{94\%+3,125\%} + \frac{\dfrac{100\%-94\%}{7,375\,Jahre}}{94\%+3,125\%} \right) *100 = 5,99\%$$

Wie werden hierbei verschiedene Tilgungsmodalitäten berücksichtigt?

Normalerweise wird eine Schuldverschreibung in einer Summe am Ende der Laufzeit zurückgezahlt. Es gibt aber auch hier zahlreiche Varianten. Eine Besonderheit ist zum Beispiel, wenn die SV nicht in einer Summe endfällig ist, sondern in unterschiedlichen Raten (Tranchen) zurückgezahlt wird. Dies ist häufig mit einer tilgungsfreien Zeitspanne gekoppelt.

---

[217] Es gibt darüber hinaus diverse Berechnungsmethoden. Hinsichtlich der Tage z. B. die Möglichkeit der taggenauen Zählung (actual); bezüglich der Länge des Jahres kann variieren zwischen 365, 365 ¼ , 366 oder 360 (12 *30) Tagen. Leider wurde sich hier noch nicht auf einen allgemeinen Standard geeinigt. Bis 1999 war 30/360 der Standard für alle WP-Geschäfte, seither ist act/act der Standard. Auf die Rendite hat dies an zwei Stellen Einfluss: bei der Berechnung des Zinsanspruchs und bei der Berechnung der Laufzeit. Ein Jahr entsprach früher immer 360 Zinstagen, künftig hat es entweder 365 oder 366 Zinstage. Und bei ganzjährigen Papieren gibt es in normalen Jahren nie mehr glatte halbe Jahre. In der Praxis werden 30/360-Papiere mit der 30/360-Rendite berechnet, act/act-Papiere mit der act/act-Rendite. Beide Renditen kann man aber eigentlich nicht direkt miteinander vergleichen.

[218] Zeit vom 01. 07. 2000 bis 16.02.2001 = 7 Monate + 15 Tage = 225 Tage

[219] 5 % für 360 Tage = 3,125 % für 225 Tage

So könnte in obigem Beispiel die ursprüngliche Laufzeit der Anleihe 8 Jahre betragen haben. Allerdings war eine Auslosung vereinbart, die wie folgt formuliert wurde: Nach 4 tilgungsfreien Jahren wird in 4 gleichen Jahresraten getilgt. Im Zeitstrahl sieht dies wie folgt aus:

Dies bedeutet, dass die kürzeste Laufzeit der Anleihe 5 Jahre, die längste hingegen 8 Jahre ist, je nachdem, ob man zu den jeweiligen Tilgungszeitpunkten ausgelost wird oder nicht. Hier behilft man sich mit der Berechnung einer durchschnittlichen Laufzeit (*mittlerer Verfall*). Dabei wird einfach das Mittel zwischen der längsten und der kürzesten Laufzeit genommen. Im obigen Fall wäre dies 6,5 Jahre.[220]

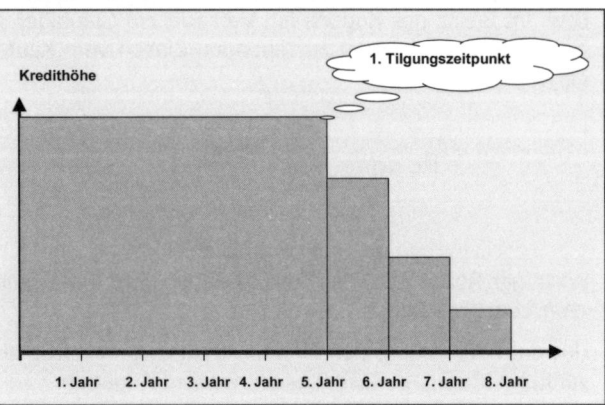

Berechnen Sie die Rendite der Demo-Aufgabe mit Stückzinsen unter den Zusatzbedingungen, dass die Tilgung z. T. ausgelost wird. Tilgungsbedingungen: Nach 4 tilgungsfreien Jahren wird in 4 gleichen Jahresraten getilgt. Maximale Laufzeit 8 Jahre (01.Juli 2008).

Lösung:

Der mittlerer Verfall liegt bei 5,875 Jahre, da die kürzeste Laufzeit bis 01. Juli 2005 → 4,375, die längste Laufzeit bis 01. Juli 2008 → 7,375 Jahr

$$Re\,ndite_{p.a.} = \left(\frac{5\%}{94\% + 3,125\%} + \frac{\frac{100\% - 94\%}{5,875\,Jahre}}{94\% + 3,125\%} \right) * 100 = 6,20\%$$

Die bisher mit der Praktikermethode berechnete Rendite wird als Bruttorendite bezeichnet, da sie noch nicht die Einkommenssteuer berücksichtigt. Jetzt können Sie natürlich zu recht einwenden: *„In der jeweiligen Überlegung eines Anlegers hinsichtlich der Vergleichbarkeit der Renditen der Anleihen ist es doch egal, wie hoch der jeweilige Steuersatz ist. Wird er doch auf die jeweiligen Erträge des Anlegers gleich berechnet"*

Dies ist richtig, aber, (natürlich muss jetzt ein „aber" kommen), die unterschiedlichen Erträge aus einer Anleihe werden nicht immer gleich versteuert. Zur Zeit (2005) gilt: Steuerfrei ist der Tilgungsgewinn u.a. wenn:

- zwischen dem Erwerb und dem Verkauf der Anleihe mindestens 12 Monate liegen (sonst zieht die Spekulationssteuer) *und*
- bei der Emission die steuerlich zulässigen Ausgabepreise (Disagiostaffeln) nicht unterschritten wurden, *oder*

---

[220] Die Berechnung über den mittleren Verfall ist auch bei anderen Tilgungsmodalitäten der Rechenweg.

- die Summe aller im Kalenderjahr erzielten Spekulationsgewinne weniger als 1.000 € betragen.

Als Folge dieser Ungleichbehandlung von Zinsen und Tilgungsgewinnen sind unterschiedlich ausgestattete Schuldverschreibung, die z. B. hinsichtlich ihrer Disagiobeträge klar divergieren, unterschiedlich zu bewerten. Die nachfolgende Formel gibt diesen Zusammenhang wieder.

$$\text{Rendite}_{netto} = \text{lfd. Verz.} * \left(1 - \frac{Steuersatz}{100}\right) \pm \text{Tilgungsgewinn/ - verlust}$$

Fazit der Praktikerformel

Die mit der Praktikerformel einfach zu ermittelnde Rendite kann mit ihren relativ guten Näherungswerten als Beurteilungsgröße von Wertpapieren eingesetzt werden, die sich hinsichtlich (1) Nominalverzinsung, (2) Laufzeit und/oder (3) Börsenkurs unterscheiden.

Wichtige *Prämissen* hierbei sind: (1) der Nominalzinssatz ist während der Restlaufzeit konstant und (2) der Tilgungsbetrag ist bereits beim Kaufzeitpunkt bekannt.

Die Vorstellung der Praktikermethode diente mehreren Zielen. Zum einen konnte hierbei relativ übersichtlich die Berechnung und Bedeutung von Stückzinsen, Steuern und der mittleren Laufzeit dargestellt werden, zum anderen ist sie gut einsetzbar für einen „schnellen Blick" auf unterschiedliche Schuldverschreibungstypen.

3. Wie rechnet man Effektivverzinsungen dynamisch aus?

Nachdem wir auf den vorstehenden Seiten die Effektivverzinsung ohne die explizite Beachtung der Zeit betrachtet haben, kommen wir nun zu eben dieser.[221] Bevor wir hierauf näher eingehen, vorher noch zwei Einschränkung:

Zunächst gehen wir – ähnlich wie die KW-Methode – von über die Zeit konstanten Zinssätzen aus. Diese *1. Prämisse* werden wir aber bald – mit der Einführung von Zinsstrukturkurven – aufheben. Das Ziel der KW-Methode besteht darin, zukünftige Zahlungen zu einem vorgegebenen Zeitpunkt zu bestimmen. Aus der Zukünftigkeit ergeben sich neben den Problemen der Mehrperiodigkeit auch die der Unsicherheit. Dementsprechend erheben wir zunächst eine weitere, *2. Prämisse*, indem wir davon ausgehen, dass die betrachteten Zahlungsreihen als sicher angesehen werden. Man kann diese Prämisse sogar für öffentliche

---

[221] Welche Renditeberechnung legen wir im Folgenden zu Grunde? ISMA oder Moosmüller? In Deutschland werden vorwiegend zwei Renditeberechnungsmethoden angewandt. ISMA und die „MOOSMÜLLER-Formel. Rendite nach ISMA wird für gebrochene Laufzeiten mittels exponentieller Verzinsung ermittelt (Teilperiode als Hochzahl). Demgegenüber ist die MOOSMÜLLER-Methode die Rendite-Berechnungsmethode, die sich bei Wiederanlagen aller Cash Flows (Kupons) als Ertrag ergibt, wenn das eingesetzte Kapital mit 100 angenommen wird, wobei die unterjährigen Laufzeitanteile linear (ohne Zinseszinseffekt) berechnet werden. Ich werde mich in der Vorstellung der Renditeberechnung auf die ISMA-Berechnung beschränken. Die Renditeberechnung nach ISMA (International Securities Market Association), ist die international gebräuchlichste Methode der Renditeberechnung. Auch wenn in Deutschland vor allem noch mit der „Moosmüller-Formel" gerechnet wird, werden die internationalen Gepflogenheiten und auch die EU (Richtlinie seit 1986 (!) sieht dies vor) letztendlich erzwingen, dass auch in Deutschland nach ISMA gerechnet wird. Klares Indiz hierfür ist auch, dass die Deutsche Bundesbank diese Renditeberechnung in ihren Monatsberichten und in den statistischen Beiheften verwendet. Zu beachten ist allerdings, dass die Ergebnisse nach der Moosmüller-Formel nur dann von denen der ISMA abweichen, wenn mit unterjährigen Kupons gerechnet wird.

Anleihen als gegeben unterstellen, weil sie als nominal risikolose Schuldverschreibungen angesehen werden.[222]

Effektivverzinsungen bei konstanten Zinssätzen (Flache Zinsstrukturkurve)

Bei festverzinslichen Anleihen kann deren Kurswert zum jeweiligen Betrachtungszeitpunkt berechnet werden. Grund hierfür sind die bereits zum Emissionszeitpunkt feststehenden Zins- und Tilgungstermine. Berechnet werden diese über die Jahre verteilten Zahlungsströme über die Summe der Barwerte der einzelnen Zahlungen. Da Sie sicherlich die Rechenweise der KW-Methode mit den ersten Seiten in sich aufgesogen haben, wird die Lösung der nachfolgenden Aufgabe Ihnen ein leichtes sein (so hoffe ich ☺).

Demo-Aufgabe (Dynamische Renditeberechnung bei flacher Zinsstruktur)

Ermitteln Sie die Anleiheemissionskurse der nachfolgenden Anleihen:

	Nominalzins	Laufzeit	Zinszahlung	Rückzahlung
Anleihe A	0 %	2 Jahre	jährlich	Zu pari
Anleihe B	3 %	3 Jahre	jährlich	Zu pari
Anleihe C	12 %	3 Jahre	jährlich	Zu pari

("zu pari" = 100%); Kalkulationszinsfuß ist 10%

Lösung:

Bei konstant angenommenem Zinsniveau ergibt sich eine Effektivverzinsung der 3 Anleihen von jeweils 10 %, wenn die jeweiligen Schuldverschreibungen zu folgenden Kaufkursen zu haben sind. Anleihe A: KW = 82,64; Anleihe B: KW = 82,59; Anleihe C: KW = 104,97. Beispielhaft berechnet nachfolgend der Kurswert der Anleihe B.

$$KW_{AnleiheB} = +\frac{3}{(1+0,1)^1} + \frac{3}{(1+0,1)^2} + \frac{103}{(1+0,1)^3} = 82,59$$

Andersherum betrachtet: Würden – rein hypothetisch – die drei Anleihen zu jeweils 100 % Kaufkurs zu erwerben sein, so wären Anleihe A und Anleihe B überbewertet (mit 82,64 – 100 = - 17,36 für Anleihe A, bzw. - 17,41 für Anleihe B), während Anleihe C ein Schnäppchen wäre, da es einen Arbitragegewinn von 4,97 (104,97 —100 = 4,97) bereithält.

Sie sehen, die KW-Methode ist hier ebenfalls wunderbar einsetzbar. Gut! Kommen wir gleich zu den nächsten Aspekten, ähnlich wie wir bei der statischen Effektivitätszinsberechnung vorgegangen sind, betrachten wir nunmehr die Stückzinsen.

Wie berücksichtigt man hierbei Stückzinsen?

Der in der obigen Aufgabe berechnete Kaufkurs (Barwert) einer Anleihe wird als „clean" bezeichnet,

wenn in ihm keine Stück-

> Der **dirty prize** ist der Kaufpreis einer Anleihe inklusive Stückzinsen.

---

[222] Dies basiert auf der Tatsache/Annahme, dass öffentliche Haushalte nicht konkursfähig sind. Seit der Zahlungsunfähigkeit Argentiniens findet jedoch eine Diskussion um ein Insolvenzrecht für Nationalstaaten statt. Bundesanleihen gelten dennoch als sicher, da das Steueraufkommen und das Staatsvermögen (z. B. Grund, Immobilien, Beteiligungen) als solide Einnahmequelle gelten. Theoretisch könnte der Staat z. B. durch Änderung der Steuergesetzgebung stets die Mittel zur Verfügung stellen, die zur Bedienung der Verbindlichkeiten notwendig sind. Ob dieses Vertrauen weiterhin gerechtfertigt ist, wird sich an dem Auftreten bzw. Ausbleiben von weiteren Länderinsolvenzen zeigen.

zinsen enthalten sind. Sind Stückzinsen enthalten, so spricht man von einem „dirty prize". Die Stückzinsen erhöhen den Preis der Anleihe. Berechnet werden die Stückzinsen wie gehabt. Also gleich weiter mit einer Demo-Aufgaben.

Demo-Aufgabe (Dynamische Renditeberechnung und Stückzinsen)

Ein Anleger erwirbt zum 02.02.2005 eine 8 %ige Kuponanleihe mit ursprünglich 2-jähriger Laufzeit. Emissionszeitpunkt war der 01. Juni 2003. Zinszahlungen finden ganzjährig zum 01. Juni statt. Wie hoch ist der dirty prize unter Berücksichtigung der Barwertmethode (!). Kalkulationszinsfuß ist 10 %.

Lösung:

Zunächst die Tage berechnen: 241 Tage ➔ Stückzinsen = 8 % * (241/360) = 5,36 %. Wenn der dirty prize 104,65 beträgt und die Stückzinsen 5,36, dann ergibt sich ein Kursgewinn von 104,65 − 5,36 = 99,29 ➔ 0,71%

$$DirtyPrice = \frac{100}{(1+0,1)^{\frac{119}{360}}} = 104,65$$

4. Effektivverzinsung bei nicht flacher Zinsstruktur

> Als **Zinsstruktur** bezeichnet man die Abhängigkeit des Zinssatzes von der Bindungsdauer einer Anlage.

Die Annahme, dass die Zinsen über die Jahre konstant sind, ist nicht gar so praxisfern. In den letzten Jahren galt dies für einige Länder. Diese in der Praxis jedoch eher selten vorkommende Zinsstruktur nennt man *„flach"*.

In der Regel steigt der Zinssatz mit der Bindungsdauer, eine solche Zinsstruktur wird aus diesem Grunde als *steigend* oder *normal* bezeichnet. Selten sind *inverse* Zinsstrukturen, wo für lang laufende Titel weniger Zins bezahlt wird als für kurzfristige Titel. Die Zinsstruktur kann in der sog. Zinsstrukturkurve veranschaulicht werden.

Eine *Zinsstrukturkurve* ist die graphische Darstellung der jeweils geltenden Zinssätze für kurz-, mittel- und langfristige Anleihen. Nebenstehende Abb. illustriert die jeweiligen Kurvenverläufe. Sehr wichtig bei der Interpretation von Zins-

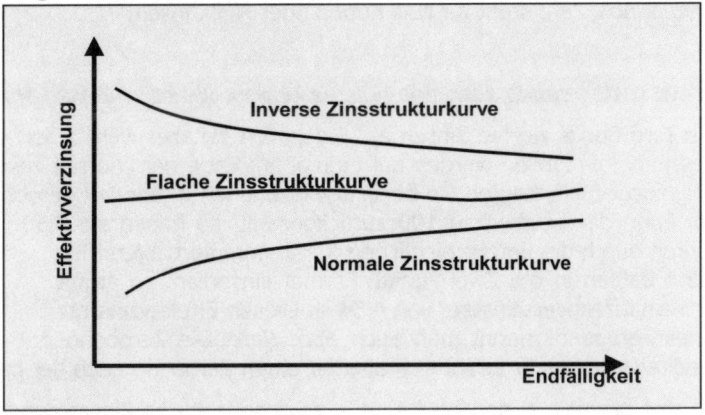

strukturkurven ist die Berechnung des auf der Ordinate abgetragenen Effektivzinssatzes. Und da wären wir mal wieder bei zwei neuen Problemen.

Problem 1 als Frage dargestellt:

Welchen Zinssatz nimmt man für welche Laufzeit, um diese Zinsstrukturkurve zu zeichnen?

Sicherlich hat eine von der Bundesregierung herausgegebene 5-jährige Anleihe einen niedrigeren Zinssatz, als eine von DaimlerCrysler emittierte ebenfalls 5 Jahre laufende Anleihe. Und eine 5-jährige argentinische Anleihe hat zur Zeit bestimmt einen sehr hohen Zinssatz. Diese Unterschiede resultieren aus einer unterschiedlichen Bonität der Emittenten, was ein unterschiedlich hohes Risiko darstellt, welches – bei gleicher Laufzeit – im Zinssatz seinen Niederschlag findet. Genau um diese möglichen Verzerrungen aufgrund unterschiedlicher Bonität zu vermeiden, wird die Zinsstrukturkurve i.d.R. aus homogenen Risikogruppen abgeleitet. Dabei wird i.d.R. auf die „risikolosen" Anleihen der öffentlichen Hand zurückgegriffen.

Aber dies ist nicht das einzige Problem. Hier kommt *Problem 2.*

Zinssatz ist nicht gleich Zinssatz, Rendite nicht gleich Rendite, wie wir allein schon bei dem Unterschied von effektiver und nominaler Rendite erkennen. Erinnern Sie sich noch an unsere Behandlung der „Internen Zinssatz-Methode", die einen inhärenten Fehler aufweist? Genau diesen – damals der „Internen Zinssatz-Methode" nachgewiesenen – Fehler, haben wir hier wieder, wenn wir Anleihen miteinander vergleichen, die unterschiedlich hohe (Zins-) Ausschüttungen haben. Das Wiederanlageproblem führt zu einer Verzerrung der „tatsächlichen" Rendite.

Damals haben wir mit BALDWIN's „Trick" der Aufzinsung der zwischenzeitlichen Cash Flows zum Laufzeitende dieses Problem umgehen können.[223] BALDWIN machte aus einer normalen Zahlungsreihe mit unterschiedlichen Cash Flows, die zu unterschiedlichen Zeiten anfielen, einen Zwei-Punkte-Fall. Also eine Zahlungsreihe, die nur aus einer Auszahlung zu Anfang und einer Einzahlung zum Ende der Laufzeit bestand. Hier konnte sich die „Interne-Zinsfuß-Methode" nicht mehr verrechnen, weil es zwischendurch nichts zum Wiederanlegen gab.

Wenn wir mit solchen unterschiedlich lang laufenden Anleihen einer Risikoklasse, die nur eine ENZ und eine ASZ aufweisen, unsere Zinsstrukturkurve zeichnen könnten, hätten wir eine Zinsstrukturkurve, die auf „korrekten" Zinsen beruht. Es gibt solche Anleihen, die nur eine Auszahlung und eine Einzahlung aufweisen, also keine Zinsen ausschütten. Sie heißen *Zero Bonds*. Zero steht für Null Kupon oder Null Zinsen.

Wieso sollte jemand aber eine Anleihe kaufen, die keine Zinsen abwirft?

Die Zero Bonds werfen Zinsen ab! Sie zahlen sie aber nicht zwischendurch aus, sondern die gesammelten Zinsen werden auf einmal am Ende der Laufzeit zusammen mit der Rückzahlung ausgezahlt. Kaufen Sie beispielsweise einen 2-jährigen Zerobond für 91,50 und er wird am Ende der Laufzeit zu 100 zurückgezahlt, so haben sie 8,50 „Zinsen" innerhalb von 2 Jahren durch die unterschiedlichen Kurse generiert. Wenn Sie diese Zahlen in die Zwei-Punkte-Formel einsetzen, so ergibt sich ein effektiver Zinssatz von 4,54%. Diesen Effektivzinssatz eines Zerobonds nennt man auch *Spot Rate*. Die Zerobond-

$$r_t = \sqrt[2]{\frac{100}{91,50}} - 1 = 4,54\%$$

rendite (r_t) pro Jahr ergibt sich also für einen Zerobond nach der bekannten Formel:

Da eine normale Kuponanleihe i.d.R. zwischenzeitliche Zinszahlungen impliziert und hier das *Wiederanlageproblem* auftritt, berechnet man eindeutige Zinsstrukturkurven am besten über Zerobonds. Man erhält dann Zerobond-Effektivzinssätzen oder die sog. *Spot-Rates*.

---

[223] Falls Sie sich nicht mehr sicher sind, wovon ich gerade spreche, würde ich mich freuen – und ihr Verständnis der nächsten Sätze auch – wenn sie die entsprechenden Passagen aus dem Investitionsteil kurz nachlesen.

Wenn Sie also eine Zinsstrukturkurve erblicken, achten Sie bitte immer darauf, wie sie errechnet wurde; welche Bonitätsklasse ihr zugrunde liegt und welche Anleiheform.[224]

Die in diesem Buch vertretene Möglichkeit der Ableitung der Zinsstrukturkurve ist die aus Zerobonds, da dabei das Wiederanlageproblem, das bei normalen Kuponanleihen mit zwischenzeitlichen Zinszahlungen auftritt, ausgeschaltet ist.

Gibt es so viele Zerobonds, dass für jede Laufzeit und jede Bonität ein eindeutiger Zinssatz ensteht?

Leider nein! ☹ Die Informationen aus dem Zerobondmarkt reichen für die Ableitung einer Zinsstrukturkurve nicht aus. Genau aus dem in der Frage genannten Grund. Es gibt nicht genug Zerobonds! Dies stellt aber kein Problem dar, da die Spot Rates indirekt ermittelt werden können. Außerdem lassen sich auch künstliche Zerobonds „herstellen", die dann die jeweilige Spot Rate liefern. Auf diesem indirekten Weg bieten sich also zwei Möglichkeiten an:

1. Herleitung von Zerobondzinssätzen aus sogenannten *Zerobondabzinsungsfaktoren*, die sich aus der Analyse eines Bündels von Anleihen ableiten lassen. *(Ableitung von Zerobondeffektivrenditen aus marktnotierten Kuponanleihen)*

2. *Duplizierung* von Zerobonds, *(Ableitung von Zerobondeffektivrenditen über einen synthetischen (künstlichen) Zerobond).*

Diesen beiden gleich näher vorgestellten Möglichkeiten liegt die Überlegung zugrunde, dass eine jede Kuponanleihe auch als ein Bündel von Zerobonds aufzufassen ist. Dies möchte ich Ihnen an einem Beispiel darstellen:

Demo-Aufgabe (Zahlungsreihen als Bündel von Zerobonds)

Eine 3-jährige Anleihe mit einem Kupon von 6 % hat folgenden zeitlichen Verlauf:

	Kupon	t_1	t_2	t_3
Anleihe	6 %	6	6	106

Man kann diese Anleihe aber auch als ein Bündel von Zerobonds auffassen:

	Kupon	t_1	t_2	t_3
Zerobond 1	0 %	6		
Zerobond 2	0 %		6	
Zerobond 3	0 %			106

Die 3 Zerobonds, die aus der Kuponanleihe abgeleitet wurden, werden auch als *synthetische Zerobonds* bezeichnet. Der Wert der Kuponanleihe muss der gleiche Wert sein, wie der des Portfolios aus den 3 Zerobonds. Zur Beweisführung nehmen wir ausnahmsweise noch einmal eine flache Zinsstrukturkurve mit einem Zinsniveau von 6 % an, welche über die Jahre konstant bleibt. Daraus folgt, dass die 3-jährige Kuponanleihe zu 100 % Ausgabekurs auf den Markt gebracht wird. Berechnen wir nun den Kurswert des Portfolios zum heutigen Zeitpunkt, der sich aus der Addition der Kurswerte der Zerobonds ergibt, so zeigt sich:

---

[224] Hier eine Auswahl möglicher Formen von Zinsstrukturkurven auf der Basis von: (1) Effektivzinssätzen von Kuponanleihen, (2) Effektivzinssätzen von marktgehandelten originären Zerobonds (Spot Rates), (3) Nominalzinssätzen von einfachen Kuponanleihen mit Auszahlung/Kurs 100%, (4) Effektivzinssätzen für aus Kuponanleihen abgeleiteten Zerobonds, (5) Forward-Rates.

$$\text{Kurswert}_{\text{Zerobond 1}} = \frac{6}{(1+0,06)^1} = 5,66$$

$$\text{Kurswert}_{\text{Zerobond2}} = \frac{6}{(1+0,06)^2} = 5,34$$

$$\text{Kurswert}_{\text{Zerobond3}} = \frac{106}{(1+0,06)^3} = 89,00$$

$$\text{Kurswert}_{\text{Portfolio der drei Zerobonds}} = 5,66 + 5,34 + 89,00 = 100$$

Der Wert ist der gleiche! *Merke!:* Das oben angeführte Beispiel zeigt: Die kleinsten Lego-bausteine der Finanzalchimisten sind Zerobonds. Sie spielen nicht nur eine wichtige Rolle bei der Zerlegung von Kuponanleihen, sondern auch bei der Analyse und Bewertung von diversen Finanztiteln und Finanzinnovationen.

Wie war das nun noch mal mit den synthetischen Produkten?

Das gerade an einem einfachen Beispiel praktizierte Zerlegen eines Kupons in seine Bau-steine nennt man auch *Kupon-Stripping*. Der Oberbegriff hierfür, bezogen auf das generelle Zerlegen von Bonds heißt *Bond Stripping*.

> **Bond Stripping** bedeutet das Aufbrechen eines Finanzinstrumentes in seine einzelnen Bausteine. Dieses wird als Stripping oder auch als Unbundling bezeichnet.

Die Synthese der so erhaltenen Bausteine wird als *Synthetisierung*, Replication oder Bund-ling bezeichnet. Synthetisierung ist die Umkehrung des Bond-Stripping.

> Künstlich über das Strippen erzeugte oder über das Bundling zusammengesetzte Pro-dukte nennt man **synthetische Produkte**.

5. Wie berechnet man nun Spot Rates?

Im obigen Beispiel des Kupon-Stripping war jede Spot Rate mit einer Laufzeit von t gleich. Wir hatten eine flache Zinsstrukturkurve angenommen, die bei 6 % lag.

> **Spot Rates (r_t)** sind die internen Renditen von Zerobonds mit einer Laufzeit von t. . Sie beziehen sich auf Finanztitel, die – im Gegensatz zu Kupon-Anleihen – ausschließ-lich zwei Zahlungszeitpunkte haben (am Anfang sowie am Ende ihrer Laufzeit).

Während wir bei einer flachen Zinsstrukturkurve immer nur einen Zinssatz kennen, gibt es bei *nicht flachen Zinsstrukturen* für jede Laufzeit unterschiedliche Spot Rates. Die Schwie-rigkeit besteht hierbei vor allem darin, diese Spot Rates zu berechnen.

Warum muss man die Spot Rates überhaupt berechnen?

Weil mit ihnen die unterschiedlichen Kupon-Anleihen bzw. Finanzprodukte miteinander vergleichbar gemacht werden können. Dem werden wir uns nun widmen.

Zur Berechnung der Spot Rates gibt es zwei Methoden. Entweder man kann sie aus den am Markt gehandelten Kuponanleihen oder aus selbst kreierten synthetischen Zerobonds ableiten. Welche Methode Sie wählen ist letztendlich egal, da die Ergebnisse immer gleich sind. Wir beginnen mit der:

Ableitung von Spot Rates aus marktnotierten Kuponanleihen

Die Ableitung von Spot Rates aus marknotierten Kuponanleihen geht zunächst über die Analyse eines Bündels von Kursen unterschiedlicher, an der Börse gehandelter Kuponanleihen. Aus diesen werden dann die *Zerobondabzinsungsfaktoren* generiert und daraus ergeben sich dann die Spot Rates für die unterschiedlichen Laufzeiten. Mmhhh! Hört sich noch nicht wirklich verständlich an. Ok, also eine Beispielrechnung.[225]

Demo-Aufgabe (Ableitung von Spot Rates bie nicht-flacher Zinstruktur)

Folgende 3 Kuponanleihen mit gleicher Bonität wurden herausgegriffen.:

	Kupon	Kurswert	t_1	t_2	t_3
Anleihe A	7 %	- 99,07	107		
Anleihe B	3 %	- 77,89	3	3	103
Anleihe C	12 %	- 100	12	12	112

Wichtig: Grundgedanke bei dieser und auch den folgenden Berechnungen ist wieder: Jede Kuponanleihe kann als ein Bündel von Zerobonds interpretiert werden.

Da nun aber leider die Spot Rates nicht bekannt sind, sondern „nur" die Kurswerte von unabhängigen, gleich riskanten Kupon-Anleihen, versucht man die Spot Rates aus den Kurswerten abzuleiten. *Man geht davon aus, dass der Markt durch sein momentanes Angebots- und Nachfrageverhalten die Spot Rates vorgibt.* Sie liegen allerdings nicht auf einem silbernen Tablett oder stehen auf einer großen Anzeigetafel, sondern sind durch entsprechendes Kauf- und Verkaufsverhalten in den aktuellen Kursen bereits eingearbeitet. Da nun aber eine bspw. 4-jährige Kuponanleihe als Bündel aus vier unterschiedlich lang laufenden Zerobonds aufgefasst werden kann, ist der Kurswert – bei einer nicht flachen Zinsstrukturkurve – mit vier unterschiedlichen Spot Rates berechnet worden. Was man – und hier und jetzt WIR – nun herausrechnen müssen, sind genau diese unterschiedlichen Spot Rates. Wir müssen also die in den Kurswerten zum Ausdruck kommenden, einer Kuponanleihe inhärenten Spot Rates extrahieren.

Dies hört sich schwieriger an, als es ist. In obigem Beispiel haben wir drei Anleihen, wobei die längste eine Laufzeit von 3 Jahren hat. Dementsprechend haben wir es hier mit 3 Spot Rates zu tun. 3 Anleihen kann man als 3 Gleichungen auffassen. Man hat 3 unbekannte Spot Rates. Bingo! – wie das Orakel in „Matrix" sagen würde. Alles zu verbal! Gut, also dargestellt mit Zahlen:

Gleichung 1	99,07 =	107 * ZAF_1		
Gleichung 2	77,89 =	3 * ZAF_1	+ 3 * ZAF_2	+ 103 * ZAF_3
Gleichung 3	100,00 =	12 * ZAF_1	+ 12 * ZAF_2	+ 112 * ZAF_3

---

[225] Die Beispielrechnung lehnt sich an Perridon, L.; Steiner, M., 1999, S. 187 f. an.

Da wir von einer nicht flachen Zinsstruktur ausgehen, hat jede Laufzeit einen anderen Zinssatz (Spot Rate). Dementsprechend müssen die Cash Flows der jeweiligen Jahre, mit den entsprechenden Spot Rates abgezinst werden. Dies wird durch die drei unterschiedlichen (und noch unbekannten) Zerobondabzinsungsfaktoren ausgedrückt. Wie sich der Zerobondabzinsungsfaktor (ZAF$_t$) berechnet, zeigt nachstehende Formel:

$$ZAF_t = \frac{1}{(1 + r_t)^t}$$

Für die Ermittlung von n Zerobond-Effektivverzinsungen werden n unabhängige, gleich riskante Anleihen benötigt. Dies ist gegeben: 3 Unbekannte, 3 Gleichungen. Durch Auflösung der Gleichung ergeben sich zunächst folgende ZAF:

$$ZAF_1 = 0{,}9259 \qquad ZAF_2 = 0{,}8250 \qquad ZAF_3 = 0{,}7052$$

Formt man nun die allgemeine Gleichung für den ZAF$_t$ nach r_t – also unseren gesuchten *laufzeitabhängigen Spot Rates* – um, ergibt sich folgende allgemeine Formel für den Zusammenhang zwischen den Spot Rates r_t und ZAF$_t$

$$r_t = \sqrt[t]{\frac{1}{ZAF_t}} - 1$$

Demnach ergeben sich folgende Spot Rates für eine:

Einjährige Anlage von t_0 bis t_1:	$r_1 = 8{,}00\ \%$
Zweijährige Anlage von t_0 bis t_2:	$r_2 = 10{,}10\ \%$
Dreijährige Anlage von t_0 bis t_3:	$r_3 = 12{,}34\ \%$

Demo-Aufgabe (Ableitung von Spot Rates bie nicht-flacher Zinstruktur)

a.) Berechnen Sie die ein-, zwei- und dreijährigen Spot Rates aus den nachfolgend aufgeführten Werten:

	Kupon	Kurswert	t_1	t_2	t_3
Anleihe X	6 %	- 98,60	106		
Anleihe Y	6,5 %	- 96,51	6,5	106,5	
Anleihe Z	11 %	- 104,70	11	11	111

b.) Wie hoch müsste der Kurswert folgender Anleihe sein?

	Kupon	Kurswert	t_1	t_2	t_3
Anleihe Ω	9 %	?????	9	9	109

Lösung:

Gleichung 1	98,60 =	106 * ZAF$_1$		
Gleichung 2	96,51 =	6,5 * ZAF$_1$	+ 106,5* ZAF$_2$	
Gleichung 3	104,70 =	11 * ZAF$_1$	+ 11 * ZAF$_2$	+ 111 * ZAF$_3$

Durch Auflösung der Gleichung ergeben sich zunächst folgende ZAF:

$$ZAF_1 = 0{,}93019 \qquad ZAF_2 = 0{,}84943 \qquad ZAF_3 = 0{,}766885$$

Daraus ergeben sich folgende Spot Rates für eine:

Einjährige Anlage von t_0 bis t_1:	$r_1 = 7,50\%$
Zweijährige Anlage von t_0 bis t_2:	$r_2 = 8,00\%$
Dreijährige Anlage von t_0 bis t_3:	$r_3 = 9,25\%$

Kurswert der Anleihe Ω ergibt sich nun durch:

$$KW_{Anleihe\,\Omega} = \frac{9}{(1+0,075)^1} + \frac{9}{(1+0,085)^2} + \frac{109}{(1+0,0925)^3} = 8,37 + 7,65 + 83,59 = 99,61$$

Ableitung von Spot Rates durch Duplizierung

Hier funktioniert die Ableitung von Spot Rates, indem Kuponanleihen mit Krediten und Kapitalanlagen so kombiniert werden, dass in der Summe ein synthetischer Zerobond mit der entsprechenden Laufzeit entsteht.

> **Duplizieren** ist der Vorgang, Finanzprodukte durch Basisprodukte (Zerobonds, Terminkontrakte, Optionen) zu ersetzen, um dadurch zu einer Bewertung zu gelangen.

Unter Vernachlässigung etwaiger Transaktionskosten können aus diesen synthetischen Zerobonds dann die Spot Rates berechnet und in die Zinsstrukturkurve übertragen werden.

Demo-Aufgabe (Ableitung von Spot Rates durch Duplizierung)

Die Zinssätze für 1-, 2- + 3-jährige Kuponanleihen sowie für Kredite liegen bei 8 %, 10 % und 12%. Nun wird von folgender Geldanlage mit einer Restlaufzeit von 3 Jahren ausgegangen und die Spot Rate für 3 Jahre berechnet.

	Kurswert	t_1	t_2	t_3
Anleihe X	- 89,2857	10,7143	10,7143	100

Nun wird nach und nach mit unterschiedlichen Finanzinstrumenten versucht, die zwischen der Anfangs- und Endzahlung liegenden Zahlungen auf Null zu bringen.

	Kurswert	t_1	t_2	t_3
Anleihe X	- 89,2857	10,7143	10,7143	100
Kreditaufnahme	9,7403	-0,974	- 10,7143	
Zwischenstand	*- 79,5454*	*9,7403*	*0*	*100*
Kreditaufnahme	9,0187	- 9,7403		
Summe	**- 70,5266**	**0**	**0**	**100**

Mit Hilfe dieses synthetischen Zerobonds – als Portfolio aus einer Anleihe und 2 Kreditaufnahmen – lässt sich jetzt mit der 2-Punkteformel die Spot Rate für 3 Jahre ableiten.

$$r_3 = \sqrt[3]{\frac{100}{70,5266}} - 1 = 12,34\%$$

Schummeln Sie jetzt nicht ein bisschen, Herr Bleis?

„Hey! Herr Bleis, Sie haben ja jetzt wieder irgend so eine Geldanlage genommen. Warum haben Sie nicht die Anleihe C genommen aus dem ersten Beispiel?"

Sie haben Recht! Ich habe mich weiterhin an dem Beispiel von PERRIDON/STEINER orientiert. Sie haben vollkommen Recht, es verwirrt ein wenig! Also das Ganze jetzt mit der Anleihe C aus dem obigen Beispiel gerechnet. Erläutern brauche ich ja nichts mehr, also einfach nur noch rechnen:

	Kurswert	t_1	t_2	t_3
Anleihe C	- 100	12	12	112
Kreditaufnahme	+10,909	- 1,091	-12	
Zwischenstand	*- 89,091*	*10,91*	*0*	*112*
Kreditaufnahme	10,102	- 10,91		
Summe	*- 78,989*	*0*	*0*	*112*

$$r_3 = \sqrt[3]{\frac{100}{78,989}} - 1 = 12,34\%$$

r $_3$ = 12,34 %! Schon wieder dieser Zinssatz? „Zufall" sagen Sie! O. K. noch eine Anleihe

	Kurswert	t_1	t_2	t_3
Anleihe B	- 77,89	3	3	103
Kreditaufnahme	+2,73	- 0,27	- 3	
Zwischenstand	*- 75,16*	*2,73*	*0*	*103*
Kreditaufnahme	+ 2,53	- 2,73		
Summe	*72,63*	*0*	*0*	*103*

$$r_3 = \sqrt[3]{\frac{103}{72,63}} - 1 = 12,34\%$$

Spot Rate für eine 3-jährige Anlage von t_0 bis t_3 ist erneut: *r 3 = 12,34 %!*

Wie das?
Kommt immer derselbe Zinssatz heraus? JA!, WENN die Grundannahme bestehen bleibt, dass die Zinssätze für 1-, 2- + 3-jährige Titel bei 8 %, 10 % und 12% liegen.

Wieso?
Die Spot Rate ist eine Wertsteigerungsrate, d.h. mit dieser prozentualen Steigerung wächst das Vermögen, wenn zwischendurch nichts ausgeschüttet wird. Und da es pro Laufzeit und bei gleicher Bonität nur einen Zinssatz (Spot Rate) gibt, kann man ihn ausrechnen aus welcher Anleihe man will.

Das Ganze wird noch klarer, wenn wir es noch ein bisschen komplizierter machen. Das hört sich erstmal wie ein Widerspruch an, ist es aber nicht. Warten Sie einfach noch ein bisschen ab und folgen Sie meiner Argumentation, ich verspreche Ihnen, Sie werden bald klarer sehen, der Nebel wird sich heben.

Spot Rates sind *effektive Zerobondrenditen*. Spot Rates sind *Baldwin'sche interne Zinssätze*. Spot Rates sind *Wertsteigerungsraten*. Vor allem sind Spot Rates aber **Kassa-Zinssätze**, d.h., sie gelten für einen Zeitraum, der heute beginnt.

Das Gegenstück zu den Kassa-Zinsen sind Terminzinsen. Während der Kassa-Zins (Spot Rate) der Zinssatz ist, welcher für Kapitalanlagen fällig wird, deren Laufzeit *sofort* beginnt, versteht man unter dem **Terminzins** (**Forward Rate**) den Zinssatz, welcher für Kapitalanlagen fällig wird, deren Laufzeit nicht sofort, sondern an einem bestimmten, in der Zukunft liegenden Zeitpunkt beginnt und eine bestimmte Laufzeit hat.

6. Wozu braucht man denn diese Forward Rates?

Die Forward Rates sind arbitragefreie Zinssätze, die sich aus der Renditestrukturkurve herleiten lassen und den Wert in der Zukunft liegender Zinsgeschäfte angeben.[226] Und genau dafür benötigt man sie. Für in der Zukunft liegende Zinsgeschäfte, die man auch *Forward Rate Agreement (FRA)* nennt.

> **Forward Rates (r_{t-t+1})** geben die Verzinsung für ein in der Zukunft liegendes Geschäft an, die zum gegenwärtigen Zeitpunkt zu erzielen ist. Sinn der Forward Rates ist es, mit Hilfe dieser Zinstermingeschäfte die Unsicherheit über zukünftige Zinsentwicklungen zu eliminieren. So kann zum Zeitpunkt t_0 die Anlage von Geldmitteln, z. B. für r den Zeitraum t_2 bis t_3 zum Zinssatz (r_{2-3}) vereinbart werden.

Ein FRA ist eine Absicherungsmöglichkeit gegen Zinsänderungsrisiken. Hierbei wird zwischen den jeweiligen Vertragsparteien eine Vereinbarung getroffen, wie ein bestimmter Betrag verzinst wird, der für eine bestimmte Zeit (Beginn der Laufzeit liegt in der Zukunft), ausgeliehen oder angelegt werden soll. Dieser im Vorhinein festgelegte Zins heißt *Forward Rate*.[227] Der Käufer eines FRAs (z. B. ein Industrieunternehmen als Kreditnehmer) sichert sich gegen steigende Zinsen, der Verkäufer eines FRA's (z. B. eine Bank) sichert sich gegen einen Zinsrückgang. FRAs können somit zur Absicherung von Zinsänderungsrisiken herangezogen werden, aber natürlich auch für Spekulationsgeschäfte genutzt werden.[228]

Zu Berechnung der Forward Rates können zwei Varianten gewählt werden: Die Duplizierung und die „rekursive Methode".

Merksatz!: Die grundsätzliche Überlegung für die Berechnung der Forward Rates ist unter der Annahme sicherer Erwartungen: Durch den Vergleich eines 2-jährigen Zinssatzes mit dem eines 1-jährigen Zinssatzes lässt sich ein implizierter Zinssatz für das zweite Jahr berechnen. Graphisch sieht der oben stehende Merksatz wie folgt aus:

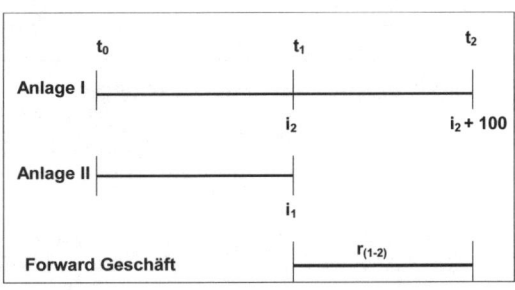

---

226 Bei einer flachen Renditestrukturkurve liegen die Foward Rates etwa auf der Renditestrukturkurve; bei einer steilen oberhalb und bei einer inversen darunter.

227 Notierung beispielhaft: FRA 1x4 oder FRA 4x10 (sprich: one cross four oder four cross ten). Interpretation: Zinssatz in 1 Monat für 3 Monate oder Zinssatz in 4 Monaten für 6 Monate.

228 Ist der jeweilige zukünftige Laufzeitbeginn (Referenzperiode) erreicht und weicht das dann bestehende Zinsniveau von dem vereinbarten Zins ab, so erfolgt eine Ausgleichszahlung für die Differenz zwischen dem (dann) aktuellem Zins und dem FRA-Zins.

Bei der Berechnung der Forward Rates mittels Duplizierung erfolgt diese ähnlich der Duplizierung der Spot Rates, mit dem Unterschied, dass die unterschiedlichen Anlagen und Kredite so kombiniert werden, dass eine Zerobond-Zahlungsreihe genau für den zu betrachtenden Zeitraum entsteht.

Demo-Aufgabe (Berechnung der Forward Rates mittels Duplizierung)

Bleiben wir weiter bei den für die Spot Rate-Berechnungen genommenen Beispielen mit Kuponrenditen von 8 % (einjährig), 10 % (zweijährig) und 12 % (dreijährig).

	Kupon	Kurswert	t_1	t_2	t_3
Anleihe A	8 %	- 100	108		
Anleihe B	10 %	- 100	10	110	
Anleihe C	12 %	- 100	12	12	112

Nun stellen sich z. B. zwei Fragen:

1. Wie hoch ist die Forward Rate für eine 1-jährige Geldanlage zum Zeitpunkt t_1?
2. Wie hoch ist die Forward Rate für eine 1-jährige Geldanlage zum Zeitpunkt t_2?

Die Lösung der ersten Frage ist relativ einfach, da wir einen 2-jährigen Titel nur um einen 1-jährigen Kredit ergänzen müssen und so eine Zerobondzahlungsreihe von t_1 bis t_2 erhalten.:

	t_0	t_1	t_2
Anleihe B (2 Jahre)	- 100	10	110
Kredit (1 Jahr)	100	-108	
Summe	0	-98	110

Die Forward Rate für t_1 bis t_2 ist $r_{(1-2)} = (110/98 - 1) = 12{,}24\,\%$

Ad 2.: Bei der Beantwortung der 2. Frage geht es etwas mathematischer zu.

	t_0	t_1	t_2	t_3
Anleihe C (3 Jahre)	**- 100**	**12**	12	112
Kredit (2 Jahre)	x	- 0,10 x	- 1,10 x	
Kredit (1 Jahr)	y	-1,08 y		
Summe	0	0	12 – 1,10 x	112

➔ hieraus ergeben sich zwei Gleichungen

Gleichung 1:	-100 + x + y = 0

Gleichung 2:	12 – 0,10 x – 1,08 y = 0

Durch Auflösung dieser beiden Gleichungen mit insgesamt zwei Unbekannten ergeben sich folgende x bzw. y-Wert: x = 97,9592, y = 2,0408. Daraus folgt:

	t_2	t_3
Summe	12 – 1,10 x	112
➔	12 – 107,755	112
➔	95,75512	112

$$r_{(2-3)} = \frac{112}{95{,}75512} - 1 = 16{,}97\,\%$$

Die Forward Rate für t_2 bis t_3 beträgt demnach: $r_{(2-3)} = 16{,}97\,\%$

Rekursive Berechnung der Forward Rates

Die Forward Rates können auch über die nachfolgenden Rekursivformeln berechnet werden.

$$r_{(1-2)} = \frac{1 + r_{(0-2)}}{1 + r_{(0-1)}} - 1 \qquad\qquad r_{(1-3)} = \sqrt[2]{\frac{1 + r_{(0-3)}}{\left(1 + r_{(0-1)}\right)}} - 1$$

$$r_{(2-3)} = \frac{1 + r_{(0-3)}}{\left(1 + r_{(0-1)}\right) * \left(1 + r_{(1-2)}\right)} - 1 \qquad\qquad r_{(1-4)} = \sqrt[3]{\frac{1 + r_{(0-4)}}{\left(1 + r_{(0-1)}\right)}} - 1$$

$$r_{(2-4)} = \sqrt[2]{\frac{1 + r_{(0-4)}}{\left(1 + r_{(0-1)}\right) * \left(1 + r_{(1-2)}\right)}} - 1 \qquad r_{(3-4)} = \frac{1 + r_{(0-4)}}{\left(1 + r_{(0-1)}\right) * \left(1 + r_{(1-2)}\right) * \left(1 + r_{(2-3)}\right)} - 1$$

Merksatz!: Die Spot Rates und die Forward Rates stehen in einem deterministischen Zusammenhang und können auch jeweils aus den Werten des anderen abgeleitet werden. Daraus folgt natürlich, dass beide Bewertungsverfahren zu gleichen Ergebnisse kommen.

Beide Methoden umgehen das Wiederanlageproblem ausgeschütteter Zinszahlungen. Die Effektivzinssätze von Kuponanleihen erfassen diese Wiederanlage i.d.R. falsch aufgrund der Laufzeitmischung und kommen im Normalfall zu einer Unterbewertung der Anleihen.

Demo-Aufgabe (Forward Rates)

Folgende Nominalzinsstrukturkurve einfacher Kuponanleihen (Kauf- + Rückzahlungskurs = 100 %) sei gegeben: (d.h. 1 Jahr: 5,2 %, 2 Jahre: 5,4 %, 3 Jahre: 5,8 %, 4 Jahre: 6,3 % Nominalzinssatz) a.) Berechnen Sie die Forward Rates $r_{(0-1)}, r_{(1-2)}, r_{(2-3)}, r_{(3-4)}$, b.) Berechnen Sie mit Hilfe der Forward Rates den Kurswert der Anleihe Ψ

	Kupon	KursW	t_1	t_2	t_3	t_4
Anleihe Ψ	5 %	?????	5	5	5	105

Lösung:

a.)

$r_{(0-1)} = 5{,}200\,\%$ $r_{(1-2)} = 5{,}611\,\%$ $r_{(2-3)} = 6{,}6774\,\%$ $r_{(3-4)} = 8{,}0284\,\%$

b.) Die Berechnung des Kurswertes der Anleihe Ψ mit den Forward Rate Notes zeigt folgendes Bild.

$$KW_{\text{Anleihe}\Psi} = \frac{5}{(1+0,052)^1} + \frac{5}{(1,052*1,05611)} + \frac{5}{(1,052*1,05611*1,066774)} + \frac{105}{(1,052*1,05611*1,066774*1,080284)} = 95,48$$

7. Welche Risiken beinhalten die Schuldverschreibungen noch?

Zinsänderungsrisiko/ -chance

Hierunter ist zunächst einmal das *Kursrisiko* zu verstehen, das besteht, falls der Besitzer einer Schuldverschreibung zwischenzeitlich seine Wertpapiere verkaufen möchte.[229] Dieses Risiko besteht im Steigen des Marktzinsniveaus, wie vorstehend bereits erläutert wurde. Der Besitzer erhält nicht 100 % seines Anlagebetrages wieder zurück, wenn das allgemeine Zinsniveau gestiegen und damit der Kurswert der Schuldverschreibung gesunken ist.

Des Weiteren kann vom *Wiederanlagerisiko*

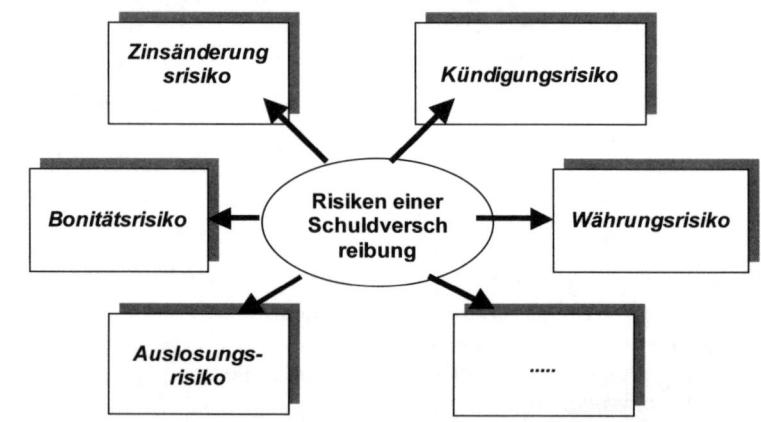

gesprochen werden, dass durch das Zinsänderungsrisiko begründet ist. Es besteht darin, dass die zwischenzeitlichen Auszahlungen (Zinszahlungen, Teiltilgungen) bei Sinken des Zinsniveaus nicht zum gleichen Zinssatz wie das der Schuldverschreibung angelegt werden können.

Schließlich ist natürlich auch das allgemeine *Zinsänderungsrisiko* bei variabel verzinslichen Wertpapieren zu nennen. Alles Gesagte bezieht sich auf einen negativen Fall und mündete in einem Risiko. Sind die Entwicklungen andersherum ergibt sich natürlich eine diesbezügliche Chance.

Bonitätsrisiko

Das Bonitätsrisiko bezieht sich auf das Ausfallrisiko einer Schuldverschreibung bzw. auf den Emittenten. Es ist das Risiko, dass der Schuldner illiquide oder zahlungsunfähig wird und damit seine Zins- und Tilgungsverpflichtungen nicht oder nicht termingerecht bedienen kann.

Mit Hilfe von Ratingagenturen wird versucht, diesbezüglich für Transparenz zu sorgen. Ein *Rating* ist ein Maßstab für die Fähigkeit eines Schuldners, seine Kreditverpflichtungen (Zins-

---

[229] Da am Ende der Laufzeit die Rückzahlung z. B. zu 100 % garantiert ist, besteht das Kursrisiko nur für Vorfälligkeitsverkäufe.

und Tilgungszahlung) pünktlich und vollständig zu erfüllen. Diese Beurteilung bezieht sich entweder auf den Schuldner (Emittenten) selbst oder auf die Schuldverschreibung. Meist handelt es sich bei den Emittenten um Unternehmen und Banken, doch auch für ganze Staaten werden diese Qualitätssiegel vergeben. Somit ist das Rating die Vereinfachung von qualitativen und quantitativen Faktoren in einer Kennzahl zur Schaffung einer zahlenmäßigen Vergleichbarkeit. Die Ratings werden von verschiedenen Ratingagenturen durchgeführt.

In der Regel gilt, dass Schuldner mit besserem Rating sich zu besseren Konditionen Kapital verschaffen können. Andersherum gilt, dass man von Schuldnern mit schlechtem Rating eine höhere Rendite erwirtschaften kann, wobei die Wahrscheinlichkeit für einen Zahlungsausfall (Bonitätsrisiko) allerdings höher ist.

Standard & Poors	Moody's	Bedeutung der Symbole
AAA	Aaa	Extrem starke Zinszahlungs- und Tilgungskraft des Emittenten
AA	Aa	Sehr starke Zinszahlungs- und Tilgungskraft des Emittenten
A	A	Gute Zins- und Tilgungskraft des Emittenten, der Schuldner ist aber anfälliger für negative Wirtschaftsentwicklungen.
BBB	Bbb	Ausreichende Zahlungsfähigkeit; bei negativer Wirtschafts- und Umfeldentwicklung kann die Zinszahlungs- und Tilgungsfähigkeit stärker beeinträchtigt werden als in der A-Klasse
BB	Bb	Noch ausreichende Zinszahlungs- und Tilgungsfähigkeit; es sind aber Gefährdungselemente vorhanden, die zu Abstufungen führen können.
B	B	Derzeit noch ausreichende Zinszahlungs- und Tilgungsfähigkeit; starke Gefährdungselemente vorhanden.
CCC		Starke Tendenz zu Zahlungsschwierigkeiten
CC, C		Bewertet wie CCC; allerdings sind die zugrundeliegenden Verbindlichkeiten nachrangig besichert.
	Caa, Ca	Zinszahlungs- und Tilgungsfähigkeit stark gefährdet oder eingestellt.
CI		Zinszahlungen eingestellt
D	C	Emittent zahlungsunfähig
+/-	1,2,3	Feinabstufungen innerhalb der Kategorien.

Ein Herunterstufen (*down-grading*) des Rating hat folglich häufig einen sehr negativen Effekt auf Unternehmen wie auch Staaten, die für ihre Kapitalbedürfnisse plötzlich mehr Rendite bieten müssen. Um das Rating gibt es dementsprechend häufig heftige Auseinandersetzungen zwischen der Rating-Agentur und dem beurteilten Unternehmen.[230]

Rating-Agenturen[231] beurteilen die Kreditwürdigkeit von Unternehmen und Ländern durch eine Buchstabenkombination, die in der Regel von AAA (beste Qualität) bis D (Zahlungsunfähigkeit) reicht. Die beiden bekanntesten Rating-Agenturen, die den größten Teil der Un-

---

[230] Die Kosten des Rating sind vom zu beurteilenden Unternehmen zu tragen. Es ist jedoch besser, ein schlechtes Rating zu haben als keines, da viele Investoren Schuldner ohne Rating ignorieren. Besonders in den USA hat das Rating schon eine lange Tradition und es ist so gut wie unmöglich, ohne Rating Kapital aufzunehmen. Deshalb sind mittlerweile auch die meisten namhaften europäischen Unternehmen vom Rating erfasst.

[231] Rating-Agenturen sind zwar private und ausschließlich gewinnorientierte Unternehmen, jedoch genießen sie im Markt sein sehr hohes Ansehen. Dieses Ansehen beruht darauf, dass die Beurteiler Unabhängigkeit und Unbestechlichkeit garantieren. Zahlreiche Untersuchungen haben den Rating-Agenturen dies auch bestätigt.

ternehmen und Länder weltweit bewerten, sind Standard & Poors sowie Moody's. Nachfolgend sind deren Einstufungen aufgeführt:[232]

Kündigungs- und Auslosungsrisiko

Besteht die Möglichkeit der vorzeitigen Kündigung bzw. Auslosung durch den Emittenten, so kann sich das nachteilig für den Käufer auswirken, da die von ihm angestrebte Zeit innerhalb derer er mit einem bestimmten Zinssatz gerechnet hat, vom Unternehmen verkürzt wird. Da dies meist dann geschieht, wenn das allgemeine Zinsniveau gesunken ist und das Unternehmen so ihre derzeitige Zinslast senken will, bedeutet dies für den Besitzer einer gekündigten Schuldverschreibung, dass er das nun freie Kapital nicht zu einem vergleichbaren Zinssatz anlegen kann. Da also ein Kündigungsrecht von Seiten des Emittenten ein gewisses Risiko für den Käufer dieser Schuldverschreibung birgt, ist die Rendite einer solchen, mit einem Kündigungsrecht verbundenen SV, i.d.R. etwas höher als vergleichbare SV ohne diese Möglichkeit.[233]

Währungsrisiko/-chance

Wird ein Fremdwährungsgeschäft gewählt, so hängt der Ertrag bzw. die Wertentwicklung dieses Geschäftes stark von der Entwicklung des Wechselkurses der Fremdwährung zum Euro ab. Die Änderung des Wechselkurses kann den Ertrag und den Wert des Investments vergrößern oder vermindern. Dementsprechend haftet jeder Schuldverschreibung, die Zahlungen oder Zahlungsoptionen in fremden Währungen hat, ein Währungsrisiko bzw. eine Währungschance an.

8. Duration – Möglichkeit der Begrenzung des Zinsänderungsrisikos

Das Zinsänderungsrisiko kann unterschiedlich betrachtet werden, wie bereits vorstehend angedeutet. Wichtig für die nachfolgenden Erläuterungen sind die zwei grundsätzlichen Ausprägungen des Zinsänderungsrisiko's: (1) das *Kurswert*änderungsrisiko und (2) das *Endwert*änderungsrisiko. Betrachten wir zunächst einmal die Korrelation dieser beiden Aspekte mit dem Zinsniveau.

Die Abhängigkeit des Kurswertes vom Zinsniveau

Folgender Zusammenhang zwischen Kurswert und Zinsniveau ist bereits bekannt.

> Der Kurswert einer Schuldverschreibung (Wertpapieres) und das allgemeine Marktzinsniveau stehen in einem *inversen Verhältnis*.
> Steigt das Marktzinsniveau, fällt der Kurswert der SV.
> Sinkt das Marktzinsniveau, steigt der Kurswert der SV.

Wird mit r das ursprüngliche Zinsniveau bezeichnet und mit r* das veränderte Zinsniveau, so kann die Kurswertänderung eines Wertpapieres wie folgt berechnet werden:[234]

---

[232]   Übersicht: Ratingurteile von Standard & Poors sowie Moody's für langfristige Schuldverschreibungen.

[233]   Die Gefahr der Kündigung besteht allerdings nur in signifikanten Marktzinssenkungen, da der Emittent natürlich auch einen erheblichen damit verbundenen Aufwand hat.

[234] (Z_t) sind die Zahlungen zu den unterschiedlichen Terminen.

$$\Delta KW_0 = \sum_{t=1}^{n} Z_t * \left(\frac{1}{(1+r*)^t} - \frac{1}{(1+r)^t} \right)$$

Demo-Aufgabe (Duration; Kurswert - Zinsniveau)

Sie besitzen eine 7-jährige Kuponanleihe mit einem Nominalzins von 8 %, die eine Restlaufzeit von exakt 3 Jahren hat. Zinstermin ist heute. Zinszahlungen ganzjährig. Nehmen Sie eine flache Zinsstrukturkurve an mit einem Zinsniveau von 6 %. Nun erhöht sich das Zinsniveau (Schiften der flachen Zinsstrukturkurve) auf 6,25 %. Wie ändert sich der Marktwert?

	t_1	t_2	t_3
Anleihe	8	8	108

Lösung:

$$\Delta KW_0 = 8 € \left(\frac{1}{(1+0,0625)^1} - \frac{1}{(1+0,06)^1} \right)$$

$$+ 8 € \left(\frac{1}{(1+0,0625)^2} - \frac{1}{(1+0,06)^2} \right)$$

$$+ 108 € \left(\frac{1}{(1+0,0625)^3} - \frac{1}{(1+0,06)^3} \right)$$

$$\rightarrow \boxed{\Delta KW_0 = - 0,69 €}$$

Die Abhängigkeit des Endwertes vom Zinsniveau

Beim Endwertrisiko verhält sich die Korrelation des Zinsniveaus zum Endwert genau umgekehrt. Das Endwertrisiko beruht auf der Wiederanlage der zwischenzeitlichen Zinsauszahlungen. Verschlechtert sich das Zinsniveau, so können die ausgeschütteten Zinszahlungen nicht mehr zum Anleihezinssatz angelegt werden. Andersherum ergibt sich natürlich ein Vorteil bei steigendem Zinsniveau, da jetzt die Zinszahlungen sogar besser angelegt werden können als zum Anleihezinssatz.

> Der Endwert einer Schuldverschreibung (Wertpapieres) und das allgemeine Marktzinsniveau stehen in einem **komplementären Verhältnis**.
> Steigt das Marktzinsniveau, steigt der Endwert der SV.
> Sinkt das Marktzinsniveau, fällt der Endwert der SV.

Demo-Aufgabe (Duration; Endwert - Zinsniveau)

Nehmen wir die Ausgangsposition und Aufgabenstellung der vorstehenden Demo-Aufgabe, fragen nun aber nach der Veränderung des Endwertes! Wie ändert sich der Endwert? Der Vermögensendwert einer Anleihe errechnet sich durch Aufzinsen der eingehenden Zahlungen bis zur Endfälligkeit. Dementsprechend kann das Endwertrisiko durch eine Zinsniveauänderung durch die Änderung des Zukunftswertes ausgedrückt werden. Nachfolgende Formel zeigt, wie diese berechnet wird.

$$EW_n = \sum_{t=1}^{n} Z_t * (1+r)^{n-t}$$

$$\Delta EW_n = \sum_{t=1}^{n} Z_t * \left((1+r*)^{n-t} - (1+r)^{n-t} \right)$$

Bezogen auf die Demo-Aufgabe ergibt sich für die Zinserhöhung von 6 % auf 6,25 % eine Änderung des Zukunftswertes von: 0,04245 + 0,02 ➔ ΔEW_3 = + 0,064 €

Aus dem Beispiel geht folgender Zusammenhang hervor, wenn:

das Zinsniveau steigt (↑) dann sinkt (↓) der Kurswert und der Endwert steigt (↑)

bzw. wenn

das Zinsniveau sinkt (↓) dann steigt (↑) der Kurswert und der Endwert sinkt (↓)

Daraus folgt, dass die beiden Risiken der Kurswertänderungen und der Endwertänderungen sich konträr zueinander verhalten. Die Änderungen der Wiederanlagebedingungen, die sich in der Veränderung des Endwertes niederschlägt, überkompensiert die Änderungen des Kurswertes *immer* (!). Zunächst erlittene Kursverluste des Papiers bei Zinsniveausteigerung werden durch die Vermögenserhöhung der zusätzlichen Erträge durch die Anlage der erhaltenen Zinszahlungen zu nunmehr besseren Konditionen überkompensiert, so dass sich zu Ende der Laufzeit ein höherer Vermögenswert einstellt.

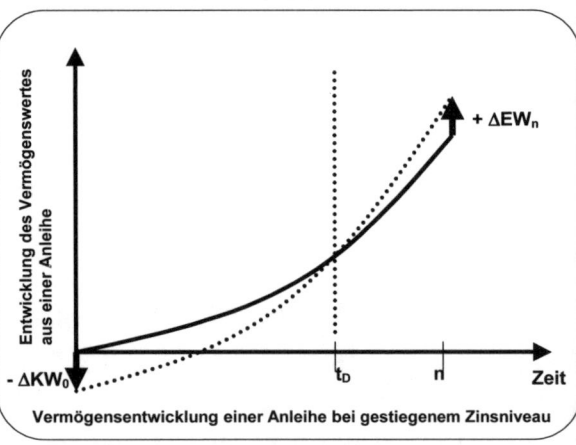

Vermögensentwicklung einer Anleihe bei gestiegenem Zinsniveau

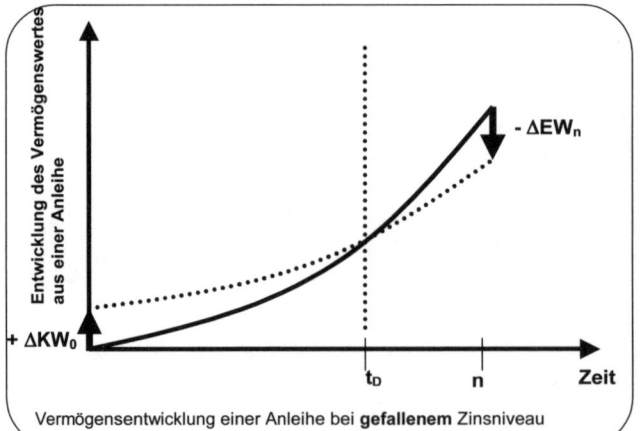

Vermögensentwicklung einer Anleihe bei **gefallenem** Zinsniveau

Genau andersherum verläuft die Wertentwicklung des Vermögens aus einer Anleihe bei einer Zinsniveausenkung.

Und was ist nun diese Duration?

Duration wird die Laufzeit bis zum Schnittpunkt genannt. Die Duration besteht zwangsläufig aufgrund der Überkompensation der Kurswertänderung durch die Endwertänderung und vice versa.

> Die **Duration** ist der *gewichtete Durchschnitt der Zins- und Tilgungszeitpunkte.* Sie gilt als *kritische Laufzeit*, weil sie unabhängig von Marktzinsänderungen für einen bestimmten Zeitpunkt den Vermögenszuwachs aus einem Wertpapier vorhersagen kann.

Wer jetzt noch etwas Schwierigkeiten mit den Abbildungen und ihrer jeweiligen Aussagekraft bezüglich der Überkompensation hat, der soll sich das Extrembeispiel der Zerobonds vor Augen führen. Bei Zerobonds gibt es gar kein Endwertänderungsrisiko, da aufgrund der fehlenden zwischenzeitlichen Zinszahlungen natürlich auch jedes Wiederanlagerisiko entfällt. Die Duration entspricht daher exakt der Laufzeit (n) des Zerobonds.

Merksatz: Die Duration ist eine vielfältig interpretierbare Größe. Bedeutung erlangt sie vor allem dadurch, dass – unabhängig von schiftenden Zinsänderungen – der erzielte Vermögenswert an diesem Zeitpunkt exakt vorausbestimmbar ist. Dies ist bemerkenswert!

Aufgrund dieser Sicherheit kann die Duration zur Immunisierung eines Rentenportfolios gegen Zinsänderungsrisiken herangezogen werden. Denn: Stimmt der Planungshorizont mit der Duration überein, wird mindestens der erwartete Vermögenszuwachs realisiert.

Wie wird die Duration berechnet?

$$D = \frac{\sum_{t=1}^{n} \dfrac{t * Z_t}{(1+r)^t}}{\sum_{t=1}^{n} \dfrac{Z_t}{(1+r)^t}} \qquad \text{bzw.} \qquad D = \frac{\sum_{t=1}^{n} \dfrac{t * Z_t}{(1+r)^t}}{\text{Kurswert (bzw. Kapitalwert)}}$$

Demo-Aufgabe (Durationberechnung)

Welche Duration hat eine 7-jährige Kuponanleihe mit einem Nominalzins von 8 %, die eine Restlaufzeit von exakt 4 Jahren hat? Zinstermin ist heute. Zinszahlungen ganzjährig. Nehmen Sie eine flache Zinsstrukturkurve an mit einem Zinsniveau von 6 %.

Lösung

	t_1	t_2	t_3	t_4
Anleihe	8	8	8	108

Der Barwert der Anleihe

$$KW_0 = \frac{8}{(1 + 0,06)^1} + \frac{8}{(1 + 0,06)^2} + \frac{8}{(1 + 0,06)^3} + \frac{108}{(1 + 0,06)^4}$$

$$KW_0 = 106,93$$

Der Zähler der Durationgleichung ergibt sich aus den jeweils mit den Tilgungszeitpunkten gewichteten Barwerten der Zins- und Tilgungszahlungen.

$$\Rightarrow = \frac{1*8}{(1 + 0,06)^1} + \frac{2*8}{(1 + 0,06)^2} + \frac{3*8}{(1 + 0,06)^3} + \frac{4*108}{(1 + 0,06)^4}$$

$$\Rightarrow = 384,12$$

$\Rightarrow$ *somit ergibt sich eine Duration von*

$$\textbf{Duration (D)} = \frac{384,12}{106,93} = 3,59 \text{ Jahren}$$

Merksatz! Die Duration eines Wertpapierportefeuilles ergibt sich als Summe der Durationen der einzelnen Papiere, gewichtet mit den jeweiligen Anteilen am Marktwert des Gesamtportfolios.

Additivität der Duration

Die Duration ist additiv! Wenn Sie beispielsweise eine Anleihe im Wert von 20.000 € besitzen mit einer Duration von 3 Jahren und Sie kaufen sich eine weitere Anleihe im Werte von 10.000 in Ihr Depot, die aber eine Duration von 5 Jahren hat, so ergibt sich eine Duration Ihres gesamtes Depots von 3,67 Jahren.

Gerechnet wie folgt: (20.000 € * 3 Jahre + 10.000 € * 5Jahre)/ 30.000 € = 3,67 Jahre

Das ist eine hervorragende Eigenschaft für die Steuerung eines Portfolios!

Sonstiges zur Duration

Grundaussagen der Duration
- Die Duration ist nie größer als die Laufzeit des WP (maximal bei Zerobonds)
- Die Duration wird um so niedriger, je früher, höher und öfter die Rückflüsse erfolgen.

Prämissen des Durations-Konzeptes:
- Das Durations-Konzept setzt eine eher flache Zinsstrukturkurve voraus.
- Bei einer Zinsänderung wird von einem Schiften (Parallelverschiebung) der Zinskurve ausgegangen.
- Wiederanlage der Kuponzahlungen erfolgt zum Marktzins
- keine Transaktionskosten, Ganzzahligkeitsprobleme

Modifikation der Duration:

Die Macaulay Duration[235] wird in Jahren gemessen, was die praktische Anwendbarkeit stark verkompliziert. Viel wünschenswerter wäre, eine Aussage über die relative Veränderung des Anleihekurses in Abhängigkeit einer Veränderung des Marktzinsniveaus i. Dies liefert die *Modified Duration*

$$\text{modified Duration} = \frac{\text{Duration}}{1+i}$$

Diese Kennzahl zeigt an, um wieviel Prozentpunkte der Kurs einer Schuldverschreibung steigt, wenn der Marktzins um einen Prozentpunkt sinkt. (und vice versa). So steigt beispielsweise der Kurs einer Anleihe von 100 % auf 104,7, wenn die Duration dieser Anleihe 5 Jahre beträgt und das Zinsniveau von 7 % auf 6 % fällt.[236]

Nutzen der Duration

- Die Duration ist ein besseres Zeitmaß als die Restlaufzeit, da sie auch die Zinszahlungen bei ihrer Ermittlung berücksichtigt. Dadurch ermöglicht die Duration dem Anleger, alle Zinspapiere mit Zerobonds vergleichbar zu machen, d. h., vergleichbar unter Berücksichtigung von Nominalzins und Laufzeit.

- Die Duration zeigt die mittlere Bindungsdauer des mit einer Anleihe gebundenen Kapitals an.

- Die (Modified) Duration ist eine Sensitivitätskennzahl zum Messen von Kursschwankungen von strukturierten Anleihen. Je höher die Modified Duration, desto höher sind die Kursrisiken bzw. –chancen.

Damit wären wir am Ende der grundlegenden Betrachtungen von Investition und Finanzierung. Nun folgt der Abschnitt, wo Sie Ihr erarbeitetes Wissen testen können. Falls ich zusätzliche – bisher nicht besprochene – Aspekte in die Aufgaben einbinde, werde ich diese in den Lösungen ausführlich behandeln.

Nun aber nicht länger verweilen, sondern ran an die Aufgaben ☺

---

[235] Sie wurde im Jahr 1938 durch Frederick MACAULAY entwickelt, deshalb wird die Duration auch *Macaulay-Duration genannt.*

[236] Wie die Duration unterstellt auch die Modified Duration einen linearen Zusammenhang zwischen Anleihekursen und Marktzinsen, der tatsächlich aber nicht gegeben ist. Vielmehr handelt es sich um eine konvexe Funktion, wodurch die Kursverluste infolge eines Zinsanstieges überschätzt, bzw. die Kursgewinne bei fallenden Marktzinsen unterschätzt werden. Um hier eine höhere Genauigkeit, vor allem bei stärkeren Zinsbewegungen zu erlangen, wird auf das finanzmathematische Konzept der Konvexität zurückgegriffen, das hier aber nicht weiter erörtert wird.

D. Aufgaben und Lösungen

„Häufig überrascht die Einfachheit der Dinge"

Aufgaben

Investition

Aufgabe 1 (Kostenvergleichsrechnung)

Sie sind Taxiunternehmer und beabsichtigen, ein neues Taxi zu kaufen. Sie haben die Auswahl zwischen drei Wagentypen, die alle den gleichen Anschaffungspreis von € 18.000,-- haben. In den Gebrauchsanweisungen finden Sie die folgenden Angaben über die Kosten:

Autotypen Fixkosten p.a.	Der Schleicher	Die Schleuder	Der Ökotrip
Kfz-Steuer	355,80	415,20	326,20
Versicherung	824,40	930,50	824,40
Summe	1.180,20	1.345,70	1.150,60
Betriebskosten pro 100 km	23,42	22,81	23,67

Für den Taxifahrer werden Personalkosten von insgesamt 1.500 € pro Monat kalkuliert.

Welches ist der kostengünstigste Wagen (in € pro km) bei folgenden Laufleistungen pro Jahr? 5.000 km, 10.000 km, 15.000 km, 20.000 km, 25.000 km, 30.000 km, 35.000 km, 40.000 km, 45.000 km, 50.000 km. (Kalkulatorische Abschreibungen und Zinsen sollen unberücksichtigt bleiben, da sie aufgrund gleich hoher Anschaffungskosten aller Autotypen gleich stark belasten.)

Aufgabe 2 (Kostenvergleichsrechnung)

Ein Automobilunternehmen will anhand einer Kostenvergleichsrechnung prüfen, ob ein Spezialteil weiterhin fremdbezogen oder statt dessen in Eigenfertigung produziert werden soll. Hinsichtlich der Produktion des Teiles stehen zwei alternative Anlagen (Elwood, Jake) zur Wahl mit folgenden Daten.

	Elwood	Jake
Anschaffungskosten (€)	120.000	80.000
Nutzungsdauer (Jahre)	10	10
Liquidationserlös (€)	10.000	0
Kapazität (Stk/Jahr)	12.000	10.000
Var. Personalkosten (€/Jahr)	24.000	28.000
Fixe Personalkosten (€/Jahr)	8.000	6.000
Materialkosten (€/Jahr)	23.000	23.000
sonstige fixe Kosten(€/Jahr)	19.000	14.000
sonstige variable Kosten (€/Jahr)	8.000	9.000
Kalkulationszins (%)	5	5

Bei Fremdbezug beträgt der Stückpreis 10 €. Die variablen Kosten sind proportional zur Ausbringungsmenge. Oben stehende Angaben beziehen sich auf die maximale Kapazitätsauslastung.

- Für welche der drei (!) Alternativen würden Sie sich entscheiden, wenn Ihr jährlicher Spezialteilebedarf a.) bei 6.000 Stück bzw. b.) bei 10.000 Stück läge?
- Stellen Sie die Grenzmengen fest.

Aufgabe 3 (Gewinn-, Rentabilitätsvergleichsrechnung, Amortisationsdauer)

Die geplante Investition in einen Servicedienst, bestehend aus zwei Lieferautos vom Typ „Er fährt und fährt und fährt", verursacht Anschaffungsausgaben in Höhe von 70.000 €. Die nächsten 5 Jahre wird mit jährlichen Ausgaben in Höhe von 25.000 € gerechnet. Die Erlöse, die aus dem Lieferservice generiert werden können, werden in den ersten beiden Jahren auf 40.000 € und danach auf 50.000 € geschätzt. Der Liquidationserlös nach der ND von 5 Jahren wird auf 6.000 € geschätzt. Der Kalkulationszinssatz ist 7 %.

Berechnen Sie bitte (a.) den statischen Durchschnittsgewinn, b.) die statische Durchschnittsrendite (GK-Rendite) und c.) die Amortisationsdauer[237]

Aufgabe 4 (Amortisationsdauer)

a. Wie lang ist die Amortisationszeit einer Investition, wenn die Anschaffungskosten 30.000 € betragen und die maximale ND 6 Jahre beträgt. Jährlich wird mit ENZÜ in Höhe von 15.000 € gerechnet.
b. Wie lang ist die Amortisationszeit, wenn die ENZÜ aufgrund einer verkürzten maximalen Nutzungsdauer nur 4 Jahre erzielt werden können?
c. Was für Schlussfolgerungen leiten Sie aus den Ergebnissen von a.) und b.) ab?

Aufgabe 5 (Rentabilitätsvergleichsrechnung, Amortisationsdauer)

Folgende Investitionsalternativen stehen zur Auswahl:

	t = 0	t = 1	t = 2	t = 3	t = 4	t = 5	t = 6	t = 7
Gemischtes Eis	-100	80	30	4	6	14	8	14
Vokuhila	-100	14	6	40	36	8	30	80

Welche Investition tätigen Sie, wenn beide Investitionen nach der Nutzungsdauer nichts mehr wert sind (Liquidationserlös =0) und Sie (a.) nach der statistischen Durchschnittsrendite (EK-Rendite) oder b.) nach der Amortisationsdauer (Kumulationsverfahren) entscheiden würden?

Aufgabe 6 (Kalk. Abschreibung und kalk. Zinsen)

Berechnen Sie die kalkulatorischen Zinsen (Zinssatz = 10 %) und die kalkulatorischen Abschreibungen für folgende Investitionen:

Kauf eines	Pkws	Lkws	Grundstückes	Hauses
Anschaffungsausgabe	40.000 €	80.000 €	1.000.000 €	800.000 €
Nutzungsdauer	5 Jahre	5 Jahre	100 Jahre	100 Jahre
Liquidationserlös	0 €	20.000 €		0,--

Aufgabe 7 (statische Verfahren)

Ein Betrieb sieht sich vor folgende Alternativenentscheidung gestellt:

---

[237] Während man beim Durchschnittsverfahren die Anschaffungsausgabe durch die durchschnittlichen ENZÜ teilt, berechnet man beim Kumulationsverfahren die kumulierten Rückflüsse und schaut wann der Kapitalbetrag erreicht ist.

Alternative	Maschine Don	Maschine Juan
Anschaffungspreis	150.000,00 €	210.000,00 €
Anschaffungskosten	20.000,00 €	25.000,00 €
fixe Kosten pro Jahr	10.000,00 €	12.000,00 €
Materialkosten pro Stück	2,00 €	3,00 €
Fertigungskosten pro Stück	4,50 €	2,20 €
Erlös pro Stück	12,00 €	10,00 €
Absatzmenge pro Jahr	15.000 Stück	20.000 Stück

Maschine Don kann 5 Jahre genutzt und dann kostenlos entsorgt werden. Maschine Juan hätte nach 5 Jahren noch einen Liquidationserlös von 25.000 € und könnte vermutlich noch ein weiteres Jahr genutzt werden. Der Betrieb schreibt linear ab und geht von einem Kalkulationszinssatz von 6 % aus.

a. Bestimmen Sie für beide Maschinen den Gewinn, die Rentabilität (bezogen auf das ursprünglich eingesetzte Kapital) und die Amortisationsdauer (Durchschnittsmethode).

b. Welche Maschine soll die Unternehmung nach diesen Kennzahlen wählen?

c. Beurteilen Sie die Investitionsentscheidung anhand dieser Kennzahlen.

Aufgabe 8 (KW)

Folgende Zahlungsreihe ist gegeben:

	t_0	t_1	t_2	t_3	t_4	t_5
Anton	- 1.450	+ 300	+ 300	+ 400	+ 500	+ 500
Berta	- 1.200	+ 600	+400	+ 200	+ 160	+ 150

a. Wie hoch sind die jeweilige Kapitalwerte bei einem Zinssatz von 10 %?

b. Wie hoch sind die jeweiligen Kapitalwerte bei einem Zinssatz von 8 %

c. Warum liegt der Kapitalwert für Anton berechnet zu 8 % über dem Kapitalwert für Berta gerechnet zu 8 %, wo doch die Entscheidung, gerechnet zu 10 %, ganz anders ausgesehen hat?

Aufgabe 9 (KW mit Preissteigerungen)

Eine Investition Berggorilla kostet in der Anschaffung 1.220.000 € und wird auf 4 Jahre kalkuliert: Nettoroherträge aus den verkauften Produkten sind im ersten Jahr 600.000 €. Das Unternehmen rechnet mit gleich bleibenden Absatzzahlen, allerdings mit einer jährlichen Preissteigerungsrate für die Produkte von 2 %. Lohnkosten sind im ersten Jahr mit 150.000 € anzusetzen, wobei ein moderater Lohnanstieg in den darauf folgenden Jahren (bei gleich bleibender Arbeitsintensität) von 1,5 % prognostiziert wird. Sonstige Kosten werden mit 100.000 € im ersten Jahr angenommen und ein durchschnittlicher Preisanstieg von 2 % jährlich unterstellt. Wie hoch ist der Kapitalwert bei einem Zinssatz von 10 %?

Aufgabe 10 (KW mit Preissteigerungen)

Eine Investition kostet in der Anschaffung 2.000.000 €. Die Nutzungsdauer beträgt 5 Jahre. Nettoroherträge aus den verkauften Produkten sind im ersten Jahr 600.000 €. Das Unternehmen rechnet mit einer Absatzsteigerung (in Stück) pro Jahr von 10 % und einer jährlichen Preissteigerungsrate der Produkte von 2 % gerechnet. Lohnkosten sind im ersten Jahr mit 220.000 € zu konstatieren, wobei ein moderater Lohnanstieg in den darauf folgenden Jahren (bei gleich bleibender Arbeitsintensität) von 1 % prognostiziert wird. Wie hoch ist der Kapitalwert bei einem Zinssatz von 10 %?

Aufgabe 11 (Zahlungsreihe mit Finanzierungsalternativen)

Sie haben von Ihrer Großmutter 600.000 € geerbt. Ein pfiffiger Freund bietet Ihnen nun die Möglichkeit von zwei Investitionen, wobei die eine genau Ihre Erbschaft umfasst, also kein weiterer Kredit aufgenommen werden muss, und Sie alles über Ihre Eigenmittel finanzieren können. Für die zweite Alternative („Out of the Blue") benötigen Sie zusätzlich einen Kredit in Höhe von nochmals 600.000 €. Die dazugehörigen Zahlungsreihen lauten:

„Heart of Gold"

t_0	t_1	t_2	t_3	t_4	t_5
-600	200	200	200	200	200

„Out of the Blue"

t_0	t_1	t_2	t_3	t_4	t_5	t_6
-1200	300	300	500	500	100	100

a. Berechnung nach dem KW-Kriterium, wobei angenommen wird, dass beide (!) Investitionen voll aus Eigenmitteln finanziert werden (Opportunitätszinssatz i = 8 %). (Sie haben noch zusätzliche 600.000 € im Kopfkissen)

b. Gehen Sie nunmehr davon aus, dass an Eigenmitteln nur 600.000 € vorhanden sind. Für eventuell aufzunehmende Kreditmittel sind sehr teure 10 % Zinsen p.a. zu berechnen. Es handelt sich um einen sog. Festkredit, d.h., der Kredit muss in einer Summe am Ende des 4. Jahres zurückgezahlt werden, Zinsen sind am Ende jeden Jahres fällig. Für welche Investitionsalternative entscheiden Sie sich?

c. Annahmen wie unter b.) mit folgendem Zusatz: Die wiederbelebte Barings-Bank bietet Ihnen die Möglichkeit an, für ebenfalls sehr teure 10 % einen Betriebsmittelkredit (Gleichzusetzen mit einem herkömmlichen Dispositionskredit) mit einer Linie von 1.000.000 € zu gewähren. Für welche Investition entscheiden Sie sich?

Aufgabe 12 (KW und Spezialfinanzierung)

Ein Unternehmer könnte eine Investition Albert E. tätigen, die vom Staat durch einen speziellen, weil günstigen Kredit bis zu einer Höhe von 50 % der Investitionssumme gefördert wird. Die Konditionen des Kredites sind: lediglich 3 % Zinsen auf den vollen Kreditbetrag in den ersten 3 Jahren, anschließend muss er im 5. und 6. Jahr 5 % Zinsen bezahlen. Der Kredit ist nach 6 Jahren in einem Betrag zurückzuzahlen (Festkredit).

Alternativ könnte der Unternehmer in die Investition Dieter B. investieren, die keine neuen Ideen, keine wissenschaftlichen Erkenntnisse verspricht und somit auch nicht gefördert wird, also als ganz normale Investition anzusehen ist. Nachstehend sind die beiden mit den Investitionen verbundenen Zahlungsreihen aufgeführt (allerdings bisher ohne die möglichen Finanzierungen).

Zu was für einem Schluss kommen Sie, wenn Ihr Kalkulationszinsfuß bei a.) 8 % bzw. b.) bei 10 % liegt. c.) Können Sie das unterschiedliche Ergebnis von a.) + b.) erklären?

	t_0	t_1	t_2	t_3	t_4	t_5	t_6
Albert E.	- 22.500	+ 1.000	+ 2.500	+ 4.500	+ 6.200	+ 7.800	+ 9.600
Dieter B.	14.800	+4.000	+ 4.000	+4.000	+4.000	+ 3.000	+3.000

Lösung 12 (KW + Spezialfinanzierung)

	t_0	t_1	t_2	t_3	t_4	t_5	t_6
Albert E.	- 22.500	+ 1.000	+ 2.500	+ 4.500	+ 6.200	+ 7.800	+ 9.600
	+11.250	- 337,5	- 337,5	- 337,5	- 337,5	- 562,5	- 11.812,5
	-11.250	+ 662,5	2.162,5	4.162,5	5.862,5	7.237,5	-2.212,5

$(10\% = + 1.516) (8\% = 2.362,33)$

Dieter B.	- 14.800	+ 4.000	+ 4.000	+ 4.000	+ 4.000	+ 3.000	+ 3.000

$(10\% = + 1.435,65) (8\% = 2.380,77)$

Änderung der Entscheidung bei b.), weil der Zinsvorteil des geförderten Kredits für Albert E. nicht mehr ganz so groß ist. (bzw. um 2 % reduziert wurde)

Aufgabe 13 (KW-Methode, Annuität)

Ein Unternehmen habe die Wahl zwischen den folgenden beiden Investitionen: Die Investition Alberta bestehe aus einer Ausgabe in t_0 in Höhe von 150.000 € und – jeweils am Ende der nächsten fünf Jahre – aus Netto-Einnahmen in Höhe von 52.000 €. Die Investition Beatrix bestehe aus einer Ausgabe in t_0 in Höhe von 100.000 € und Netto-Einnahmen jeweils am Ende eines Jahres in den folgenden sieben Jahren in Höhe von 32.000 €.

a. Berechnen Sie die Kapitalwerte und Annuitäten für beide Alternativen! Der Kalkulationszinsfuß beträgt 10%.

b. Welche Alternative ist auf Basis der in Teilaufgabe a) berechneten Ergebnisse für das Unternehmen am ertragreichsten? Lässt sich diese Frage eindeutig beantworten? (Hinweis: Eine einfache ja- oder nein-Antwort ist unzureichend. Gehen sie in Ihrer Argumentation auf die unterschiedlichen Modellannahmen ein.)

Aufgabe 14 (Charlottenburg/Wedding mit Steuern)

Berechnen Sie die Investitionsentscheidung bzgl. der beiden Standorte Charlottenburg und Wedding (siehe Demo-Aufgabe S. 34) mit Hilfe der KW-Methode unter Berücksichtigung des ESt-Satzes von 47 %, einer Steuermesszahl von 0,05 und einem Hebesatz von 300 %. Lohnen sich die Investitionsalternativen überhaupt noch? Falls Sie sich noch lohnen, für welche entscheiden Sie sich? (Vorsicht: Falle ist mit integriert.)

Aufgabe 15 (KW, Annuität, Steuern)

Für ein Projekt ist eine Investitionsausgabe von 210.000 € notwendig. Nach Ablauf von 3 Jahren erwarten Sie eine Rückzahlung von 260.000 €. Am Kapitalmarkt bekommen Sie 7% Zinsen.

a. Berechnen Sie zunächst den KW und die Annuität mit den gegebenen Daten (ohne Steuern).

b. Wie verändern sich KW und Annuität des Projekts, wenn
   - im betreffenden Unternehmen ein Steuersatz von 50% gilt, jedoch nur die Zinserträge und Zinsaufwendungen besteuert werden?
   - die Gewinne ebenfalls zu versteuern sind (Gewinnsteuersatz 50%)? Gehen Sie davon aus, dass die Anfangsinvestitionsausgabe ab dem Jahr 1 linear über die Projektlaufzeit abgeschrieben werden kann.

Aufgabe 16 (Annuität)

Ein Lebensversicherer bietet anstelle der sofortigen Auszahlung der Versicherungssumme von 100.000 € die Zahlung einer jährlichen Rente über 10 Jahre hinweg bei einem Zinssatz von 9 % an. Wie hoch ist die jährliche Rente, wenn sie jeweils zum Jahresende gezahlt wird?

Aufgabe 17 (Annuität)

Ein Unternehmer verschuldet sich am vollkommenen Kapitalmarkt zu 8 %. Er tätigt eine Investition mit folgendem Zahlungsstrom.

	t_0	t_1	t_2	t_3	t_4
Noititsevni.	- 10.000	+ 3.000	+ 4.500	+ 3.800	+ 4.200

Wie viel kann der Unternehmer jährlich ohne Änderung seiner Vermögensposition konsumieren, wenn der konsumierte Betrag über die Jahre konstant bleiben soll?

Aufgabe 18 (Annuität)

Die Beteiligungs AG beabsichtigt, ein Grundstück zu kaufen. Der Preis beträgt 1.650.000 €.[238]

1. Prüfen Sie die Vorteilhaftigkeit der Investition, wenn das Grundstück 5 Jahre lang für 112.000 €/Jahr verpachtet und danach für 1.850.000 € verkauft wird. Der Kalkulationszinssatz soll 8 % betragen.
2. Es wird der Vorschlag gemacht, das Grundstück nicht wieder zu veräußern, sondern unbegrenzt zu nutzen. Es ließe sich eine jährliche Pacht von 127.000,-- erzielen. Errechnen Sie unter Zugrundelegung des Kalkulationszinssatzes von 8%, ob dieser Vorschlag vorteilhafter ist als die in (1) beschriebene Vorgehensweise.
3. Ein Baustoffgroßhändler bietet der Beteiligungs AG an, einen 20 jährigen Pachtvertrag abzuschließen und das Grundstück danach für 3.528.000 € zu erwerben. Die jährliche Pacht würde 90.000,-- € betragen. Wie ist die Vorteilhaftigkeit bei (i = 8%)?
4. Ist die vorteilhafteste Variante auch positiv zu beurteilen, wenn i = 9%?

Aufgabe 19 (Annuität)

Ermitteln Sie anhand der KW- und der Annuitätenmethode, welche der beiden folgenden Investitionsalternativen bei einem Kalkulationszinssatz von 8 % die vorteilhaftere ist:

	Maschine 1	Maschine 2
Anschaffungskosten (€)	100.000	60.000
Liquidationserlös (in t_5)	5.000	0
Nutzungsdauer (Jahre)	5	4
in t=1	28.000	22.000
in t=2	30.000	26.000
in t=3	35.000	28.000
in t=4	32.000	28.000
in t=5	35.000	

Aufgabe 20 (mehrere einfache Zinsberchnungen)

a. Wie lange wurden 28.500 € bei einem Zins von 5,6 % ausgeliehen, wenn sie 886,67 € Zinsen erbrachten?
b. Ein Kapitalbetrag von 36.490 € ist in zehn Jahren auf 50.000 € angewachsen. Mit welchem Zins wurde diese Kapitalanlage verzinst?
c. Ein Unternehmer in Dresden erhält einen Förderkredit vom Land Sachsen in Höhe von 150.000 €. Laut Vertrag erfolgt die Rückzahlung zu 3,25 % Zinsen nach fünf Jahren.

---

[238] OLFERT, der die Annuitätenmethode etwas ausführlicher behandelt, gibt diese und die nächsten Aufgaben als gut durch die Annuitätenmethode lösbar an, was hinsichtlich der gleichen Aussagekraft eines ebenso schnell berechneten Kapitalwertes allerdings dahingestellt sein mag.

Welchen Betrag muss der Unternehmer zu diesem Zeitpunkt mit Zinseszinsen zurückzahlen?

d. Ein „Cent" wurde bei der Stadtgründung von Göttingen im Jahre 953 in die Stadtmauer einzementiert. Was für ein Vermögen hätte sich angesammelt, wenn dieser „Cent" heute (Jahr 2003) (1) wieder ausgebuddelt würde, (2) damals auf einem „Konto" angelegt worden wäre, das ihm einen jährlichen Zins von 2,5 % gebracht hätte?

e. Eltern legen für ihr Kind ein Sparbuch an. Welchen Zinssatz müssen sie von der Bank bekommen, wenn der Kapitalbetrag in fünf Jahren um die Hälfte zunehmen soll?

f. Ein abgezinster Sparbrief wird zu 100 € in sechs Jahren zurückgezahlt. Zu wie viel wird er heute verkauft, wenn ein Zins von 4,25 % gilt?

Aufgabe 21 (KW, Zinsberechnung, unterjährig, stetig)

Welchen Betrag besitzt ein Guthaben von 1.000 € nach Ablauf eines Jahres, wenn es

a. jährlich mit 12 %,

b. vierteljährlich mit 3 %,

c. monatlich mit 1 %,

d. an 360 Zinstagen täglich mit 12/360 %,

e. stetig mit einer Momentanverzinsung von 12 % verzinst wird? (nur zu Kenntnisnahme!)

Aufgabe 22 (KW, unterjährige Verzinsung, ewige Betrachtung)

Ein Mobilfunkbetreiber kauft seine Telefongeräte (Handys) zum Preis von 200 € ein und verkauft sie zum Preis von 1 €, wenn der Kunde auch einen Basisnutzungsvertrag über ein Jahr mit einem Grundpreis von 10 €/Monat abschließt. Für die Nutzung kristallisieren sich zwei Kundentypen heraus. Der Typ I der Kunden nutzt das Handy im ersten Halbjahr durchschnittlich 600 Min./Monat, im zweiten Halbjahr jedoch nur noch 300 Min./Monat und kündigt den Vertrag anschließend. Der Nutzungstyp II behält die durchschnittliche Gesprächsdauer von 600 Min./Monat bei und lässt den Vertrag auch über das vereinbarte Jahr hinaus weiterlaufen.

a. Wie hoch ist der Wert der beiden Nutzungstypen für die Telefongesellschaft, wenn jede Gesprächsminute mit 7 Cent berechnet wird und die Gesellschaft 3 Cent kostet? Es werden Kapitalkosten von 8% angesetzt, die monatlich berechnet werden.

b. Da zahlreiche Handybesitzer schon über ein Gerät verfügen, überlegt die Gesellschaft, denjenigen Kunden (Typ II), die kein Handy brauchen, einen Nachlass auf den monatlichen Grundpreis zu gewähren. Wie hoch darf dieser Nachlass ausfallen?

c. Die Telefongesellschaft überlegt, den kündigenden Kunden (Typ I) bei einer Vertragsverlängerung um wiederum ein Jahr monatlich 150 Freiminuten anzubieten, wenn weiter 300 Min./Monat telefoniert werden. Wie ist dieses Angebot hinsichtlich seines Deckungsbeitrages zu beurteilen?

Aufgabe 23 (KW, Steuern, KWmax!, int. Zinssätze)

Folgende Zahlungsreihe ist gegeben:

	t_0	t_1	t_2	t_3	t_4	t_5
Wilbur W.	- 4.500	+ 1.100	+ 1.250	+ 1.450	+ 1.200	+ 1.000
Orville W.	- 3.600	+ 800	+ 1.100	+ 1.300	+ 820	+ 750

a. Wie hoch sind die jeweilige Kapitalwerte bei einem Zinssatz von 10 %?
b. Wie hoch wären die jeweiligen Kapitalwerte, wenn mit einem Gewinn-Steuersatz von S = 40 % gerechnet würde? Die Abschreibungen sind jeweils linear!
c. Ab jetzt wieder ohne die Steuern weiterrechnen!
d. Wie hoch sind die maximalen Kapitalwerte?
e. Wie hoch ist der interne Zinssatz der jeweiligen Investitionen?
f. Wie sind die korrekten Zinssätze nach Baldwin?

Aufgabe 24 (KW, Annuität, dyn. Amortisationsrechnung)

Folgende Zahlungsreihe ist gegeben:

	t_0	t_1	t_2	t_3	t_4	t_5	t_6
Otto	- 10.000	+ 2.300	+ 3.300	+ 2.700	+ 2.500	+ 2.500	
Waalkes	- 9.840	+ 2.600	+2.400	+ 1.200	+ 3.160	+ 2.150	+ 2.150

a. Wie hoch sind die jeweiligen Kapitalwerte bei einem Zinssatz von 10 %?
b. Berechnen Sie die jeweiligen Ergebnisse nach der Annuitäten-Methode aus. (Also als Annuität). Erklären Sie die Ergebnisabweichung zur Kapitalwertmethode!
c. Wie ist das Ergebnis nach der dynamischen Amortisationsrechnung?

Aufgabe 25 (interne Zinssätze)

Prognostiziert werden folgende Zahlungen für drei Investitionsprojekte:

a.

	t_0	t_1	t_2	t_3	t_4	t_5	t_6
I	- 150.000	+ 20.000	+ 30.000	+ 40.000	+ 50.000	+ 60.000	-20.000
II	- 210.000	- 30.000	- 20.000	20.000	120.000	170.000	120.000
III	- 180.000	30.000	- 20.000	120.000	- 20.000	220.000	- 20.000

Berechnen Sie die „klassischen" internen Zinssätze!

b. Wie hoch wären die „Baldwin'schen Zinssätze", wenn ein Kapitalmarktzins von 10 % vorherrscht?
c. Obwohl Projekt I sich ziemlich abgeschlagen ggü. den anderen präsentiert, könnten Sie sich eine Möglichkeit vorstellen (wie? und warum?), dass es trotzdem den anderen Projekten vorgezogen wird? (Transfer!)

Aufgabe 26 (KW-Maximierung)

Für ein Projekt 0815 liegen folgende Prognosen über seine Zahlungsüberschüsse in den Jahren 1 bis 5 vor. Die Zahlungsüberschüsse entfallen, sobald das Projekt mit Realisierung des ebenfalls angegebenen Liquidationserlöses beendet wird. Der Zinssatz beträgt 10 %.

	t_0	t_1	t_2	t_3	t_4	t_5
Cash Flows	- 20.000	+ 12.000	+ 10.000	+ 8.000	+ 6.700	+ 4.200
Liquidationserlöse		15.000	11.000	6.000	4.000	0

Aufgabe 27 (KW-Maximierung)

Sie überlegen sich, eine Cart-Bahn zu mieten. Sie benötigen einen Cart-Park von 30 Carts, wobei jedes Cart 9.000 € kostet. Anderweitige Kosten werden über den Zusatzverkauf und den Gaststättenbereich abgedeckt. Die Lebensdauer der Carts beträgt 6 Jahre, wobei die Abnutzung in zwei Komponenten aufgespalten ist; einer zeitlichen und einer intensitätsmäßigen Abschreibung (Im Verhältnis 1:4 – volle Nutzung unterstellt). Die Carts haben eine max. Fahrkapazität von 180.000 km. Sie rechnen mit folgender Umsatzentwicklung:

1. Jahr	2. Jahr	3. Jahr	4. Jahr	5.Jahr	6.Jahr
50 %	75 %	100 %	100 %	100 %	100 %

Pro Fahrt kalkulieren Sie mit einem Preis von 5 € (netto). Jede Fahrt umfasst 8 Trainingsrunden. Der Kurs (eine Runde), der gefahren wird, beträgt 1,25 km. Zusätzlich zu berücksichtigen sind Reparatur- und Betriebskosten. Diese Verhalten sich in Abhängigkeit zur Nutzung wie folgt:

gefahrene km	Kosten pro km
0 – 37.500	0,20 €
37.501 – 67.500	0,25 €
67.501 – 97.500	0,30 €
97.501 – 127.500	0,40 €
127.501 – i.d.E.	0,45 €

a. Hinterfragen Sie das gesamte Vorhaben mittels der KW-Methode auf seine Vorteilhaftigkeit. (Kalkulationszinsfuss: 10 %)
b. Wann wäre der optimale Verkaufszeitpunkt für die Carts, wenn Sie davon ausgehen, dass das Cartfahren in 6 Jahren spätestens "out" ist?.
c. Stellen Sie sich vor, dieses Unternehmen läuft unter den gegebenen Prämissen bereits seit vielen Jahren. (bei einem Auslastungsgrad von 100 %!). Der Inhaber ist mittlerweile 59 Jahre alt, hat gerade in neue Carts investiert, aber nun ein Angebot zu seinem 60. Geburtstag – den er morgen feiert – von einem Geschäftskollegen bekommen, der Ihm anbietet, ihm bis zur Pensionierung monatlich (!) 10.000 € zu überweisen. Bieten Sie mehr?

Aufgabe 28 (Kostenbetrachtung, Ersatzproblematik)

Für das folgende Projekt sind zwei Fertigungsverfahren denkbar. Maschine John F. ist bereits installiert, könnte jedoch durch Maschine Robert ersetzt werden. Zur Verfügung stehen die Informationen aus der folgenden Tabelle. Gerechnet wird mit einem Kalkulationszinssatz von 7%.

	Maschine John F.	**Maschine Robert**
Anschaffungsausgaben	-	220.000 €
derzeitiger Liquidationserlös	80.000 €	-
Liquidationserlös nach einem Jahr	40.000 €	170.000 €
fixe Einrichtungskosten pro Jahr	9.500 €	4.500 €
Materialkosten pro Stück	2,50 €	4,00 €
variable Fertigungskosten	4,20 €	2,60 €
Produktionskapazität pro Jahr	20.000 Stück	30.000 Stück

1. Stellen Sie die Kostenfunktion für beide Maschinen auf!
2. Auf welcher Maschine soll ein Auftrag über 16.000 Stück des Produkts gefertigt werden?
3. Ab welcher Fertigungsmenge lohnt sich nach diesen Angaben eine Neuanschaffung von Robert?
4. Welche sonst. Info's benötigen Sie für die Entscheidung über die diskutierten Ersatzinvestitionen?

Aufgabe 29 (Kostenbetrachtung, Ersatzproblematik)

Zur Debatte steht der Ersatz einer Maschine „Megaout", die früher für 100.000 € angeschafft wurde, durch eine neue Maschine „New". „Megaout" ist zwar bereits abgeschrieben, würde allerdings jetzt noch 30.000 € Liquidationserlös erbringen. „New" kostet hingegen

160.000 €. Zum Ende der betriebsgewöhnlichen ND von vier Jahren wird ein Liquidationserlös von 60.000 € erwartet. „New" verursacht mit 8,80 € geringere variable Stückkosten als „Megaout" mit 10 €. Der Zinssatz beträgt 9%.

a. Stellen Sie für beide Alternativen eine möglichst einfache, die zeitlichen Anfälle berücksichtigende Vorteilhaftigkeitsrechnung zusammen, wenn mit einer Ausbringungsmenge von 20.000 Stück geplant wird.

b. Wie verändert sich die Berechnung bei einem Gewinnsteuersatz von 50%?

c. Wie verändert sich die Vorteilhaftigkeitsberechnung, wenn durch „New" eine Fertigungsmenge von 25.000 Stück möglich erscheint? Der Gewinnsteuersatz beträgt wiederum 50%.

Aufgabe 30 (Dynamische Amortisationsrechnung)

Folgende Zahlungsreihe einer Investition ist gegeben:

t_0	t_1	t_2	t_3	t_4
-60	+22	+26	+28	+28

Wie lang ist die Amortisationszeit, dynamisch berechnet? (bei i = 8 %)

Aufgabe 31 (Thesenüberprüfung)

Beurteilen Sie, ob die nachfolgenden Thesen in ihrem Inhalt richtig oder falsch sind und begründen Sie Ihre Entscheidung!

These 1: Bei gleichem Nominalzinssatz steigt die effektive Verzinsung mit der Häufigkeit der unterjährigen Zinstermine!

These 2: Die Kostenvergleichsrechnung führt nur dann zu einem sinnvollen Ergebnis, wenn die einzelnen Alternativen keinen übereinstimmenden Nutzen erbringen!

These 3: Ein Nachteil der Kapitalwertmethode ist, dass die Anlage frei werdender Mittel sowie der Ausgleich von Kapitaleinsatz- und Nutzungsdauerdifferenzen durch Investitionen erfolgt, die sich zum Kalkulationszinssatz verzinsen!

These 4: Der Kapitalwert nach Steuern ist immer kleiner als der Kapitalwert vor Steuern!

Beurteilung und Begründung:

Aufgabe 32 (Probeklausur Investition)

Ihr Chef „Herr Haudraufundschluss" wünscht von Ihnen das investitionsrechnerische Hinterfragen einer Maschineninvestition. Die beiden Maschinen („Fubar" und „Drive on"), die sich als am geeignetsten herausgestellt haben, sind durch folgende Zahlungsreihen charakterisiert:

	t_0	t_1	t_2	t_3	t_4	t_5	t_6
„Fubar"	-2500	400	1800	800	700	400	100
„Drive on"	-2200	-200	800	780	975	1980	

a. Aus Ihrer langjährigen Erfahrung heraus wählen Sie sofort die Kapitalwertmethode als Entscheidungsfindungsverfahren. Dabei gehen Sie von einem Kalkulationszinsfuss von (i = 10%) aus. Zu welchem Ergebnis kommen Sie?

b. Ihr Chef nickt bei der Präsentation Ihres Ergebnisses etwas selbstgefällig mit dem Kopf und fragt Sie, da er gerade mit dem Finanzamt zu tun hat, ob man bei dieser Berechnung eigentlich auch diese lästigen Steuern mit berücksichtigen kann? Erläutern Sie ihm, welche relevanten Steuern berücksichtigt werden müssten und wie sich die Steuern auf das Verfahren auswirken würden? (Bitte nicht konkret berechnen, sondern nur erläutern!

c. Herr Haudraufundschluss legt Ihnen nun eine Berechnung von seinem altgedienten Abteilungsleiter „Früherwarallesbesser" vor. Dieser – so sagt Ihr Chef – versteht es noch etwas besser, die Ergebnisse in einer „handfesten Sprache" zu präsentieren, mit der man sich besser anfreunden kann. Der Abteilungsleiter argumentierte bei seinem Investitionsentscheidungsvorschlag mit der „Internen Rendite" der jeweiligen Investition, berechnet nach der traditionellen „Internen Zinsfuß-Methode". Da Ihr Chef zwar die „Sprache", nicht aber die Rechengenauigkeit seines Abteilungsleiters schätzt, bittet er Sie nun: „Berechnen Sie die Internen Zinssätze der jeweiligen Investitionen nach der traditionellen „Internen Zinsfuß-Methode" noch einmal!"

d. Wenn Sie bei der Berechnung der Internen Zinssätze zu einer gleichen Entscheidungswahl gekommen sind; begründen Sie gegenüber Ihrem Chef, ob die Investitionsentscheidung nach der KW-Methode immer identisch mit der Entscheidung der „Internen Zinsfuß-Methode" ist. Ist die Entscheidungswahl nach der „Internen Zinsfuß-Methode" von der von Ihnen gewählten KW-Methode abweichend, begründen Sie welche Methode hier einen Fehler gemacht hat und korrigieren Sie rechnerisch das Ergebnis der sich irrenden Methode.

e. Ihr Chef ist mit Ihnen zufrieden und will sich bei Ihnen bereits bedanken, da fragen Sie ihn – einem plötzlichen Einfall folgend: „Haben Sie eigentlich auch bereits die voraussichtlichen Abschreibungsbeträge der jeweiligen Maschinen?" Worauf Ihr Chef antwortet: Aber ja, gehen Sie davon aus, dass es sich bei beiden Investitionsalternativen um Maschinen handelt, die einem Werteverfall unterliegen. Im Detail sieht der Werteverlust über die gesamte Nutzungsdauer für die beiden Alternativen wie folgt aus:

Jahr	1	2	3	4	5	6
Abschreibung je Jahr für „Fubar"	500	500	500	500	400	100

Jahr	1	2	3	4	5
Abschreibung je Jahr für „Drive on"	440	440	440	440	440

Ihr Chef – mit schneller Auffassungsgabe gesegnet – ist jetzt doch etwas stutzig geworden und fragt Sie:. „Ändert sich Ihre Investitionsentscheidung denn, wenn Sie davon ausgehen, dass sich die Maschinen auf dem freien Markt jedes Jahr zu dem entsprechenden Restwert verkaufen lassen?" Antworten Sie ihm mit den entsprechenden exakten Berechnungen.

Finanzierung

Aufgaben + Lösungen 33 (Leverage-Effekt)

a. Sie besitzen 300.000 € Eigenkapital und haben 1.200.000 € Fremdkapital bei 9 % Zinsen aufgenommen. Wie hoch ist Ihre EK-Rendite, wenn Sie eine Investitionsrendite von 12 % in diesem Jahr erzielen?[239]

b. Wie erhöht sich die EK-Rendite, wenn Sie nicht 1.200.000 € sondern 1.500.000 € Fremdkapital aufgenommen hätten? (ceteris paribus)[240]

c. Sie wollen in ein Objekt investieren, dass 500.000 € bedarf. Die Investitionsrendite beträgt 15 % pro Jahr. Wie hoch verzinst sich das Eigenkapital?[241]

d. Wie verändert sich die Eigenkapitalrendite, wenn Sie die 500.000 € zur Hälfte mit 9 %-igem Fremdkapital finanzieren? (d.h., Sie investieren nur noch 250.000 EK!)[242]

e. Wie verändert sich die Eigenkapitalrendite, wenn Sie die 500.000 € zur 80 % mit 9 %-igem Fremdkapital finanzieren? (d.h., Sie investieren nur noch 100.000 EK!)[243]

f. Sehen Sie neben dem Leverage-Risiko (d.h., negativer Leverage bei ausbleibender bzw. nicht-so-hoch-wie-angenommen-ausgefallener Investitionsrendite) noch eine „natürliche" Schranke für den Leverage-Effekt?[244]

g. Was hat dies alles mit der Modligiani-Miller-These zu tun, dass es keine optimale Kapitalstruktur für ein Unternehmen gibt? (Diese Frage steht hier nur, um auf diesen Zusammenhang zu verweisen. Die optimale Kapitalstruktur thematisieren wir später noch ☺.)[245]

Aufgaben und Lösungen 34 (Bezugsrecht)

Grundkapitalerhöhung der Zufall AG von 400.000.000 € auf 500.000.000 € durch die Ausgabe neuer Aktien. Der Kurs der alten Aktie ist 264 €. Der Ausgabekurs der jungen Aktien beträgt 199 €.

a. Überlegen Sie sich, welchen rechnerischen Wert das Bezugsrecht hat und wie hoch die Aktie am Tage nach der Bezugsrechtshandelsfrist notiert.[246]

---

[239]   Antwort: 24 %

[240]   Antwort: Erhöhung auf 27 %

[241]   Antwort: 15 % ☺

[242]   Antwort: 21 %

[243]   Antwort: 39 %

[244]   Antwort: Es gibt zwei gegenläufige Tendenzen, wenn man von „natürlichen" Marktgegebenheiten ausgeht. Zunächst ist die *teurere Verzinsung* der neu aufzunehmenden Kredite bei steigendem Verschuldungsgrad anzuführen. Dies führt zu einer Verringerung des Leverage-Effektes, weil die Differenz zwischen Investitionsrendite und Kreditzins kleiner wird. Andererseits könnte man einen gewissen *Sättigungsaspekt* bei jeder Investitionsalternative anführen, die bewirken kann/wird, dass die Gesamtkapitalrendite häufig sinkt. Sie investieren beispielsweise in „automatische Barbie-Puppen-An-und Auskleidemaschinen" – momentan der letzte Schrei im Bereich der 5-12 Jährigen! Sie erzielen eine Gesamtkapitalrendite von 14 %. Sie wollen für nächstes Jahr doppelt soviel produzieren und (in Kenntnis des Leverage-Effektes) alles mit billigem Fremdkapital finanzieren. Selbst wenn Sie das Fremdkapital erneut zu gleichbleibend günstigen Konditionen bekommen, erscheint die Aussicht, im nächsten Jahr z.B. doppelt so viele „Maschinen" bei gleichem Preis abzusetzen, zumindest riskanter. Vielleicht ist der Markt bereits gesättigt, oder Sie werden die große Menge nur mit Preiszugeständnissen los, oder Sie haben plötzlich Follow-up-Konkurrenten mit auf dem Markt und müssen Preiszugeständnisse machen oder oder oder.

[245]   Antwort: Die erwartete Eigenkapitalrendite steigt mit der Verschuldung an. Bei konstantem FK-Zins (i) und gegebenen Investitionen (gleichbedeutend mit gegebener Rendite aus den Investitionen) steigt sie linear mit dem Verhältnis von eingesetztem Fremdkapital zu eingesetztem Eigenkapital. (Definition nach der Modligiani-Miller-These)

b. An obiger Kapitalerhöhung ist auch Hugo the Boss beteiligt. Er besitzt 2543 Nennwert-
    aktien. Nun hat er leider kein Kapital momentan flüssig. Drum bittet er Sie: Wie viel jun-
    ge Aktien kann ich beziehen, ohne einen Cent hinzuzubezahlen?[247]

c. Von Ihren Rechenkünsten begeistert bittet er Sie nun zu einer kleinen Korrektur. Seiner
    Freundin Priscilla Luft möchte er noch eine Goldkette im Wert von 17.486 € schenken,
    die braucht er also auch noch. Drum bittet er Sie erneut: Wie viel junge Aktien kann ich
    beziehen, ohne einen Cent hinzuzubezahlen und zusätzlich den Erwerb der Goldkette zu
    finanzieren?[248]

Aufgaben und Lösungen 35 (Bezugsrecht)

Eine Kapitalerhöhung wird von der Tolokem AG durchgeführt. Sie erhöhen Ihr Grundkapital
von 440 Mio. € auf 600 Mio. €. Der Kleinaktionär Hugo Nichtboss besitzt 432 Aktien im Werte (Börsenkurs) von je 120 €. Die jungen Aktien werden zu einem Kurs von 93,75 € ausgegeben.

a. Warum steht ihm ein Bezugsrecht zu?[249]

b. Ermitteln Sie den Wert des Bezugsrechts![250]

c. Wie hoch ist der Kurs der Aktie nach der Kapitalerhöhung?[251]

d. Herr Nichtboss möchte eine operation-blanché durchführen!

    d1 Wie viel junge Aktien kann er beziehen?[252]

    d2 Welcher Restbetrag kann ausgezahlt werden?[253]

Aufgaben und Lösungen 36 (Bezugsrecht)

Eine AG erhöht ihr Grundkapital von 200 Mio. durch die Ausgabe von Gratisaktien im NW
von 25 Mio. Ihr Kunde besitzt 381 Aktien dieser AG und hört davon aus der Zeitung und
möchte nähere Infos:

a. Was sind unter Gratisaktien zu verstehen? HALTEN Sie diesen Begriff für gut?[254]

b. Wer bestimmt wie solch eine Kapitalerhöhung aus welchen Gründen?[255]

c. Welche Bilanzpositionen werden von diesem Fall in welcher Höhe betroffen?[256]

d. Wie wird Ihr Kunde von diesem Vorgang betroffen? Was raten Sie ihm?[257]

---

[246] Bezugsrecht: 13 €; Wert der Aktie nach der BR-Handelsfrist: 251 €

[247] 131 Aktien kann er beziehen

[248] 62 Aktien

[249] Ist klar ☺

[250] 7 €

[251] 113 €

[252] 3.024 € (432*7) durch 452 (4er Paket)= 6,690265487 ➔ 6 * 4 = 24 Aktien.

[253] 0,690265487 * 452 = 312 €. Proberechnung: 366 Bezugsrechte (432 − 66 [6 * 11]) = 2.562; 24 Aktien *
       93,75 = 2.250 €; 2.562 − 2.250 = 312 €

[254] Aktien, die an die bisherigen Aktionäre umsonst herausgegeben werden. Der Begriff ist etwas irreführend,
       da der Aktionär zwar danach ein höher Aktienstückzahl hat, aber ihm nichts gratis geschenkt wird, da der
       Wert der gesamten Aktien gleich geblieben ist, da ja auch der Wert jeder einzelnen Aktie gesunken ist.

[255] Die Hauptversammlung mit ¾-Mehrheit.

[256] Rücklagen nehmen ab; gezeichnetes Kapital nimmt um den gleichen Betrag zu. (25 Mio.)

[257] Das Bezugsverhältnis ist 200/25 = 8:1 ,d.h. 376/8 = 47 Gratisaktien hat er, das bedeutet er kann 5 Bruch-
       teile verkaufen oder 3 Bruchteile hinzukaufen, ➔ neuer Aktienbestand beim Kunden: 428 bzw. 429 Aktien.

Aufgaben und Lösungen 37 (Bezugsrecht)

Ein Jahr später kommt der Kunde wieder zu Ihnen mit einem Zeitungsausschnitt, in dem über die erneute Kapitalerhöhung der AG in Höhe von 90 Mio. durch Ausgabe neuer Aktien gegen Bareinlage.

a. Ermitteln Sie den Wert des Bezugsrechts! Tageskurs alter Aktie: 270 €, Ausgabekurs junger Aktien: 58 €[258]

b. Ihr Kunde möchte eine operation-blanché durchführen!

    b1. Wie viel junge Aktien kann er beziehen?[259]

    b2. Welcher Restbetrag kann ausgezahlt werden?[260]

Finanzinvestitionen

Aufgabe und Lösung 38 (statische Effektivverzinsung)

Welche der folgenden 5 jährigen Schuldverschreibungen ist attraktiver?[261]

1. 11 % tige Anleihe zum Kurs von 115,5% Die Anleihe ist endfällig zu 100 %.
2. 2 % tige Anleihe zum Kurs von 83, 5% Die Anleihe ist endfällig zu 100%.
3. 6,25 % tige Anleihe zum Kurs von 100 % Die Anleihe ist endfällig zu 100%.
4. 7 % tige Anleihe zum Kurs von 102, 5% Die Anleihe ist endfällig zu 100%.

Aufgabe und Lösung 39 (statische Effektivverzinsung mit Steuern)

Welche der folgenden 5 jährigen Schuldverschreibungen ist attraktiver für einen Anleger, der einen Einkommensteuersatz von 30 % hat und seinen Sparerfreibetrag bereits ausgeschöpft hat.?

1. 11 % tige Anleihe zum Kurs von 115,5% Die Anleihe ist endfällig zu 100 %.
2. 2 % tige Anleihe zum Kurs von 83, 5% Die Anleihe ist endfällig zu 100%.
3. 6,25 % tige Anleihe zum Kurs von 100 % Die Anleihe ist endfällig zu 100%.
4. 7 % tige Anleihe zum Kurs von 102, 5% Die Anleihe ist endfällig zu 100%.

Vergleichen Sie die von Ihnen ermittelte Reihenfolge mit der vorstehenden Übungsaufgabe.[262]

Aufgabe und Lösung 40 (dynamische Effektivverzinsung)

Ein Anleger erwirbt zum 05.10.2001 eine 7 %ige Kuponanleihe mit ursprünglich 6-jähriger Laufzeit. Emissionszeitpunkt ist der 01. März 1998. Zinszahlungen finden ganzjährig zum 01. März statt. Wie hoch ist der dirty prize unter Berücksichtigung der Barwertmethode (!). Kalkulationszinsfuß ist 10 %.[263]

---

[258]   Bezugsverhältnis: 5:2 rechn. Wert des BR: 270 - 158 geteilt durch 5:2 + 1 = 32 €

[259]   Um 2 neue Aktien kaufen zu können, werden benötigt: 5 Bezugsrechte   +316 € → rechnerisch: 476 €. Rechn. Gesamterlös aus 428 BR: 428 * 32 € = 13.696 € → 13.696 €/ 476 € pro junge Aktie = 28,77310924 damit 28 * 2 = 56 junge Aktien!

[260]   0,77310924 * 476 = 368,-- Restbetrag

[261]   Lösung: Die Reihenfolge ist: 1.) Rendite = 6,84% vor 2.) 6,347 % vor 4.) 6,341 % vor 3.) 6,25 %

[262]   Die Reihenfolge ist: 2.) Rendite = 5,628% vor 3.) 4,375 % vor 4.) 4,293 % vor 1.) 3,98 %! Die Reihenfolge ist durch die Steuerbetrachtung fast ganz auf den Kopf gestellt worden

[263]   Zunächst werden die Tage berechnet: 214 Tage → Stückzinsen = 7 % * (214/360) = 4,16 %. Dirty prize = $7/(1,1)^{146/360} + 7/(1,1)^{506/360} + 107/(1,1)^{866/360}$ = 6,735+ 6,12+ 85,08 = 97,94 (= 93,78 + 4,16)

Aufgabe und Lösung 41 (dynamische Effektivverzinsung, flache Zinsstruktur)

Eine langjährige Anleihe mit einem Kupon von 8 % besitzt noch eine Restlaufzeit von exakt 3 Jahren. Sie können sie zur Zeit zu einem Kurswert von € 101,96 erwerben. Die Zinsstrukturkurve ist flach und hat sich momentan bei 7,25 % eingependelt.

a. Ist es überhaupt richtig, dass der Kurswert dieser 8 %igen Anleihe über 100 % liegt? Bitte mit Begründung!

b. Überprüfen Sie den Kurswert über die Betrachtung der in lauter Zerobonds zerlegten Kuponanleihe.[264]

Aufgabe 42 (Spot Rates)

a. Berechnen Sie die 1-, 2-, 3- und 4-jährigen Spot Rates aus den folgenden Daten:

	Kupon	Kurswert	t_1	t_2	t_3	t_4
Anleihe X	5,2 %	- 100	+ 105,2			
Anleihe Y	5,4 %	- 100	+ 5,4	+ 105,4		
Anleihe Z	5,8 %	- 100	+ 5,8	+ 5,8	+ 105,8	
Anleihe Ω	6,3 %	- 100	+ 6,3	+ 6,3	+ 6,3	+ 106,3

b. Folgende 5-%ige Anleihe ist gegeben.

	Kupon	Kurswert	t_1	t_2	t_3	t_4
Anleihe Ψ	5 %	?????	5	5	5	105

b1. Berechnen Sie den Barwert der Anleihe Ψ aufgrund der Nominalzinsstrukturkurve einfacher Kuponanleihen (Kauf- + Rückzahlungskurs = 100 %) (d.h. 1 Jahr: 5,2 %, 2 Jahre: 5,4 %, 3 Jahre: 5,8 %, 4 Jahre: 6,3 % Nominalzinssatz)

b2. Berechnen Sie den Barwert der Anleihe Ψ auf Basis der Zerobondstrukturkurve (Spot Rates)

b3. Warum liegt die Zerobondstrukturkurve über der Nominalzinsstrukturkurve einfacher Kuponanleihen?

Aufgabe 43 (Spot und Forward Rates)

Berechnen Sie die 1-, 2- und 2-jährigen Spot Rates sowie die Forward Rates für t $_{0-1}$, t $_{1-2}$, t $_{2-3}$, t $_{1-3}$, aus der Kuponzinsstrukturkurve, die folgende Daten liefert: Die 1-jährige Kuponanleihe wird mit 4,5 % Zinsen, die 2-jährige mit 5,5% Zinsen und die 3-jährige mit 7 % Zinsen bedient.

Aufgabe 44 (Spot, Forward Rates und Investitionsrechnung)

Folgende Zahlungsreihen von zwei unabhängigen Investitionsalternativen sind gegeben.

	t_0	t_1	t_2	t_3	t_4
Me	- 12.000.000	+ 3.000.000	+ 4.200.000	+4.600.000	+ 3.540.000

	t_0	t_1	t_2	t_3	t_4
Too	- 9.950.000	+ 4.950.000	+ 3.630.000	+ 1.996.500	+ 1.464.100

a. Berechnen Sie die Kapitalwerte bei i = 10 %?

b. Wie hoch sind die „klassischen" internen Zinsfüße?

c. Wie hoch sind die internen Zinsfüße nach Baldwin?

---

[264] Kurswert des Portfolios aus den 3 Zerobonds = $8/(1 + 0,0725)^1 + 8/(1 + 0,0725)^2 + 108/(1 + 0,0725)^3$
➔ 7,46 + 6,955 + 87,545 = 101,96

d1 Berechnen Sie die Kapitalwerte der obigen Investitionen, wenn der Zinssatz nun nicht mehr konstant bei 10 % liegt, sondern durch folgende Zinsstrukturkurve von Kuponanleihen charakterisiert wird:

1-jährige	2-jährige	3-jährige	4-jährige
9 %	9,8 %	10,5 %	11,5%

d2 Könnten Sie mir aus der gegebenen Kuponanleihen-Zinsstrukturkurve auch die Forward Rates für t (1-2), t (1-3), t (1-4) sowie für t(2-3), t(2-4) und t(3-4) berechnen?

d3 Wie hoch ist der interne Zinsfuß der gesamten Investition nach Baldwin?

Aufgabe und Lösung 45(Duration)

Ein Portfolio besteht zu 40 % aus der in Beispielaufgabe 4 vorgestellten Anleihe und zu 60 % aus einer Industrieobligation mit einer Duration von 2,08 Jahren.

a. Wie hoch ist die Duration des Portfolios? [265]

b. Wie müsste man beispielsweise die Anteile verändern, wollte man zusammen mit einem 2-jährigen Zerobond auf eine Duration von genau 2,5 Jahren kommen, weil dies genau der Planungshorizont ist, für den das Portfolio ausgelegt ist? [266]

Aufgabe und Lösung 46 (Duration)

Wie hoch ist die Duration einer 5-jähr. Anleihe mit jährlichen Zinszahlungen in Höhe von 10 %? Es herrscht ein allgemeines Zinsniveau von ebenfalls 10 %. Kurswert heute = 100 % [267]

Wie stark würde sich der Kurs der Anleihe verändern, wenn das allgemeine Zinsniveau um 50 Basispunkte auf 10,5 % steigen würde? Beantworten Sie dies mit Hilfe der a.) Duration-Kennzahl; b.) Modified Duration-Kennzahl. [268]

Aufgabe und Lösung 47 (Duration)

Ein Portfolio bestehe aus den folgenden drei Bonds. Die dazugehörigen Marktwerte entnehmen Sie bitte der Tabelle. Wie hoch ist die Portfolio-Duration? [269]

Bond	Stück	Preis incl. Stückzinsen	Marktwert	Duration
A	4	107,36	429,44	1,700
B	5	102.75	513,75	3,900
C	2	99,88	199,76	7,200
			1.142,95	

---

[265] 0,4 * 3,59 + 0,6 * 2,08 = 2,684 Jahre

[266] 2,684 (1-x) + 2 * x = 2,5 ➔ x = 26,90 % ➔ Die Zusammensetzung des neuen Portfolios ist: 26,9 % des Zerobonds sowie z. B. 29,24 (8%ige Kuponanleihe) und 43,86 % der Industrieobligation. Die Proberechnung: 0,2690 * 2,00 + 0,2924 * 3,59 + 0,43,86 * 2,08 = 2,5 Jahre

[267] Duration: 416,98/100 = 4,17 Jahre

[268] Modified Duration: Duration/1,1 = 3,79. 0,5 % Veränderung auf 10,5%; ➔ nach Duration eine Kursänderung von 0,5 * 4,17 = 2,09; ➔ nach der Modified Duration von 0,5 * 3,79 = 1,90

[269] (429,44*1,7 + 513,75 *5 + 199,76 * 7,2)/ 1.142,95= 3,65 Jahre

Aufgabe 48 (Duration)

Ein Portfolio bestehe aus den folgenden drei Bonds. Die dazugehörigen Werte entnehmen Sie bitte der Tabelle.

	Nennwert	Kupon	Kurswert	t1	t2	t3
Anleihen Typ X	3.000 €	0 %	- 100,7543			120
Anleihen Typ Y	6.000 €	5,5 %	- 98,6635	5,5	5,5	105,5
Anleihen Typ Z	2.000 €	7 %	- 102,673	7	7	107
Anleihen Typ A	1.000 €	0 %	- 93,00		104,5	

Wie hoch ist die Portfolio-Duration?

Aufgabe und Lösung 49 (Duration)

a. Erläutern Sie die Duration! Welche Information(en) liefert die Duration?

b. Sie besitzen ein Portfolio im Werte von 10.000 €, das aus den folgenden drei Bonds besteht. Die dazugehörigen Marktwerte entnehmen Sie bitte der Tabelle.

Bond	Stück	Preis incl. Stückzinsen	Marktwert	Duration
A	36	105,--	3.780,--	1,700
B	52	102,--	5.304,-	2,750
C	10	91,60	916,--	4,350

1. Wie hoch ist die Portfolio-Duration?[270]

2. Sie wollen Ihr Portfolio aufstocken auf 12.500 €, gleichzeitig aber die Portfolio-Duration auf 2,25 senken. Wenn Sie die gesamten 2.500 € in einen vierten Bond investieren, welche Duration müsste dieser haben, damit die angestrebte Portfolio-Duration erreicht wird.[271]

---

[270] 2,49966 Jahre
[271] Duration des 4. Bonds 1,25 Jahre

Lösungen

Lösung 1 (Kostenvergleichsrechnung)

	Kosten pro km in €								
	Der Schleicher			Die Schleuder			Der Ökotrip		
km/Jahr	fix	var.	ges.	fix	var.	ges.	fix	var.	ges.
5.000	3,8360	0,2342	4,0702	3,8691	0,2281	4,0972	3,8301	0,2367	**4,0668**
10.000	1,9180	0,2342	2,1522	1,9346	0,2281	2,1627	1,9151	0,2367	**2,1518**
15.000	1,2787	0,2342	**1,5129**	1,2897	0,2281	1,5178	1,2767	0,2367	1,5134
20.000	0,9590	0,2342	**1,1932**	0,9673	0,2281	1,1954	0,9575	0,2367	1,1942
25.000	0,7672	0,2342	**1,0014**	0,7738	0,2281	1,0019	0,7660	0,2367	1,0027
30.000	0,6393	0,2342	0,8735	0,6449	0,2281	**0,8730**	0,6383	0,2367	0,8750
35.000	0,5480	0,2342	0,7822	0,5527	0,2281	**0,7808**	0,5472	0,2367	0,7839
40.000	0,4795	0,2342	0,7137	0,4836	0,2281	**0,7117**	0,4788	0,2367	0,7155
45.000	0,4262	0,2342	0,6604	0,4299	0,2281	**0,6580**	0,4256	0,2367	0,6623
50.000	0,3836	0,2342	0,6178	0,3869	0,2281	**0,6150**	0,3830	0,2367	0,6197

Fixkosten: Der Schleicher (19.180,20 €), Die Schleuder (19.345,70 €), Der Ökotrip (19.150.60 €)

Lösung 2 (Kostenvergleichsrechnung)

	Elwood	Jake
Fixe Kosten (€)	120.000	80.000
Abschreibung (€)	11.000	8.000
fixe Personalkosten (€/Jahr)	8.000	6.000
sonstige fixe Kosten(€/Jahr)	19.000	14.000
kalkulatorische Zinsen (€	3.250	2.000
Summe der fixen Kosten	41.250	30.000
var. Personalkosten (€/Jahr)	24.000	28.000
Materialkosten (€/Jahr)	23.000	23.000
sonstige variable Kosten(€/Jahr)	8.000	9.000
∑ der var. Kosten bei voller Kapazität	55.000	60.000

a.) Elwood   =   41.250 + 27.500   = *68.750 €*

    Jake   =   30.000 + 36.000   = *66.000 €*

    Fremdbezug =   10 * 6.000   = ***60.000 €***

b.) Elwood   =   41.250 + 45.833   = ***87.083 €***

    Jake   =   30.000 + 36.000   = *90.000 €*

    Fremdbezug =   10 * 10.000   = *100.000 €*

c.) Elwood   =   4.58333 x   =

    Jake   =   30.000 + 6 x   =

    Fremdbezug =   10 x   =

➜ Zunächst Fremdbezug bis 10 x = 30.000 + 6 x ➜ x = 7.500 Stück dann Jake bis 30.000 +6 x = 41.250 + 4.58333 x ➜ x = 7.942 Stück. M.a.W.: Fremdbezug von (0 bis 7.500 Stück), Jake von (7.501 bis 7.941 Stück) und schließlich Elwood von (7.942 Stück bis ∞)

Lösung 3 (Gewinn-, Rentabilitätsvergleichsrechnung, Amortisationsdauer)

a. Durchschnittserlöse (46.000 €), Durchschnittliche Afa (12.800 €), Durchschnittliche Kapitalbindung (38.000 €) wonach sich bei 7 % Zinsen 2.660 € kalk. Zinsen errechnen.

Erlöse	46.000
- laufende Kosten	-25.000
- Abschreibungen	-12.800
= Gewinn vor Zinsen	**8.200**
- Zinsen	- 2.660
= Gewinn nach Zinsen	**5.540**

b. Durchschnittsrendite (8.200/38.000 =21,58 %)

c. Amortisationsdauer = 3,6 J. (nach dem Kumulationsverfahren) bzw. 3,3 J. (nach dem Durchschnittsverfahren)

Lösung 4 (Amortisationsdauer)

Bei a) und bei b) ist die Amortisationszeit exakt 2 Jahren (egal nach welchem Verfahren gerechnet). Insofern ist das Investitionsbeurteilungsverfahren gegenüber den beiden Alternativen (a. und b.) indifferent, obwohl die Möglichkeit a.) mit 6 Jahren eindeutig vorteilhafter ist, da sie ja sechs Jahre ENZÜ verspricht. Daraus ergibt sich c.) ein wichtiger Kritikpunkt an der Amortisationsrechnung: Das Verfahren beachtet nicht, was nach der Breakeven-time passiert!

Lösung 5 (Rentabilitätsvergleichsrechnung, Amortisationsdauer)

a. Durchschnittsrendite: Gemischtes Eis: (156-100)/7 =8; 8/50 = 16 %; Vokuhila = (214-100)/7 =16,29/50 = 32,57 % → Investition „Vokuhila" ist das vorteilhaftere.

b. Amortisationsdauer (nach der Kumulationsmethode): Gemischtes Eis = 1,67 Jahre, Vokuhila = 4,5 Jahre → Investition „Gemischtes Eis" amortisiert sich erheblich schneller.

Lösung 6 (Kalk. Zinsen, kalk. Abschreibungen)

	Kalkulatorische Zinsen	kalkulatorische Abschreibungen
PKW	2.000	8.000
LKW	5.000	12.000
Grundstück	100.000	0
Haus	40.000	8.000

Lösung 7 (statische Verfahren)

Maschine Don: Gewinn = 33.400 €; (Ertrag (net.) pro Stück: 82.500 (5,5 * 15.000);
Kosten: 49.100 (Afa 34 + Zins 5,1 + K_{fix} 10)
Rentabilität = 39,29 % (33.400/85.000 durchschn. geb. Kapital);
Amortisationszeit = 2,52 J. (CF= G + Afa = 33,4 + 34 = 67,4 → 170/67,4)

Maschine Juan: Gewinn = 34.200 €; (Ertrag (net.) pro Stück: 96.000 (4,8 * 20.000);
Kosten: 61,8 (Afa 42 + zins 7,8 + K_{fix} 12)
Rentabilität = 26,31 %; (34.200/130.000 = durchschn. geb. Kapital)
Amortisationszeit = 3,1 J. (CF= G + Afa = 42 + 34,2 = 76,2 →
235/76,2)

[Falls Sie mit der Gesamtkapital-Rentabilität gerechnet haben (also mit Gewinn + kalk. Zinsen durch das gebundene Kapital), so wäre das Ergebnis: Don 45,29 % und für Juan 32,31%]

b. Nach dem Gewinnvergleich ist Juan besser, nach den anderen beiden Kriterien Don.

c. Die Kriterien Gewinn, Rentabilität und Amortisationsdauer sind zum Investitionsvergleich schlecht geeignet, da der zeitliche Zahlungsanfall nicht berücksichtigt wird und Durchschnittswerte angesetzt werden. Beim Rentabilitätsvergleich ist bei Beurteilung der Vorteilhaftigkeit mehrerer Investitionsprojekte eine Vergleichbarkeit nur dann gegeben, wenn unterstellt wird, dass die Kapitaleinsatzdifferenz die gleiche Rentabilität erwirtschaftet, und dass dies auch über die Nutzungsdauer des länger lebigen Investitionsobjektes möglich ist.

Lösung 8 (KW)

	$KW_{10\%}$	$KW_{8\%}$
Anton	23,15	110,32
Berta	28,72	76,95

Lösung 9 (KW mit Preissteigerungen)

	t_0	t_1	t_2	t_3	t_4
Berggorilla	- 1.120.000	+ 600.000	+ 612.000	+ 624.240	+ 636.724,80
Personalkosten		-150.000	- 152.250	- 154.533,75	- 156.851,76
Sonst. Kosten		- 100.000	- 102.000	- 104.040	- 106.120,80
	- 1.120.000	+ 350.000	+ 357.750	+ 365.666,25	+ 373.752,24

Dian Fossey hätte einen Kapitalwert von + 23.852,25 €

Lösung 10 (KW mit Preissteigerungen)

	t_0	t_1	t_2	t_3	t_4	t_5
Absatzsteigerung um 10 %	- 2.000	+ 600	660	726	798,6	878,46
Umsatzentwicklung (inkl. 2 % Preissteiegerung)	-2.000	+ 600	673,2	755,33	847,48	950,87
Personalkosten		- 220	-222,2	-224,42	-226,67	-228,93
	- 2.000	+ 380	+ 451	+ 531,41	+ 620,81	+ 721,94

KW = -10.272,46 → Investition lohnt sich nicht.
(Berechnung der Absatzsteigerungen: $(600 * 1,1^{n-1})$; Berechnung der Umsatzentwicklung: $(600 * 1,1^{n-1}) * 1,02^{n-1}$; $[(n-1)$, weil t_1 als Basisjahr angenommen wird]

Lösung 11 (Zahlungsreihe mit Finanzierungsalternativen)

	a.	b.	c.
KW „Heart of Gold"	198,54	**198,54**	198,54
KW „Out of the Blue"	**230,49**	190,74	**211,68**

Zusätzliche Hinweise:

Aufgabe a.) wird normal mit 8 % abgezinst.

Bei Aufgabe b.) wird für „Out of the Blue" eine zusätzliche Zahlungsreihe für die Finanzierung aufgestellt und mit der Investitionsreihe saldiert.

„Out of the Blue"

t_0	t_1	t_2	t_3	t_4	t_5	t_6
- 1.200	300	300	500	500	100	100
+ 600	- 60	- 60	- 60	- 660		
- 600	**240**	**240**	**440**	**- 160**	**100**	**100**

Und diese sich ergebende Zahlungsreihe wird mit 8 % abgezinst.

Bei Aufgabe c.) wird ebenfalls für „Out of the Blue" eine zusätzliche Zahlungsreihe für die Finanzierung aufgestellt und mit der Investitionsreihe saldiert. Das Besondere hierbei ist der Betriebsmittelkredit, der anders als der Festkredit jederzeit zurückgezahlt werden kann. Da in diesem Beispiel der Kreditzinssatz teurer ist als der Opportunitätszinssatz der Eigenmittel, versucht man natürlich den Kredit so schnell wie möglich zurückzuzahlen. (Dies ist auch der Grund warum man nur 600 Kredit aufnimmt und nicht den gesamten Kreditspielraum ausnutzt.) Man verwendet also die gesamten ENZÜ der ersten Jahre dazu, den Kredit zu tilgen. Dies hat aber auch Auswirkungen auf die jährlich zu zahlenden Zinsen.

„Out of the Blue"

t_0	t_1	t_2	t_3	t_4	t_5	t_6
- 1.200	300	300	500	500	100	100
+ 600	- 300	- 300	- 105,6			
- 600	**0**	**0**	**394,4**	**500**	**100**	**100**

Eine Nebenrechnung verdeutlicht, warum im dritten Jahr noch 105,6 an die Bank gezahlt werden müssen. Es sind die aufgelaufenen Zinsen.

Der Kreditsaldo bei der Bank entwickelt sich wie folgt:

	t_1	t_2	t_3
Kreditsaldo zu Beginn des Jahres	- 600	- 360	- 96
Zinsen	- 60	- 300	- 9,6
Tildung	- 300	- 360	105,6
Kreditsaldo am Ende des Jahres	- 360	- 96	0

Lösung 13 (KW-Methode, Annuität)

$KW_{0,A}$ = 47.120,91 €; A_A = 12.430,38 €; $KW_{0,B}$ = 55.789,40 €; A_B = 11.459,45 €

Nach dem Kapitalwert ist Investition Beatrix der Investition Alberta vorzuziehen, nach der Annuität die Investition Alberta der Investition Beatrix. Der Unterschied beruht darauf, dass die Annuitäten-Methode die *Längen- oder Zeitdiskrepanz* der zu vergleichenden Zahlungsreihen dadurch ausgleicht, dass sie eine identische Wiederholung der kürzerlebigen Investition (hier Investition Alberta) bis zum Ende der Laufzeit der längerlebigen Investition unterstellt, also eine Wiederanlage freigesetzter Mittel in Höhe der ursprünglichen Anschaffungsausgaben zum internen Zins der Grundinvestition vornimmt, während die KW-Methode annimmt, eine Wiederanlage sei nur zum Kalkulationszinsfuß möglich. Die Annuitätenmethode ist folglich am Platze, wenn davon ausgegangen werden kann, dass nach Ablauf der ND der Investition A bzw. B jeweils eine Anlage gleicher Art (also der Art A oder der Art B) wieder angeschafft werden wird. Die Annahme der KW-Methode kann hingegen dann relevant werden, wenn die Investition nicht wiederholt werden soll. (Achtung! Hier habe ich bewusst die Annuitätenmethode auf unterschiedliche Laufzeiten gerechnet, um auf die Irrtumsmöglichkeit der Annuitätenmethode aufmerksam zu machen.)

Lösung 14 (Charlottenburg/Wedding mit Steuern)

Gewerbeertragssteuer: 13,04 %, Einkommenssteuer (47 %) = 40,8712 %, Gesamtsteuersatz = 53,91 %, Zugrunde zu legender Kalkulationszinssatz: $i = 4{,}1481$ %

Charlottenburg					
Jahre	Rohertrag - Kosten = Überschüsse	steuerl. Be- / Entlastung	steuerlich bewertete ENZ-Überschüsse	gewinnunabhängig ENZ	abgezinste Beträge
1	-8.000	15.095	7.095		6.812
2	14.000	3.235	17.235		15.889
3	102.000	- 44.206	57.794		51.160
4	168.000	- 79.787	88.213		74.977
5	190.000	- 91.647	98.353	+40.000 +160.000	243.486
Kapitalwert = -300.000 + 392.324 = 92.324,-- €					

Wedding					
Jahre	Rohertrag - Kosten = Überschüsse	steuerl. Be- / Entlastung	steuerlich bewertete ENZ-Überschüsse	gewinnunabhängig ENZ	abgezinste Beträge
1	-10.000	19.947	9.947		9.551
2	50.000	-12.400	37.600		34.665
3	110.000	-44.745	65.255		57.764
4	190.000	87.873	102.127		86.803
5	190.000	87.873	102.127	+135.000 +260.000	405.705
Kapitalwert = -530.000 + 594.488= 64.488,-- €					

Berechnet ohne Verlustvortrag! D. h. z. B. Charlottenburg erstes Jahr. (-8000 − 20.000 Afa (8.000 + 12.000) ➔ -28.000 multipliziert mit dem Steuersatz ergibt sich eine Steuererstattung von 15.095 und saldiert mit 8.000 einen Einzahlungsüberschuss von 7.095

Achtung! Die Falle ergibt sich im 5. Jahr, in dem die Erlöse aus dem Verkauf der Resteinrichtung sowie des Warenbestandes keinen Gewinn darstellen sondern nur eine Verflüssigung von Aktiva. Dementsprechend sind sie nicht als Gewinn und somit auch nicht in der Steuerberechnung zu integrieren.

Lösung 15 (KW, Annuität, Steuern)

	t_0	t_1	t_2	t_3
Ausgangsbasis (ohne Steuern)	- 210.000	0	0	+ 260.000
	KW = 2.237,45 €		Annuität = 852,58 €	

	t_0	t_1	t_2	t_3
(mit 50% Steuern auf Zins)	- 210.000	0	0	+ 260.000
(abzinsen mit $1{,}035^t$)	KW = 24.505,10 €		Annuität = 8.746,71 €	

	t_0	t_1	t_2	t_3
(Gewinnsteuern 50 %)	- 210.000	+ 35.000	+35.000	+ 130.000 +35.000
(ohne Verlustvortrag gerechnet!)	KW = 5.309,85 €		Annuität = 1.895,27 €	

Lösung 16 (Annuität)

$R_n = 15.582$ € (Anwendung der Annuitätenformel)

Lösung 17 (Annuität)

Annuität: 827,11 €   (bei einem KW: 2.739,49 €)

Lösung 18 (Annuität)

1. Ann. = 14.091 €. Die Investition ist vorteilhaft, da sie eine positive Annuität ergibt.
2. Ann. = - 5.000 €. Die I. ist in keinem Fall vorteilhaft, natürlich auch nicht ggü. (1).
3. Ann. = - 961,37 €. Auch diese I. ist keinesfalls vorteilhaft, auch nicht im Vergleich zu (1)
4. Ann. = - 3.081 €. Ja, die Investition ist ebenfalls nicht vorteilhaft.

Lösung 19 (Annuität)

Achtung! Aus der Lösung folgt, dass die Vergleichbarkeit der Annuitäten nur bei gleicher Nutzungsdauer gewährleistet ist. Obwohl die korrekt rechnende KW-Methode einen höheren KW bei Maschine I feststellt, bevorzugt die Annuitätenmethode die Maschine II.

	KW	Annuität
Maschine I	30.174,50	7.557,40
Maschine II	25.469,32	7.689,72

Lösungen 20 (mehrere einfache Zinsberchnungen)

a.) 200 Tage; b.) 3,2 %; c) 176.011,71 €; d.) (1) ein Cent bzw. den entsprechenden Sammlerwert (2) 1.819.946.667 €; e.) (1) 8,447%; f.) 77,90 €

Lösung 21 (KW, Zinsberechnung, unterjährig, stetig)

a. K_n = 1.120 €
b. K_n = 1.125,51 € (verzinst über vier Perioden mit 3% = 12/4!)
c. K_n = 1.126,83 € (verzinst über zwölf Perioden mit 1% = 12/12!)
d. K_n = 1.127,47 €
e. K_n = 1.127,50 € (berechnet mit e 0,12) e= Eulersche Zahl = 2,718828182459

Lösung 22 (KW, unterjährige Verzinsung, ewige Betrachtung)

Typ I	Jan.	Feb.	März	April	Mai	Juni	Juli	Aug.	Sept.	Okt.	Nov.	Dez.
-199	24	24	24	24	24	24	12	12	12	12	12	12
	10	10	10	10	10	10	10	10	10	10	10	10

Typ II	Jan.	Feb.	März	April	Mai	Juni	Juli	Aug.	Sept.	Okt.	Nov.	Dez.
-199	24	24	24	24	24	24	24	24	24	24	24	24
	10	10	10	10	10	10	10	10	10	10	10	10

Unterjährige Verzinsung ==> monatlicher Zins: (0,08/12) = 0,0066666
Periode ist dann ein Monat. Zinseszins wird genauso gerechnet.

a. $C_{0,Typ\ I}$ = 124,26 €; $C_{0,Typ\ II}$ = 191,86 (für's 1. Jahr) bzw.: ewige Rente: 4.901 € (34/0,006666 – 199) Den Barwert der ewigen Rente bekommt man heraus, indem man 34 durch den Zins von 0,06666 teilt. Hiervon zieht man noch die Anschaffungskosten (199) ab und voilá hat man den Barwert der gesamten Investition.
b. Jahresbetrachtung: Reduzierung des Grundpreises auf 1,30 €
∞-Betrachtung: Reduzierung der Grundgebühr auf 8,67 € ((34-x)/0,0066666 = 4901)

c. Wenn die Kunden durch 150 Freimuten bei der Gesellschaft bleiben und monatlich weitere 150 Minuten telefonieren, beträgt ihr monatlicher Deckungsbeitrag immer noch 150 * 0,07 € - 300 * 0,03 € = 1,50 €, zuzüglich des zu zahlenden Grundpreises, und ist somit positiv. Allerdings ist das Nutzungsverhalten genauer zu prüfen. Insbesondere ist von Mitnahmeeffekten bei „treuen" Kunden auszugehen, sodass diese Zahl von Freiminuten kritisch zu sehen ist.

Lösung 23 (KW, Steuern, KWmax!, int. Zinssätze)

	$KW_{10\%}$	$KW_{6\%}$	$KW_{max!}$	$r_{classic}$	$r_{Baldwin}$
Wilbur W.	63	55,72	63	10,5510 %	10,3093 %
Orville W.	38,83	34,27	94,97 (t_3)	10,4289 %	10,1892 %

Lösung 24 (KW, Annuität, dyn. Amortisationsrechnung)

	$KW_{10\%}$	Annuität	Annuität (beide auf 6 J. gerechnet)	Dynamisch Amortisationsrechnung
Otto	106,57	28,11 (gerechnet auf 5 J.)	24,47	4,90 Jahre
Waalkes	115,61	26,55	26,55	5,90 Jahre

Lösung 25 (interne Zinssätze)

a. Projekt I: 5,89 %; Projekt II: 11,39 %; Projekt III: 14,9 %

b. Achtung! 210.000 € Kapitaleinsatz für jede Berechnung annehmen!
   Projekt I: 8,48 %; Projekt II: 11,39 %; Projekt III: 12,67 %

c. Ja, zum Beispiel, wenn die Investition weniger riskant ist.

Lösung 26 (KW-Maximierung)

	t_0	t_1	t_2	t_3	t_4
KW-Entwicklung	4.545,45	8.264,46	9.691,96	12.492,32	12.368,13

Lösung 27 (KW-Maximierung)

Abschreibung der Carts: Ein Cart hat einen Anschaffungswert von € 9.000 bei einer ND von 6 Jahren ➔ Abschreibungsbetrag 1.500,-- bei voller Nutzung. Zeitliche Afa zu intensitätsmäßiger Afa im Verhältnis 1:4, d.h. zeitliche Afa (pro Jahr) = 300,--; intensitätsmäßige Afa bei voller Leistung 1.200,--. Volle Nutzung bedeutet 180.000 km pro 6 Jahre bzw. 30.000 km pro Jahr. ➔ bei z.B. 50%iger Nutzung beträgt die intensitätsmäßige Afa nur 600,-- €, so dass sich eine Gesamtabschreibung von € 900,-- ergibt. Daraus folgt für den Restwert eines Carts bei der Beispielaufgabe:

	1	2	3	4	5	6
Restwert	8.100	6.900	5.400	3.900	2.400	900
zeitl. AfA	*300*	*300*	*300*	*300*	*300*	*300*
intens. AfA	*600*	*900*	*1.200*	*1.200*	*1.200*	*1.200*

Einzahlungen ergeben sich aus den Einnahmen pro Fahrt: 1,25 km * 8 Runden = 10 km pro Fahrt = 5,-- € Einnahme; 50% von 30.000 km = 15.000 km ➔ 1.500 Fahrten = 7.500,-- € ; (bzw. 225.000 € für 30 Carts) in t = 1; 75% von 30.000 km = 22.500 km ➔ 2.250 Fahrten = 11.250,-- € (bzw. 337.500 € für 30 Carts) in t = 2 usw.

Auszahlungen durch Reparatur- und Betriebskosten: 15.000 km * 0,20 € = 3.000 € in t = 1 (bzw. 90.000 € für 30 Carts); 22.500 km * 0,20 € = 4.500 € in t = 2 (bzw. 135.000 € für

30 Carts); 30.000 km * 0,25 € = 7.500 € in t = 3(bzw. 225.000 € für 30 Carts) usw. Hieraus ergibt sich die Zahlungsreihe:

Zeit	heute	1	2	3	4	5	6
ENZ		225	337,5	450	450	450	450
ASZ	-270	-90	-135	-225	-270	-360	-405
Zahlungsreihe	-270	135	202,5	225	180	90	45

Lösung Aufgabe a.) KW = 408.595,94

Lösung Aufgabe b.) KW_{max} = 412.660,15

Lösung Aufgabe c.) Annuität = 9.648,23 (Achtung neue Berechnung der RW! da Vollauslastung)

Zeit	heute	1	2	3	4	5	6
ENZ		450.000	450.000	450.000	450.000	450.000	450.000
ASZ	-270.000	-180.000	213.750	-258750	337500	393750	405.000
Zahlungsreihe	-270.000	270.000	236.250	191.250	112.500	56.250	45.000

Jahre	1	2	3	4	5	6
RW (30 Carts)	225.000	180.000	135.000	90.000	45.000	0

KW_{max} = 5 Jahre (454.098,73), dann die Annuität berechnen mit dem Monatszinssatz: von 0,83333%

Lösung 28 (Kostenbetrachtung, Ersatzproblematik)

1. Maschine John F:

   Fixe Kosten: Afa: 40.000 (80'-40' = 40'); kalk. Zins: 4.200 ([(80'+40')/2]*7%), 9.500 →
   53.700 + 6,70 x

   Maschine Robert:

   Fixe K.: Afa: 50.000 (220'-170' = 50'); kalk. Zins: 13.650 ([(220'+170')/2]*7%), 4.500
   → 68.150 + 6,60 x

2. auf Maschine John F, da weniger Kosten: 160.900 € (John F) ggü. 173.750 € (Robert)

3. 53.700 + 6,70 x = 68.150 + 6,60 x → x = 144.500 (Ab dieser Menge lohnt sich die Neuanschaffung)

4. Zukünftiges Produktionsprogramm, Absatzmöglichkeiten in der Zukunft, Prognose der ..., etc.

Lösung 29 (Kostenbetrachtung, Ersatzproblematik)

a.	t_0	t_1	t_2	t_3	t_4
Maschine „Megaout"	- 30.000	-200.000	-200.000	- 200.000	-200.000
Maschine „New"	-160.000	-176.000	-176.000	-176.000	-176.000 +60.000
Ersparnisinvestition dargestellt in Zahlungsreihe	*-130.000*	*+24.000*	*+24.000*	*+24.000*	*+84.000*

→ KW = - 9.741,21 Maschine „New" sollte daher nicht angeschafft werden.

b.	t_0	t_1	t_2	t_3	t_4
Ersparnisinvestition dargestellt in Zahlungsreihe	-130.000	+12.000	+12.000	+12.000	+72.000
Steuerersparnis aufgrund von Afa der neuen Maschine (25.000 Afa / 2) wegen 50 % Steuersatz (Ohne Verlustvortrag gerechnet)		12.500	12.500	12.500	12.500
Gewinnausweis der alten Maschine	-15.000				
Mit 1,045 abzinsen!	-145.000	+ 24.500	+ 24.500	+ 24.500	+ 84.500

➔ KW = - 7.106 (bzw. −5.043)

c.	t_0	t_1	t_2	t_3	t_4
Ersparnisinvestition dargestellt in Zahlungsreihe	-130.000	15.000	15.000	15.000	+75.000
Steuerersparnis aufgrund von Afa der neuen Maschine (25.000 Afa / 2) wegen 50 % Steuersatz Ohne Verlustvortrag gerechnet		12.500	12.500	12.500	12.500
Gewinnausweis der alten Maschine	-15.000				
Mit 1,045 abzinsen!	*-145.000*	*+ 27.500*	*+ 27.500*	*+ 27.500*	*+ 87.500*

➔ KW = + 3.970,64 (bzw. + 5.720)

Lösung 30 (Dynamische Amortisationsrechnung)

kumulierter Barwert der Nettozahlungen	t_0	t_1	t_2	t_3	t_4
- 60.000	- 60.000	+22.000	+26.000	+28.000	+28.000
- 39.630	+ 20.370	←			
- 17 339	+ 22.291	←	←		
+4.888	+22.227	←	←	←	
	+ 20.581	←	←	←	←

Hieran erkennt man, dass sich die Investition voraussichtlich im dritten Jahr (dynamisch) amortisiert. Exakt (!?) nach 2,78 Jahren.

Lösung 31 (Thesen)
Siehe Text!

Lösungen 32 (Probeklausur Investition)

	KW	$r_{classic}$	$r_{Baldwin}$	$KW_{max!}$
Fubar	735,22	21,46 %	14,83 %	771,91
Drive on	760,73	18,66 %	14,98 %	760,73

Kapitalwertmaximierung Fubar						
Periode	Anschaff. Rückflüsse	abgezinste Rückflüsse	summierte Rückflüsse	LQ-Erlös	abgezinster LQ-Erlös	KW
0	-2.500,00	-2.500,00				
1	400,00	363,64	-2.136,36	2.000,00	1.818,18	-318,18
2	1.800,00	1.487,60	-648,76	1.500,00	1.239,67	590,91
3	800,00	601,05	-47,71	1.000,00	751,31	703,61
4	700,00	478,11	430,40	500,00	341,51	**771,91**
5	400,00	248,37	678,77	100,00	62,09	740,86
6	100,00	56,45	735,22	0,00	0,00	735,22

Drive on						
0	-2.200,00	-2.200,00				
1	-200,00	-181,82	-2.381,82	1.760,00	1.600,00	-781,82
2	800,00	661,16	-1.720,66	1.320,00	1.090,91	-629,75
3	780,00	586,03	-1.134,64	880,00	661,16	-473,48
4	975,00	665,94	-468,70	440,00	300,53	-168,17
5	1.980,00	1.229,42	760,73	0,00	0,00	**760,73**

Lösung 42 (Spot Rates)

a.

Zerobondabzinsungsfaktoren	→	Spot rates
ZAF $_1$ = 0,95057	→	r $_1$ = 5,20 %
ZAF $_2$ = 0,900066	→	r $_2$ = 5,405 %
ZAF $_3$ = 0,843727	→	r $_3$ = 5,828 %
ZAF $_4$ = 0,781049	→	r $_3$ = 6,373 %

b1. KW der Anleihe $\Psi = 5/(1 + 0,052)^1 + 5/(1 + 0,054)^2 + 5/(1 + 0,058)^3 + 105/(1 + 0,063)^4 = 95,711$

b2. KW $\Psi = 5/(1 + 0,052)^1 + 5/(1 + 0,05405)^2 + 5/(1 + 0,05828)^3 + 105/(1 + 0,06373)^4 = 95,48$

b3 Die Zerobondrenditen liegen über den Marktzinssätzen, da die Zinszahlungen, die ei-gentlich jährlich auftreten, auf den Endzeitpunkt prognostiziert werden. Es findet eine implizite Fristentransformation statt. Insofern ergibt sich ein höherer Zinssatz für eine mehrjährige Finanzierung.

Lösung 43 (Spot und forward rates)

Berechnen Sie die ein-, zwei- und dreijährigen Spot Rates aus den nachfolgend aufgeführ-ten Werten

	Kupon	Kurswert	t_1	t_2	t_3
Anleihe X	4,5 %	- 100	104,5		
Anleihe Y	5,5 %	- 100	5,5	105,5	
Anleihe Z	7 %	- 100	7	7	107

Spot Rates zunächst ausrechnen: (0-1) = 4,50 %, (0-2) = 5,5278 %, (0-3) = 7,1344 %

Forward Rates ableiten: (1-2) = 6,5656 %, (1-3) = 8,4766 %, (2-3) =10,423%

Überprüfen der Ergebnisse

Kaufkurs	$r_{(0-1)}$	$r_{(1-2)}$	$r_{(2-3)}$	**Endwert**
100	* 1,045	* 1,06565	* 1,10423	122,97
		$r_{(0-3)}$		
100		* 1,071344^3		122,97
	$r_{(0-2)}$		$r_{(2-3)}$	
100	* 1,055278 ^{2}		* 1,10423	122,97
	$r_{(0-1)}$	$r_{(1-3)}$		
100	* 1,045	* 1,084766^2		122,97

Lösung 44 (Spot, forward rates und Investitionsrechnung)

	KW $_{flache Zk.}$	r $_{klassisch}$	r $_{Baldwin}$	KW $_{normale Zk.}$	r $_{Baldwin normale Zinskurve}$
Me	72,26	10,25	10,1652 %	- 99,40	*11,5478%*
Too	50	10,29 %	10,1144 %	+ 13,36	11,8111
			Differenzbetrag bei Too beachten		*Differenzbetrag bei Too beachten*
			10,1379 %		*11,8175%*

Me (i=11%) → -153,57; (i=10,4%) → + 5,38 ==→ interne „klassische" Zinsfuß =

Too (i=11%) → -120;08 (i=10,3%) → -1,58 ==→ interne „klassische" Zinsfuß =

Spot rates: (0-1) = 9 %, (0-2) = 9,8395 %, (0-3) = 10,6057 %, (0-4)   =11,78 %

Forward rates ableiten: (1-2) = 10,6855 %, (1-3) = 11,4174%, (1-4) =12,7223%, (2-3) =12,1542%, (2-4) = 13,7548%, (3-4) = 15,3782%

Baldwin: **12,622%** *([(3.000 * (1,127223)^3 + 4.200 * (1,137548)^2 + 4.600 * 1,153782 + 3.550]/12.000)^{0,25}*

*Baldwin:***11,8175%** *([(4.950*(1,127223)^3 + 3.630 *(1,137548)^2 + 1.996,5 * 1,153782 + 1.464,1]/9.950)^{0,25}*

Lösung 48 (Duration)

Zuerst Zinsniveau berechnen ➔ 6 %

Bond	Stück	Preis incl. Stückzinsen	Marktwert	Duration
X	3.000	- 100,7543	3.022,63	3,00
Y	6.000	- 98,6635	5.919,81	2.8452
Z	2.000	- 102,673	2.053,46	2,8107
A	1.000	-93,00	930,--	2,00
			11.925,90	

➔ (3.022,63*3 + 5.919,81*2.8452 + 2.053,46* 2,810 + 930* 2)/ 11.925,90 = = 2,81 Jahre

E. Glossar und Stichwortverzeichnis

„Wenn man nicht weiß, wovon man spricht, dann sollte man den Mund halten."[272]

Abgezinste Anleihe	(*pure discount bond*) WP, das keine laufende Verzinsung hat. Der Verkaufspreis ergibt sich durch Abzinsung des Nennwertes/Rückzahlungwertes auf den Kaufzeitpunkt ➔ Zerobond.
Abschreibung	**[S. 15]** (*depreciation*) Finanzielles Äquivalent der Wertminderung von Vermögensgegenständen. Kalk. AfA (*imputed depreciation, imputed writing-off*). Die digitale AfA (*sum-of-the-year-digit*) ist eine besondere Form der degressiven AfA. Hierbei geben nicht Prozentzahlen sondern die Anzahl der Jahre den Ausschlag für die Höhe der jährlichen AfA. Die lineare AfA (*straight-line depreciation*): ist ein gleichmäßiger Betrag des Verzehrs von AV-Gegenständen, die berechnet werden durch Division der ND durch den Wert.
Abzinsung	**[S. 23]** (*discounting*) Ein zukünftiger Wert wird unter Berücksichtigung eines (Markt-) Zinssatzes als heutiger Wert dargestellt. Der verwendete Zinssatz wird auch Abzinsungssatz (*discount rate*) genannt.
Agio	**[S. 131]**, Aufgeld
Aktiengesellschaft	**[S. 93]** US = Incorporated (Inc.); UK = Limited Company (Ltd.)
AKA-Kredite	**[S. 110]** Zur Finanzierung von Exportgeschäften gewährt die AKA Lieferantenkredite an deutsche Exporteure und Finanzkredite an ausländische Besteller bzw. deren Banken.
Aktien	**[S. 93]** (*share, stock*)
Aktienanleihe	Kurz laufende, i.d.R. hoch-verzinsliche SV, die eine feste Verzinsung verbriefen, allerdings ein Rückzahlungswahlrecht (zum Nennwert oder in Form von Aktien) des Emittenten beinhalten.
Aktienrückkauf	AG können unter bestimmten Umständen die von ihnen emittierten Aktien wieder zurückkaufen. Ein solcher Aktienrückkauf kann unterschiedliche Zielsetzungen verfolgen. Einer der wichtigsten Gründe ist die Erhöhung des Werts der verbleibenden Aktien am freien Markt.
Aktiensplit	(*stock split*) Erhöhung der im Umlauf befindlichen Aktienanzahl durch Aktienteilung. Dabei bleibt das EK unverändert. Er dient vor allem der optischen Verbilligung und damit der Verbesserung der Handelbarkeit der jeweiligen Aktien. (Die entgegengesetzte Maßnahme heißt *reverse split*)
Aktionär	(*stock-, shareholder*) Teilhaber einer AG
Akzept	(*acceptance*) Ein Akzept ist eine Verpflichtungserklärung des Bezogenen (Wechselschuldner); Eine andere Verwendung findet der Begriff als Synonym für einen akzeptierten Wechsel. Im Gegensatz hierzu ist eine *Tratte* ein noch nicht akzeptierter Wechsel.
Akzeptkredit	**[S. 106]** (*acceptance credit*) Kreditleihe, d.h. die Bank akzeptiert innerhalb einer festgesetzten Kreditgrenze vom Kreditnehmer ausgestellte Wechsel; Zurverfügungstellung der eigenen Kreditwürdigkeit; Wechsel werden meist von KI selbst diskontiert (➔ Diskontkredit). Der Kunde kann das Akzept auch als Zahlungsmittel weitergeben.
Akzessorität	**[S. 113]** (*accesority*) bezeichnet den rechtlichen Zusammenhang zwischen dem Bestand einer Sicherheit und der abgesicherten Forderung. Die Sicherheit besteht nur, wenn eine Forderung besteht. Im Gegensatz dazu wird eine

---

[272] Ludwig Wittgenstein

Sicherheit als abstrakt bezeichnet, wenn sie losgelöst von der Forderung bestehen kann.

Amortisation (*amortization*) Schuldentilgung bzw. Rückfluss investierter Beträge.

Amortisationsrechnung **[S. 9 + 69]** (*payback period rule*) statische oder dynamische Investitionsrechnung, die als Entscheidungskriterium die Zeit (bzw. den Zeitpunkt) betrachtet, bis zu der eine Investition das in sie investierte Kapital wieder erwirtschaftet hat. Es gilt: je kürzer, je besser. Die dynamische Amortisationsrechnung (*dscounted payback period rule*) berücksichtigt den zeitlichen Anfall der Zahlungen, die mit einer Investition verbunden sind.

Amtlicher Handel **[S. 98]** (*official trading*) Nicht jedes WP wird in den (amtlichen) Börsenhandel einbezogen. Erst nach einem gesetzlich vorgeschriebenen Prüfungsverfahren wird es zum Handel und zur amtlichen Notierung zugelassen. Dafür ist u. a. ein sog. „Prospekt" mit umfassenden Angaben über die wirtschaftlichen und finanziellen Verhältnisse des Unternehmens erforderlich. Erst dann entscheidet eine Börsenkommission über die Aufnahme des Papiers in den amtlichen Handel.

Anlagevermögen (*fixed asset*) Die Teile des Unternehmensvermögens, die nicht zur Veräußerung bestimmt sind. I.d.R. mit einer Laufzeit über einem Jahr.

Anleihe **[S. 127]** (*bond*) Sammelbezeichnung für alle SV mit einem festen Zinssatz und vereinbarter Laufzeit. Sie dienen der Beschaffung von langfristigen Finanzierungsmitteln und können vom Bund, der Bahn oder Post, den Ländern, bestimmten öffentlichen Körperschaften (z. B. Städten), Industrieunternehmen, Sonderkreditinstituten, Hypothekenbanken oder öffentlich-rechtlichen Kreditanstalten aufgelegt (emittiert) werden. Der Gesamtbetrag einer Anleihe ist gestückelt in Teilbeträge, die über Sparkassen und Banken an jedermann verkauft werden. Auch ausländische Emittenten (Staaten, Großstädte, Unternehmen) sowie internationale Institutionen, z. B. die Weltbank, können in Europa Anleihen auflegen. Man spricht dann von ➔ Auslandsanleihe.

Annuität **[S. 42]** (*annuity*) Regelmäßige, gleich hohe Rückflüsse einer Schuld, die sowohl die Tilgung als auch die Zinsen umfassen. Berechnet wird die Annuität mit dem Annuitätenfaktor (*annuity factor*). Dieser Wiedergewinnungsfaktor formt Zahlungsreihen in gleich große Glieder einer uniformen Reihe.

Annuitätenmethode **[S. 42]**, aproximative Annuitätenmethode **[S. 57]**

Arbitrage **[S. 86]** Ausnutzung von Kursunterschieden derselben „Ware" an verschiedenen Börsen zum gleichen Zeitpunkt.

Arithmetisches Mittel (*arithmetic average*) Errechnet sich aus der Summe aller Beobachtungen dividiert durch die Anzahl der Beobachtungen. Das arithmetische Mittel der Zahlen 3, 4, 7, 8, 12 liegt bei 6,8.

Asset Backed Securities **[S. 107]** Bei den ABS „poolt" das Unternehmen umfangreiche Finanzaktiva, i.d.R. Forderungen aus Lieferung und Leistungen, in die Form eines Treuhandvermögens. Die Ansprüche aus diesem Pool werden dann wertpapiermäßig verbrieft und unter weitgehender Ausschaltung der Banken institutionellen Anlegern angeboten werden.

Aufgeld **[S. 131]** (*premium*) auch Agio genannt; Gegenteil von ➔ Disagio (Abschlag)

Ausfallbürgschaft **[S. 114]** (*indemnity bond*) Bürge kann erst dann zur Zahlung herangezogen werden, wenn ihm der tatsächliche Ausfall vom Gläubiger nachgewiesen wird. Der Ausfall ist eingetreten, wenn der Gläubiger erfolglos eine Zwangsvollstreckung in das Vermögen des Schuldners durchgeführt hat.

Ausfallrisiko **[S. 148]** (*credit risk, default risk*) Auch Bonitätsrisiko genannt, ist das Risiko, dass eine Vertragspartei ihre Zahlungsverpflichtungen nicht vollständig oder rechtzeitig erfüllt.

Auslandsanleihe (*foreign bond*) Im Ausland aufgelegte und/oder auf ausländische Währung lautende Anleihe.

Auslosung	**[S. 150]** Eine Art der Rückzahlung von festverzinslichen WP. Die Anleihe wird nicht zu einem festgesetzten Termin fällig, sondern in regelmäßigen Teilbeträgen zurückgezahlt. Die jeweils zu tilgenden Teilbeträge werden z. B. nach Serien, Buchstaben oder nach Endziffern ausgelost.
Außenfinanzierung	**[S. 76]**
Avalkredit	**[S. 104]** Eine Form der Kreditleihe. Hierbei stellt ein Kreditinstitut die eigene Kreditwürdigkeit zur Verfügung. Das KI gewährt Kredit durch Übernahme einer Bürgschaft oder Stellung einer Garantie.
Baisse	*(fall, slump)* Eine Periode mit stark und anhaltend fallenden Kursen.
Bankakzept	*(banker's acceptance)* Ein von einem erstklassigen Kunden auf eine Bank gezogener Wechsel (➔ Akzeptkredit), den diese akzeptiert.
Barwert	**[S. 24]** *(PV = present value)* Gegenwartswert einer zukünftigen Zahlung.
Basispunkt	*(basis point)* Basispoint; stellt ein Maß für Preisveränderungen auf Finanzmärkten dar, wobei 1 Basispunkt = 0,01 % bzw. 0,0001 ist.
Belegschaftsaktie	**[S. 96]** *(employee's share)* AG verschaffen gelegentlich ihren Mitarbeitern die Möglichkeit, Aktien des Unternehmens zu besonders günstigen Bedingungen zu erwerben. Sie dienen damit sowohl der Vermögensbildung in Arbeitnehmerhand als auch dem Zweck, die Mitarbeiter enger an den Betrieb zu binden und sie mehr für das wirtschaftliche Wohlergehen des Unternehmens zu interessieren (CI). Daneben wird die Ausgabe von Belegschaftsaktien durch steuerliche Vergünstigungen gefördert.
Berichtigungsaktie	**[S. 96]** *(adjusted share)* (Zusatzaktie, Gratisaktie) Wenn eine AG ihr Aktienkapital aus eigenen Mitteln, z. B. aus den Reserven, erhöht, so erhalten alle Aktionäre für eine bestimmte Anzahl von Aktien je 1 Zusatzaktie.
Betriebsmittelkredit	**[S. 104]** *(current account loan, business credit line)* Eingeräumte Kreditlinie auf KK-Konto, zwischenzeitliche Rückführungen gelten nicht als Tilgung; in der Regel Zusage für ein Jahr.
Bezugspreis	*(subscription price)* Der für den Bezug einer jungen Aktie festgesetzte Kurs.
Bezugsrecht	**[S. 99]** *(subscription right, option)* Wenn eine AG Kapital benötigt, kann sie neue (junge) Aktien ausgeben. Das Vorkaufsrecht, diese jungen Aktien zu erwerben, haben in erster Linie die Besitzer „alter" Aktien dieses Unternehmens und zwar im Verhältnis zur Anzahl ihrer alten Aktien.
Bilanz	*(balance sheet)* Aufstellung der Vermögensverhältnisse eines Unternehmens. (nach Kapitalverwendung ➔ Aktiva sowie nach Kapitalherkunft ➔ Passiva).
Blue Chips	Aus dem angelsächsischen Sprachgebrauch übernommene Bezeichnung für Standardaktien mit hohem internationalem Ansehen. (➔ IBM (sic!)). Umgangssprachlich sind dies Aktien, die im jeweiligen Index eines Landes prozentual gesehen am stärksten vertreten (gewichtet) sind. Dies begründet sich durch ihre Stellung am Markt und einer daraus resultierenden hohen Marktkapitalisierung. Die Blue Chips gehören als Standardwerte zu den liquidesten Aktien (ständig handelbar) an den Börsen.
Bogen	**[S. 128]** *(coupon sheet)* Zu vielen WP gehört i.d.R. ein Bogen mit 10 bis 20 Kupons (Zinsscheinen bei festverzinslichen WP, Dividendenscheinen bei Aktien). Die Abschnitte müssen zur Zins- bzw. Dividendenzahlung vorgelegt werden. Gleichzeitig können sie als Nachweis für die Ausübung eines Bezugsrechts Verwendung finden. Außerdem ist ein Erneuerungsschein (Talon) für den Bogen angehängt.
Bond Stripping	**[S. 140]** *STRIPS* steht für **S**eparate **T**rading of **R**egistred **I**nterest and **P**rincipal of **S**ecurities. Hierbei wird der Zahlungsstrom einer Anleihe in seine Einzelteile Kupon und Nominalbetrag zerlegt und damit einzeln handelbar gemacht.

Broker	In England und den USA dürfen Banken an den Börsen keine WP kaufen oder verkaufen. Interessenten wenden sich mit ihren Kauf- bzw. Verkaufswünschen an private Wertpapiermakler, die Broker.
Buchwert pro Aktie	(*book value per share*) Kurs, der sich ergibt durch Division des buchmäßigen EK durch die im Umlauf befindlichen Aktien.
Bürgschaft	**[S. 114]** (*guarantee*) Vertrag, durch den sich der Bürge verpflichtet, dem Gläubiger für die Erfüllung der Verbindlichkeiten des Schuldners einzustehen.
Business Angel	**[S. 91]** Vermögende Privatpersonen, die Forschungen oder Erfindungen finanzieren. Im anglo-amerikanischen Raum verbreitet vorkommende Möglichkeit der ➔ Seed-Finanzierungen.
Cap-Darlehen	Ein Darlehen mit grundsätzlich variablem Zins, für den eine Zinsobergrenze vereinbart wurde, über die die Anpassung des Zinses nicht hinausgehen darf.
Cash Flow-Verlauf	**[S. 24 f.]** (*cash flow time line*) Betrachtung des Cash Flows im Zeitverlauf.
Churchman-Modell	**[S. 57]** Einfache (statische) Berechnung des optimalen Ersatzzeitpunktes.
Clean Price	**[S. 136]** Kurs eines WP (Im Gegensatz dazu ➔ „dirty price").
Collar-Darlehen	Ein Darlehen mit grundsätzlich variablem Zins, für den eine Zinsunter- und obergrenze vereinbart wurde. Ein *Collar* ist eine Kombination aus einem gekauften Cap und einem verkauften Floor. Im Ergebnis entsteht ein Absicherungsraum, der sowohl nach oben durch den Cap, als auch nach unten durch den verkauften Floor begrenzt ist.
Commercial Papers	**[S. 105]** Inhaberpapier mit Laufzeiten zwischen 7 Tagen und 2 Jahren. Rechtlich sind es voll übertragbare Zahlungsversprechen.
Convenants	Zusatzvereinbarungen. Übereinkommen (engl.: *convention*; frz.: *convenir*)
Corporate Venturing	Venture Capital Finanzierung durch Industrieunternehmen bzw. deren eigene VC-Gesellschaften, die vorrangig strategisches Konzerninteressen verfolgen.
Co-Venturing	Beteiligung an einem Unternehmen durch mehrere Investoren, von denen einer als Lead-Investor auftritt.
Cross-Border-Leasing	**[S. 112]**
Damnum	**[S. 131]** (*debt discount, loan discount*) Prozentualer Abschlag bei einem Darlehen. Häufig auch einfach als ➔ Disagio bezeichnet.
DAX	**[S. 97]**
Debitorenfinanzierung	(*accounts receivable financing*) Finanzierung der Warenschulden von Kunden.
Dirty Prize	**[S. 136]** Kurs eines WP (*Clean price*) + Stückzinsen.
Disagio	**[S. 131]** (*discount*) Ist der Abschlag, den Anleihegläubiger beim Ersterwerb einer SV weniger zahlen müssen, als der aufgedruckte Rückzahlungsbetrag.
Diskontkredit	**[S. 104]** (*discount credit*) Einräumung einer Kreditlinie, bis zu der ein Kredit durch Verkauf von Wechseln an die Bank in Anspruch genommen werden kann. KI kauft noch nicht fällige Wechsel mit max. Restlaufzeit von 180 Tagen an.
Dividende	**[S. 93]** (*dividend*) Gewinnausschüttung einer AG an ihre Teilhaber.
Doppelwährungsanleihen	**[S. 130]** Mittelaufbringung und Rückzahlung finden in unterschiedlichen Währungen statt. Hier können sogar noch mehr Währungen eingebaut werden, wenn die Zinszahlungen z. B. in einer weiteren Währung gezahlt werden. Besondere Bedeutung haben hierbei auch die Währungsoptionsanleihen, bei denen der Anleger die Rückzahlungswährung aus einem vorgegebenen Währungskatalog auswählen kann.
Dow-Jones-Index	Der bekannteste amerikanische Börsenindex, der erstmals 1897 von der Börsenzeitung des Verlages Dow Jones & Company berechnet und veröffentlicht wurde. Er ist ein preisgewichteter Aktienindex, der aus 65 Aktien besteht, die an der New Yorker Borse (NYSE) gehandelt werden. Die 65 Werte setzen sich

zusammen aus 30 Industrie-, 20 Transport- (z.B. Fluglinien, Eisenbahnwerten) und aus 15 Versorgungsgesellschaften. Die Aktien der 30 Industriegesellschaften werden auch als Blue Chips bezeichnet. Diese werden noch einmal gesondert im Dow-Jones-Industrial-Index veröffentlicht. Der aus diesen 30 umsatzstarken Aktien (sie machen 20% des Kurswertes der an der NYSE gehandelten Aktien aus) zusammengesetzte Index repräsentiert die marktführenden Unternehmen. Aufgrund der geringen Basis wird die Aussagekraft des Dow allerdings kritisiert.

Due Diligence	Die detaillierte Untersuchung, Prüfung und Bewertung eines potentiellen Beteiligungsunternehmens als Grundlage für die Investitionsentscheidung.
Duplizieren	**[S. 143]** Vorgang, bei dem Finanzprodukte durch Basisprodukte (Zerobonds, Terminkontrakte, Optionen etc.) ersetzt werden, um dadurch zu einer Bewertung zu gelangen.
Duration	**[S. 150]** (*weighted average maturity*) Kennzahl, die die Höhe des Zinsänderungsrisikos widerspiegelt. Die Duration ist der gewichtete Durchschnitt der Zins- und Tilgungszeitpunkte. Sie gilt als kritische Laufzeit, weil sie unabhängig von Marktzinsänderungen für einen bestimmten Zeitpunkt den Vermögenszuwachs aus einem WP vorhersagen kann.
Effekten	Effekten (von franz. effets) ist ein börsentechnischer Sammelbegriff für am Kapitalmarkt handelbare (fungible), vertretbare WP, die der Kapitalbeschaffung und der Anlage von Kapital dienen.
Effektivverzinsung	**[S. 132]** (*yield*)
eG	**[S. 91]** (*cooperative*) eingetragene Genossenschaft
Eigenkapital	**[S. 81 + 89]** (*equity*) Das gesamte eingebrachte Kapital eines Unternehmens, das dem Unternehmer oder den Teilhabern zusteht.
Eigenkapitalrendite	**[S. 82]** (*ROE = return on equity capital*) Verhältnis von Gewinn (nach Steuern und Zinsen) und dem durchschnittlichen EK.
Einbehaltene Gewinne	(*retained earnings*) auch thesaurierender Gewinn genannt, ist der Betrag des Gewinns, der nicht ausgeschüttet wird.
Einzelunternehmung	**[S. 90]** (*sole proprietorship*) Unternehmen mit nur einem nach außen sichtbaren Unternehmer.
Einzelzession	**[S. 116]** ([*single*] *cession*) Eine einzelne bestehende oder künftige Forderung wird abgetreten.
Endfällige Anleihe	(*bullet*) Anleihe, die in voller Summe am Ende der Laufzeit zurückgezahlt wird.
Endwert	(*future value*) Im Gegensatz zum Barwert werden hier einzelne oder mehrere Zahlungen auf einen zukünftigen Zeitpunkt aufgezinst.
Ersatzproblematik	**[S. 56]**
Euribor	European Interbank Offered Rate (EURIBOR) ist der Zinssatz für Termingelder in €, die zwischen Banken gehandelt werden.
Euro Stoxx	In Gemeinschaftsarbeit haben das Unternehmen Dow Jones, die Deutsche, die Schweizer und die Pariser Börse eine Reihe von Indizes konzipiert, die als Benchmark für Europas Aktienmärkte dienen. Im Februar 1998 wurde die neue Indexfamilie 'EuroStoxx' vorgestellt. Der für 'Euroland' wichtigste Index ist der Dow Jones EuroStoxx 50. Er enthält die Aktien von 50 Unternehmen aus den Euroländern. Die einzelnen Aktien werden nach den Kriterien Börsenkapitalisierung, Börsenumsatz und Branchenzugehörigkeit ausgewählt.
Eurokredit	**[S. 110]** Euro(festsatz)kredit, d.h. an einem Europlatz aufgenommenen Bankkredit in € oder FW. I.d.R. blanko da nur erstklassige Adressen. Mindesthöhe: 250.000 €.

Euronotes   **[S. 106]** Euronotes unterscheiden sich von Commercial Papers durch die Un-
                      derwriter-Garantie. Damit verpflichten sich die KI's, nicht plazierte Notes bis zu
                      einem vorab festgelegten Höchstbetrag (Back-up-Line) zu übernehmen.

Ewige Rente   (*perpetuity*) Konstanter Zahlungsstrom ohne Enddatum.

Exit   Ausstieg eines Investors aus einer Beteiligung.

Expansion Financing   Wachstums- und Expansionsfinanzierung; Das betreffende Unternehmen hat
                      den break-even-point erreicht oder erwirtschaftet Gewinne. Die Geldmittel
                      werden zur Finanzierung von zusätzlichen Produktionskapazitäten, Produktdi-
                      versifikation oder Marktausweitung und/oder für weiteres „working capital"
                      verwendet.

Exportfactoring   **[S. 111]** Exportfactoring ist der Ankauf von kurzfristigen Forderungen aus Aus-
                      fuhrgeschäften durch Factoringgesellschaften. Exportfactoring ist für Exporteu-
                      re geeignet, die einen gleichbleibenden Kundenkreis in bestimmten Ländern
                      beliefern und ihren ausländischen Abnehmern Zahlungsziele bis 120 Tage ein-
                      räumen.

Factoring   **[S. 108]**, salopp: das „Verkaufen von Rechnungen".

Festverzinsliche WP   **[S. 127]** (*straight bond, fixed-rate bond*) Hierbei handelt es sich um mittel- und
                      langfristige SV, die von der öffentlichen Hand, bestimmten Banken, z. B. Lan-
                      desbanken/Girozentralen und größeren Industrieunternehmen ausgegeben
                      werden. Im Unterschied zu Aktien garantieren sie einen gleichbleibenden
                      Zinsertrag während einer bestimmten Laufzeit, meist 6 - 15 Jahre. Daher
                      kommt auch die Bezeichnung Rentenwerte. Festverzinsliche WP verbriefen
                      Gläubigerrechte. Sie werden in der üblichen Stückelung, meist ab 100 €, auf-
                      gelegt und an der Börse gehandelt. Die Zinszahlungen erfolgen halbjährlich
                      oder jährlich. Rentenwerte werden meistens als längerfristige Anlagepapiere
                      erworben, da sie eine gesicherte Rendite über die gesamte Laufzeit bringen
                      und das Risiko relativ gering ist.

Finanzierung aus Afa **[S. 120]** Hierbei entsteht ein Finanzierungseffekt aufgrund der zeitlichen
                      Spanne zwischen Rückführung der Afa über den Umsatzprozess und der
                      Wiederverwendung zu Ersatzbeschaffung einer neuen Anlage. Für diese zeit-
                      liche Differenz steht das Kapital dem Unternehmen zur freien Verfügung →
                      Beschaffung von Kapital auf Zeit → Finanzierung.

Finanzintermediäre   **[S. 127]** (*financial intermediaries*) Geld- bzw. Kapitalhändler, die die Markt-
                      funktion übernehmen z. B. Banken.

Finanzplan   **[S. 79]** (*financial budget*)

Floating Rate Notes   **[S. 130]** Anleihen mit einer variablen Verzinsung. Es erfolgt eine Neufestset-
                      zung der Verzinsung in regelmäßigen, festgelegten Zeitabständen anhand ei-
                      nes Referenzzinssatzes (z. B. Euribor)

Floor   Der Floor als Gegenstück zum Cap beinhaltet die vertragliche Vereinbarung
                      einer Zinsuntergrenze (Floor oder ebenfalls strike).

Forfaitierung   **[S. 112]** (*forfaiting*) ist der Ankauf von mittel- und langfristigen Exportforderun-
                      gen unter Verzicht des Rückgriffs auf den Forderungsverkäufer bei Nichtzah-
                      lung. („a forfait" = „in Bausch und Bogen").

Forward   Ein Forward ist ein klassisches Termingeschäft.

Forward Rate   **[S. 145]** Geben die Verzinsung für ein in der Zukunft liegendes Geschäft an,
                      die zum gegenwärtigen Zeitpunkt zu erzielen ist.

Fremdkapital   **[S. 81 + 101]**, (*deb or borrowed capital*)

Fungibilität   **[S. 128]** (*fungibility*)

Garantie   **[S. 114]** (*guarantee*) Salopp gesagt: „*Garantie = abstrakte Bürgschaft*". Die
                      Garantie ist nicht ausdrücklich gesetzlich geregelt, sondern durch die Recht-
                      sprechung entstanden.

GbR	Gesellschaft des bürgerlichen Rechts (US = *non-trading company*)
Geldmärkte	(*money markets*) Finanzmärkte im kurzfristigen Bereich (i.d.R. bis einem Jahr).
General Standard	**[S. 97]**
Genossenschaft	**[S. 91]**
Geregelter Freiverkehr	**[S. 98]** (*regulated OTC-Market*)
Geregelter Markt	**[S. 98]**
Gewinnobligation	**[S. 130.]** (*income bond*) SV mit gewinnabhängiger Verzinsung.
Gewinnvergleichsrechnung	**[S. 9.]**
Gläubiger	(*creditor*) Fremdkapitalgeber, Kreditor.
GmbH	**[S. 91]** (*privat limited company*) Gesellschaft mit beschränkter Haftung US = Incorporated (Inc.); UK = Limited Company (Ltd.)
Handelsakzept	(*trade acceptance*) akzeptierter Wechsel aufgrund eines Handelsgeschäftes.
Handelskredit	(*trade credit*) Lieferanten- oder Kundenkredit.
Handelsusance	(*trade usance*) Handelsbrauch
Handelswechsel	(*trade draft*) wechselrechtliche Absicherung eines Zielgeschäftes.
Hausse	(*boom, bullish*) Phase mit stark + anhaltend steigenden Notierungen.
Hedge-Funds	sind Investmentfonds, die bezüglich ihrer Anlagepolitik keinerlei Beschränkungen (gesetzl. od. sonstigen) unterliegen. Sie streben unter Verwendung sämtlicher Anlageformen eine möglichst rasche Vermehrung ihres Kapitals an. Hedge-Funds bieten die Chance auf eine sehr hohe Rendite, bergen aber auch ein entsprechend hohes Risiko des Kapitalverlusts.
Hedging	Verringerung einer offenen Risikoposition durch das bewusste Eingehen von Positionen, die mit der offenen Risikoposition negativ korreliert sind.
Hermes-Garantie	**[S. 116]**
Indexanleihen	**[S. 131]** Charakteristikum dieser Anleihen ist die Kopplung der Rückzahlung und/oder der Zinszahlungen an eine festgelegte Bezugsgröße (Index). Dieser Index kann jeder beliebige Index sein.
Innenfinanzierung	**[S. 120]** (*internal financing*) Kapitalbeschaffung durch die unternehmerische Tätigkeit.
Interest Kicker	Risikoprämie für nachrangige Gläubiger (➔ Mezzanine-Finanzierung), der bei 3 - 8 %p.a. über dem gängigen Referenzzinssatz liegt. (Je nachrangiger, je höher die Prämie)
Interner Zinsfuß	**[S. 45]** (*internal rate of return = IRR*) Effektivverzinsung einer Investition; durchschnittliche Wachstumsrate des investierten Kapitals während einer Planungsdauer.
Investmentfonds	Nach deutschem Recht ist ein Investmentfonds ein Sondervermögen, welches von einer Kapitalanlagegesellschaft verwaltet und von einer von ihr unabhängigen Depotbank verwahrt wird. In einem Fonds bündelt die Anlagegesellschaft die Gelder vieler Anleger, um sie nach dem Prinzip der Risikostreuung in verschiedenen Vermögenswerten nach definierten Anlagegrundsätzen gewinnbringend anzulegen.
Junge Aktien	**[S. 100]** (*new share*)
junk bond	Hochverzinsliche Risikoanleihe, d. h. hoch spekulative Anleihe (bei Moody's mit maximal Ba bzw. bei Standard & Poors mit maximal BB geratet)
Kapitalerhöhung	**[S. 99]** (*seasoned new issue*) Erhöhung des gezeichneten Kapitals einer AG.
Kapitalerweiterungseffekt	**[S. 123]**
Kapitalfreisetzungseffekt	**[S. 122]**

Kapitalmärkte   (*capital market*) Finanzmärkte (*financial markets*) im längerfristigen Bereich.
                          (i.d.R. ab einem Jahr)

Kapitalstruktur   **[S. 82]** (*capital structure*) Aufteilung des in einem Unternehmen arbeitenden
                          Kapitals nach dessen Herkunft in Eigen- und Fremdkapital.

Kapitalwert   **[S. 26]** (*net present value = NPV*)

Kapitalwertmaximierung **[S. 55]** (*maximization of the present value*)

Kassageschäft   (*cash transaction*) Geschäft, das spätestens zwei Werktage nach Vertragsbe-
                          ginn erfüllt werden muss.

Kaufoption   (*call option*) Recht, keine Pflicht, einen Vermögensgegenstand zu kaufen.

KGaA   **[S. 92]** (*associated limited by shares*) Kommanditgesellschaft auf Aktien.

KGV   (Price-Earnings-Ratio (PER)) Bei dem KGV, dem Kurs-Gewinn-Verhältnis,
                          handelt es sich um eine Rentabilitätskennziffer, die im Rahmen der Aktienana-
                          lyse errechnet wird. Mit dem KGV wird zum Ausdruck gebracht, mit welchem
                          Vielfachen des Jahresgewinns eine Aktie an der Börse bewertet wird, d.h., wie
                          oft der Gewinn im Aktienkurs enthalten ist). Berechnung: KGV = Aktienkurs (€)
                          / Gewinn pro Aktie (€). Das KGV ist eines der gebräuchlichsten Instrumente
                          bei der Beurteilung von Aktien. Mit ihm ist es möglich, Aktien mit verschiede-
                          nen Kursen zu vergleichen.

Kleine AG   **[S. 92]**

Kombizinsanleihen   **[S. 131]** Eine vorher festgelegte, aber nicht konstante Zinszahlungshöhe über
                          die Jahre. Z. B. ersten 5 Jahre 0 % Zinsen, danach 5 weitere Jahre 15 % Zin-
                          sen. Besondere Kombizinsanleihen sind die Gleit- oder Staffelzinsanleihen,
                          die mehr als zwei Kuponhöhen aufweisen.

Kommanditgesellschaft **[S. 90.]** (*limited partnership*) Personengesellschaft mit mindestens einem
                          Voll- (Komplementär) und einem Teilhafter (Kommanditist).

Konkurs   (*bankruptcy*) seit 01.01.1999 Insolvenzverfahren; einheitliches Verfahren zur
                          bestmöglichen und gleichmäßigen Befriedigung der Insolvenzgläubiger durch
                          Verwertung des gesamten pfändungsfreien Vermögens des Gemeinschuld-
                          ners.

Korrekturverfahren   **[S. 61]**

Kostenvergleichsrechnung **[S. 9]**

Kredit(aufnahme)   **[S. 101]** (*borrow*) Aufnahme von Geld(werten) auf Zeit.

Kreditanalyse   (*credit analysis*) Analyseprozess zur Überprüfung der Kreditfähigkeit und -wür-
                          digkeit eines Kredtnehmers.

Kreditderivate   Kreditderivate sind Derivative Finanzinstrumente, die das Ausfallrisiko, wel-
                          ches mit einem bestimmten underlying verbunden ist, von diesem trennen und
                          handelbar machen.

Kreditfähigkeit   (*financial standing*) Rechtliche Fähigkeit, wirksame Kreditverbindlichkeiten
                          einzugehen.

Kreditleihe   **[S.103]** Zur Verfügung stellen von Kreditwürdigkeit.

Kreditlinie   (*line of credit*) Limit, bis zu dem ein Kredit vom Kreditnehmer immer wieder in
                          Anspruch genommen werden kann.

Kreditwürdigkeitsprüfung (*credit scoring*) Überprüfung der persönlichen und materiellen Verhältnisse
                          eines Kreditnehmers, um das Risiko der Kreditvergabe einzuschätzen.

Kündbare Anleihe   (*callable*) Anleihe, die zusätzlich mit einem Rückkaufsrecht von Seiten des
                          Emittenten ausgestattet ist.

Kundenkredit   **[S. 104]** ist eine Art Vorauszahlungskredit durch den Abnehmer einer Ware/
                          Leistung.

Kupon   **[S. 128]** (*coupon*) Zinsschein eines festverzinslichen WP.

Leasing	**[S. 108]** (*lease*) Mietähnliches Vertragsverhältnis. Vertragspartner sind Leasinggeber (*lessor*) Vermieter sowie Leasingnehmer (*lessee*) Mieter eines Leasinggegenstandes.
Leverage-Effekt	**[S. 82]**
Lieferantenkredit	**[S. 103]** (*supplier credit*) Kredit, der vom Verkäufer einer Ware dem Käufer im Zusammenhang mit dem Warenabsatz gewährt wird. Dementsprechend ist das wesentliche Merkmal eines Lieferantenkredites die enge Verbundenheit zum Warenabsatz.
Liquiditätsengpass	(*cashout*) zeitlich befristete Gefährdung der Zahlungsfähigkeit
Liquiditätsplan	(*cash budget*) kurzfristiger ➜ Finanzplan
Lombardkredit	**[S. 105]** (*collateral loan*) Kreditgewährung gegen Verpfändung von beweglichen Sachen oder Rechten (*Faustpfandprinzip*).
Mantel	**[S. 128]** Die Wertpapierurkunde, die das Miteigentums- bzw. Gläubigerrecht verbrieft.
Mantelzession	**[S. 115]**
Marktwert	(*market value*) Der Preis von Vermögensständen, über den kauf- + verkaufsbereite Käufer und Verkäufer Einigung erzielen.
MDAX	**[S. 98]**
Medium Term Notes	**[S. 106]** sind Commercial Papers mit einer Laufzeit von 2 – 4 Jahren. Diese Form ist Anfang der 80er Jahre in den USA entstanden.
Mezzanine Money	**[S. 89]** Typisches, stark praxisrelevantes Finanzierungsmittel, das die Finanzierungslücke zwischen FK und EK in der Kapitalstruktur, insbesondere bei MBO/MBI, füllen. Mezzanine („Zwischenstock") stellt eine Finanzierung dar, die weder durch Eigenkapital noch durch vorrangig besichertes Fremdkapital bereitgestellt wird. D.h.: werden als Unterscheidungscharakteristika dem Eigenkapital die volle Risikohaftung und dem Fremdkapital die Besicherung durch Aktiva unterstellt, so handelt es sich bei der Mezzanine-Finanzierung um eine Zwitterform, die sich aus der Nachrangigkeit des Mezzanine-Darlehens gegenüber dem vorrangigen Fremdkapital ergibt. D.h., im Konkursfalle wird der Mezzanine-Gläubiger erst nachrangig aus der Konkursmasse befriedigt. Für die Besicherung dieses weitgehend unbesicherten Darlehens stehen in der Praxis häufig nur der zukünftige Cash Flow und Covenants (Zusatzvereinbarungen) zur Verfügung.
Mitbürgschaft	**[S. 114]** (*Co-guarantee*) Mehrere Bürgen haften gemeinschaftlich für einen Schuldner
Mittlerer Verfall	**[S. 133]**
MM-These I + II	**[S. 88]** (*MM-Proposition* I) Diese besagt, dass ein Unternehmen seinen Marktwert, nicht ändern kann, indem es die Kapitalstruktur ändert. (*MM-Proposition* II) Diese besagt, dass die Eigenkapitalkosten eine lineare Funktion des Verschuldungsgrades sind.
Modified Duration	**[S. 155]** [Duration/ (1 + i)]Diese Kennzahl zeigt an, um wieviel Prozentpunkte der Kurs einer Schuldverschreibung steigt, wenn der Marktzins um einen Prozentpunkt sinkt und vice versa.
Modifizierte Ausfallbürgschaft	**[S. 114]** (*modified indemnity bond*) im Bürgschaftsvertrag wird eine Vereinbarung getroffen, zu welchem Zeitpunkt der Ausfall eingetreten ist; z. B.: Der Ausfall wird als eingetreten angesehen bei Zahlungseinstellung des Hauptschuldners oder spätestens einen Monat nach Kreditfälligkeit.
Nachbürgschaft	**[S. 114]** der Nachbürge haftet dem Gläubiger, wenn der Hauptbürge seinen Verpflichtungen aus der Bürgschaft nicht nachkommen kann.
Nachschüssige Zahlungen	(*end-of-year convention*) Die Behandlung aller Zahlungen in einem Jahr (Periode), als würden sie zum Ende des Jahres (Periode) anfallen.

NASDAQ	(*National Association of Securities Dealers Automated Quotations*). Es ist eine Computerbörse der US-amerikanischen Freiverkehrshändler in New York. An ihr werden besonders wachstumsträchtige, aber auch spekulative Werte gehandelt.
Negoziierungskredit	**[S. 110]** (*negotiation credit*) Der Negoziierungskredit (Ankaufskredit) stellt eine allgemeine Form des Diskontkredites dar, die sich im Außenhandelsgeschäft herausgebildet hat.
Nennwert	**[S. 93]** (*par value, face value*) Der auf dem WP aufgedruckte Betrag in €, der vom tatsächlichen Preis (Kurswert) abweichen kann. Bei deutschen Aktien beträgt seit dem 1.1.1999 der NW einer Aktie 1 € (ansonsten ein Vielfaches eines €); Mindestgrundkapital 50.000 €..
Neuemission	(*unseasondes new issue*) Ausgabe neuer festverzinslicher WP bzw. neuer Aktien.
Nichtrelevante Kosten	(*sunk costs*) Kosten (Ausgaben) innerhalb einer Investitionsentscheidung, die in der Vergangenheit liegen, also bereits eingetreten sind. Diese sollten nicht in eine Projekt- oder Investitionsentscheidung mehr einfließen.
Nominalverzinsung	**[S. 131]** (*stated annual interest rate*) Der jährliche Zinssatz, nach dem Zinszahlung erfolgt. Dieser wird auf den Nominalwert (Nennwert) berechnet. Die Nominalverzinsung ist der vom Emittenten versprochene Zinssatz, der sog. Kupon.
Null-Kupon-Anleihen	**[S. 131]** (*Zero Bonds*) SV, die keinen Zinskupon besitzen. Die Zinszahlung erfolgt am Ende der Laufzeit. (Die Differenz zwischen Ausgabekurs und Rücknahmekurs entspricht den Zinszahlungen während der Laufzeit des Zerobonds incl. den Zinseszinsen.
Nutzwertanalyse	**[S. 70]** (*value-benefit-analysis*)
Obligo	(*exposure, liability*) Gesamtverpflichtung eines Schuldners gegenüber einem Gläubiger.
OHG	**[S. 90]** (*general (ordinary) partnership*) Offene Handelsgesellschaft
Opportunitätskosten	**[S. 14]** (*opportunity costs*) Kosten der bestmöglichen entgangenen Gelegenheit
Optionen	Optionen sind standardisierte, börsenmäßig gehandelte Vereinbarungen, die dem Käufer das Recht, aber nicht die Verpflichtung geben, eine bestimmte Anzahl oder Menge eines bestimmten Basiswertes (Kontraktgegenstand), zu einem bei Vertragsabschluss festgelegten Preis (Basispreis), innerhalb eines festgelegten Zeitraumes (Optionsfrist [amerikanische Option]) oder zu einem festgelegten Zeitpunkt (Optionstermin [europäische Option]), zu kaufen (Call) oder zu verkaufen (Put). Für das Recht zahlt der Käufer der Option dem Verkäufer der Option bei Abschluss des Kontraktes eine Prämie (Optionspreis, Optionsprämie).
Optionsanleihen	**[S. 131]** (*warrant bond*) Anleihen von Unternehmen, denen - z. B. als Ausgleich für eine niedrige Verzinsung - ein Optionsschein beigefügt ist. Optionsanleihen werden an der Börse entweder „m. S." (= mit Schein) oder „o. S." (= ohne Schein) gehandelt. Die Anleihe selbst wird bei Fälligkeit zu hundert Prozent zurückgezahlt, während der Optionsschein, falls die Option nicht ausgeübt wird, verfällt.
Optionsausübung	(*exercising the option*) Vorgang des Kaufs oder Verkaufs der einer Option zugrundeliegenden Vermögensgegenstände.
Optionsschein	(*warrant*) Er berechtigt dazu, bis zu einem bestimmten Termin, z. B. 10 Jahre lang, eine festgelegte Anzahl von Aktien des Unternehmens zu einem vorher festliegenden Kurs zu kaufen. Optionsscheine werden an der Börse gehandelt und amtlich notiert. Aufgrund des deutlich geringeren Kapitaleinsatzes wirken sich Kursveränderungen der zugrunde liegenden Aktie auf den Kurs der Opti-

onsscheine deutlich überproportional aus. Man spricht von der „Hebelwirkung des Optionsscheins".

OTC-Geschäfte   (*OTC=over-the-counter*) außerbörsliche Geschäfte.

Pari   (par) Wenn Nennwert und Kurswert eines festverzinslichen WP gleich sind, spricht man von einer Notierung „zu pari"; bei höherem Kurswert von „über pari", bei niedrigerem von „unter pari".

Personengesellschaft **[S. 89]** (*partnership*) Unternehmen, die durch persönliche Haftung aller oder einiger Teilhaber gekennzeichnet sind.

Pfand   **[S. 117]** (*collateral*) Sicherungsgegenstand, der hinterlegt werden muss.

Pfandrecht   **[S. 117]** (*lien, right of lien*) Zur Sicherung einer Forderung bestimmtes dingliches Recht an fremden Sachen oder Rechten, das den Gläubiger berechtigt, sich durch Verwertung des Pfand-belasteten Gegenstandes zu befriedigen.

Prime Standard   **[S. 97]**

Prioritätsaktien   **[S. 96]** (*priority share*) Verbriefen ihren Inhabern einen Dividendenanspruch vor Bedienung der übrigen Aktionäre.

Quotenaktie   **[S. 93]** Aktien, die statt auf einen festen Geldbetrag zu lauten, nur einen Anteil an der Gesellschaft ohne Festlegung seiner nominellen oder verhältnismäßigen Größe (Stückaktie) oder eine Quote am Grundkapital der Gesellschaft festlegen. Die Aktie kann dabei Teile eines herkömmlichen Grundkapitals verkörpern (unechte nennwertlose Aktie) oder einen Anteil am gesamten Vermögen der Gesellschaft repräsentieren (echte nennwertlose Aktie).

Rahmenzession   **[S. 117]** ([*Umbrella*] *cession*) Es werden mehrere bestehende oder zukünftige Forderungen abgetreten.

Rembourskredit   **[S. 110]**

Rendite   (*return, effective yield*) Unter Rendite oder Effektivverzinsung versteht man den tatsächlichen Jahresertrag eines Kapitals, das z. B. in WP angelegt ist. Sie wird meist in Prozent ausgedrückt und weicht in der Regel vom Prozentsatz des Nominalzinses oder der Dividende ab, weil der Erwerbskurs von WP meist nicht mit dem Nennwert übereinstimmt.

Rentabilitätsvergleichsrechnung **[S. 9]**

Rentenwerte   (*bond*) Andere Bezeichnung für festverzinsliche WP.

Reverse Floater   **[S. 130]**

Risiko   **[S. 60]**

Risikoanalyse   **[S. 63]** (*risk analysis*)

Rückbürgschaft   **[S. 114]** ([back up] guarantee) Bürgschaft gegenüber einem anderen Bürgen

Schuldverschreibung   **[S. 127]**

SDAX   **[S. 98]**

Securitization   **[S. 128]**

Selbstfinanzierung   **[S. 121]** (*autofinancing, selffinancing*) Finanzierung aus Gewinnen, die im Unternehmen zurückbehalten werden.

Seller's Note   Verkäuferdarlehen, dass nur bei Übernahmefinanzierungen anwendbar ist, dort aber eine bedeutende Rolle spielt. Es ist eine Darlehensfinanzierung durch den ehemaligen Eigentümer (Stundung von Teilen des Kaufpreises) die vertrauensbildend wirkt. (Nachteile für den Verkäufer: 1. Wegfall des beim Barverkauf vermiedenen Zahlungsrisikos; 2. nachrangige Forderungen tragen weiterhin unternehmerisches Risiko.)

Sensitivitätsanalyse   **[S. 61]** (*sensitivity analysis*) Risikobetrachtung der Auswirkung von Veränderungen einer Variablen auf das Endergebnis.

Sicherungsabtretung **[S. 116]** (*cession*)

Sicherungsübereignung **[S. 118]**

Skonto (*cash discount*) Rabatt gewährt für Barzahlung.

Spitzentitel (*high flyer*) Bezeichnung für Aktien oder Unternehmensbeteiligungen mit einem extremen Wertanstieg und weit unterdurchschnittlichem Kurs/Gewinn-Verhältnis.

Spot Rate **[S. 140]** Interne Renditen von Zerobonds mit einer Laufzeit von t.

Stammaktien: **[S. 95]** (*ordinary shares*) Aktie, die dem Inhaber die normalen, durch das Aktiengesetz festgelegten Anteilsrechte gewährt. Abkürzung: "Stämme".

Start-Up Financing Gründungsfinanzierung; Das betreffende Unternehmen befindet sich in der Gründungsphase, im Aufbau oder seit kurzem im Geschäft und hat seine Produkte noch nicht oder nicht in größerem Umfang vermarktet.

Stetige Verzinsung (*continuous compounding*) Die Verzinsung erfolgt nicht zu festgelegten Zeitintervallen, sondern kontinuierlich.

Stimmrecht **[S. 94]** (*right to vote, voting power*) Jeder Aktionär übt auf der HV seine gesetzlich verankerten Stimmrechte aus. Die Anzahl der Stimmen, die ein Aktionär auf sich vereint, richtet sich nach dem NW seines Aktienbesitzes. Der Aktionär muss nicht selbst auf der Hauptversammlung anwesend sein, er kann sein Stimmrecht auch von einem Dritten, z. B. einem Kreditinstitut, ausüben lassen (Depotstimmrecht). Mehrstimmrechtsaktien sind in Deutschland unzulässig. Der Wirtschaftsminister des Bundeslandes, in dem die Gesellschaft ihren Sitz hat, kann aber Ausnahmen zulassen, soweit es zur Wahrung überwiegend gesamtwirtschaftlicher Belange erforderlich ist.

Stückzinsen **[S. 132]**, (*broken period interest*)

Synthetische Produkte **[S. 140]** Künstlich über strippen und bundling erzeugte, zusammengesetzte Produkte.

Synthetisierung **[S. 140]** Die Synthese von Bausteinen gestripperter Titel (Umkehrung des Bond Stripping). Sie wird auch Replication oder Bundeling genannt.

TecDAX **[S. 98]**

Teilbürgschaft **[S. 114]** Jeder Bürge haftet nur für den von ihm verbürgten Teilbetrag.

Terminhandel (*forward trade*) Handel mit Vermögensgegenständen, wobei der Abschluss heute erfolgt, die Erfüllung des Geschäftes allerdings in der Zukunft (frühestens nach drei Werktagen) liegt. Der hierbei vereinbarte Kurs wird Terminkurs (forward exchage rate) genannt.

Tilgen (*extinguish*) Rückzahlung von Verbindlichkeiten.

Trading Das bewusste Eingehen risikobehafteter Positionen.

Turnaround Financing Finanzierung eines Unternehmens, das sich nach Überwindung von Schwierigkeiten wieder aufwärts entwickeln soll.

Überzeichnung Wenn bei Neuemissionen von WP mehr Kaufinteressenten als verfügbare Papiere da sind, spricht man von einer Überzeichnung.

Umlaufvermögen (*current asset*) Vermögensgegenstände, die nicht dazu bestimmt sind, dauernd im Unternehmen zu bleiben. I.d.R. bis zu einem Jahr im Unternehmen.

Umsatzprognose (*sales forecast*) Schätzung zukünftiger Umsatzzahlen. Sehr wichtig für die Erstellung eines aussagefähigen Finanzplans.

Umschlagshäufigkeit des Gesamtkapitals (*total asset-turnover ratio*). Relation des Umsatzes zum gesamten investierten Kapital. *Der Vorräte* (inventory-turnover ratio) Relation des Umsatzes zu den Vorratsbeständen.

Ungeregelter Freiverkehr **[S. 98]** (*off board trading*) Handel mit WP, die zum Börsenhandel nicht zugelassen sind. Man spricht hier vom ungeregelten Freiverkehr oder auch vom Telefonverkehr.

Ungewissheit **[S. 60]**, (*uncertainty*)

Venture Capital **[S. 92]**

Verbindlichkeiten aus L.+L. (*accounts payable*) Verbindlichkeiten gegenüber Lieferanten

Verkaufsbedingungen (*terms of sale*) Finanzielle Bedingungen bei Bar- oder Zielkäufen.

Verkaufsoption   (*put option*) Recht (nicht die Pflicht!!) eine bestimmte Position zu einem bestimmten Preis zu verkaufen.

Vermögensendwertmethode **[S. 52]**

Verschuldungsgrad   **[S. 95]** (*debt ratio*) Verhältnis von Fremd- zu Eigenkapital

Volatilität   Ausmaß der kurzfristigen Fluktuation einer Zeitreihe um ihren Mittelwert (auch Trend). Sie wird gemessen durch die Standardabweichung bzw. den Variationskoeffizienten (Standardabweichung/arithmetisches Mittel).

Vollkommener Markt (*perfectly cometitive financial market*) Markt mit homogenen Gütern, keinen zeitlichen, persönlichen oder örtlichen Präferenzen sowie Sofortreaktion. (Ursprünglich als theoretisches Konstrukt gedacht, um Theorien zu entwickeln, nähern sich einige Märkte, z. B. Devisenmarkt, diesem Zustand des vollkommenen Marktes immer mehr an. In einem vollkommenen Markt sind ➔ Arbitragegeschäfte nicht mehr möglich.

Vorkaufsrecht   (*preemptive right*) bezogen auf die Ausgabe junger Aktien ist es das Recht der „Alt"aktionäre proportional zu ihrem bisherigen Aktienbestand Anteile an der Neuemission zu erwerben ➔ Bezugsrecht.

Vorzugsaktien: **[S. 95]** (*preferred share*) Elne AG kann neben ihron normalen Aktien (Stammaktien) auch Aktien ausgeben, die mit besonderen Vorzügen ausgestattet sind, z. B. mit der Garantie einer Mindestdividende oder einem Dividendenvorzug. Häufig sind „stimmrechtslose Vorzugsaktien" in Gebrauch, bei denen der Aktionär kein Stimmrecht in der HV hat. kumulative stimmrechtslose Vorzugsaktien: (*nonvoting cumulativ preference dividend*)

Währungs(options)anleihe **[S. 130]**, (*currency (option) bond*)

Wandelanleihe   **[S. 131]** (*convertible bond*) Schuldverschreibung einer AG, also ein festverzinsliches WP. Sie ist mit dem zusätzlichen Recht verbunden, sie später, unter Zuzahlung eines festgesetzten Bezugspreises, in eine Aktie des Unternehmens umzutauschen, also umzuwandeln. Im Gegensatz dazu steht die Optionsanleihe, bei der das Anlagekapital bei Fälligkeit an die Anleger zurückgezahlt wird.

Wandlungspreis   (*conversion price*) Basispreis, der bei Umtausch in Aktien zu zahlen ist.

Wandlungsverhältnis (*conversion ratio*) Anzahl der Aktien, die ein Gläubiger im Austausch für seine Anleihe bekommt.

Wechsel   (*bill of exchange*) übertragbares WP mit i.d.R. kurzfristiger Laufzeit, das z. B. als Handelswechsel einer Rechnung mit Zielvereinbarung gleicht. Allerdings unterliegt es sehr strengen gesetzlichen Regelungen (Wechselstrenge), die dem Wechsel eine starke zusätzliche Sicherheitskomponente verleihen.

Wechselakzeptkredit **[S. 109]**, (*acceptance*)

Wechselkurs   (*exchange rate*) Kursverhältnis zweier Währungen.

Wiederbeschaffungswert (*replacement value*) Die zum jetzigen Stand prognostizierten erforderlichen Ausgaben, um einen Vermögensgegenstand wieder zu beschaffen.

Zahlungsziel   (*credit period*) Die einem Käufer zugestandene Zeitspanne, bis zu der er/sie den offenen Rechnungsbetrag begleichen kann.

Zeitwert   **[S. 23]** (*time value*) Wert einer zukünftigen Zahlung.

Zerobond   **[S. 131]** SV, die keinen Zinskupon besitzen. Die Zinszahlung erfolgt am Ende der Laufzeit. (Die Differenz zwischen Ausgabekurs und Rücknahmekurs entspricht dem Zinszahlungen während der Laufzeit des Zerobonds incl. den Zinseszinsen (!!))

Zession	**[S. 116]** (*cession*) Abtretung, Sicherungsabtretung
Zinsen, kalk.	**[S. 19]** (*imputed interest*)
Zinseszins	(*compound interest*) Zinsen, nicht nur gerechnet auf das eingesetzte Kapital, sondern auch auf die in Zukunft durch dieses Kapital fällig werdenden Zinsen.
Zinsrisiko	**[S. 148]** (*interest-rate-risk*) Gefahr der Wertveränderung aufgrund eines sich ändernden Zinses (Zinsniveaus)
Zinssatz, interner	**[S. 45]** (*IRR internal interest rate*)
Zinsstruktur	**[S. 137]**, (*interest rate structure*)
Zulassung von WP	(*bond admission, bond approval*) Vor Börseneinführung von WP zum amtlichen Handel muss von einem an der Börse vertretenen Kreditinstitut ein Zulassungsantrag bei der Zulassungsstelle gestellt werden. Der Antrag muss Angaben über Betrag und Art der einzuführenden WP enthalten und wird durch Aushang im Börsensaal sowie durch Veröffentlichung im Börsenpflichtblatt und im Bundesanzeiger bekannt gegeben. Zudem ist vor Einführung ein Prospekt zu publizieren, der alle wichtigen Angaben zur Beurteilung der WP enthält.